国家社会科学基金项目

高校图书馆空间嬗变轨迹

王宇　姜宇飞　张瑶　吴瑾　张廷安　编著

U0313871

北　京

冶　金　工　业　出　版　社

2021

内 容 提 要

本书围绕高校图书馆空间嬗变轨迹，系统阐述了高校图书馆空间再造的背景、概念、意义和模式，梳理了国内外高校图书馆空间再造的演进轨迹；深入分析了以信息共享空间（IC）、学习共享空间（LC）、创客空间（MC）等为代表的典型空间形态出现的规律、建设要求以及服务策略；同时，结合高校图书馆内外部环境的变化，借鉴各类型图书馆空间建设经验，从不同视角展望了高校图书馆空间再造可能出现的形态。

本书可作为高等院校空间设计、图书情报类专业的教材，也可供各类图书馆工作人员参考。

图书在版编目 (CIP) 数据

高校图书馆空间嬗变轨迹／王宇等编著 . —北京：冶金工业出版社，2021. 11

ISBN 978-7-5024-8970-0

Ⅰ. ①高…　Ⅱ. ①王…　Ⅲ. ①院校图书馆—图书馆建筑—研究　Ⅳ. ①TU242. 3

中国版本图书馆 CIP 数据核字 (2021) 第 235696 号

高校图书馆空间嬗变轨迹

出版发行	冶金工业出版社	电　话	(010)64027926
地　址	北京市东城区嵩祝院北巷 39 号	邮　编	100009
网　址	www. mip1953. com	电子信箱	service@ mip1953. com

责任编辑　刘林烨　美术编辑　彭子赫　版式设计　郑小利
责任校对　梁江凤　责任印制　禹　蕊
三河市双峰印刷装订有限公司印刷
2021 年 11 月第 1 版，2021 年 11 月第 1 次印刷
710mm×1000mm　1/16；13. 5 印张；6 彩页；277 千字；215 页
定价 98. 00 元

投稿电话　(010)64027932　投稿信箱　tougao@cnmip. com. cn
营销中心电话　(010)64044283
冶金工业出版社天猫旗舰店　yjgycbs. tmall. com
(本书如有印装质量问题，本社营销中心负责退换)

前　言

图书馆空间是承载图书馆资源、服务的有形载体。随着技术的发展、读者的变化和社会的进步，图书馆空间再造已成为图书馆适应新时代、提供新服务、体现新价值的重要途径之一。

图书馆空间再造是近年来业界关注的热点。从国际视角看，2009年在意大利都灵召开的国际图联（IFLA）卫星会议中即提出了"作为场所与空间的图书馆"和"作为第三空间的图书馆"两个主题；2016年8月，国际图联"图书馆建筑与设备"常务委员会组织召开的国际图联大会中，提出"继第三空间概念后如何定位未来功能强大的图书馆"的主题。美国研究图书馆协会（ARL）2014年以及2016年的图书馆评估会议中均设立了关于图书馆空间的主题分会场，共同探讨图书馆的再造方法。在我国，中国图书馆学会学术委员会在1988年设立了图书馆建筑与设备研究组，多年来一直致力于建筑设计的研究；2016年7月6日至8日，上海图书馆召开第八届上海国际图书馆论坛（SILF 2016），论坛以"图书馆：社会发展的助推器"为主题，并设立了"智慧型图书馆建设""互联融合的图书馆""空间与服务的包容性设计"等副主题；2018年12月，全民阅读促进委员会组织召开"图书馆空间再造与功能重组研讨会"；2019年，中国图书馆年会举办了"图书馆空间建设与阅读推广服务"主题论坛。

作为图书馆重要工作组成部分的高校图书馆空间建设也一直是高校图书馆界关注的重点问题。2015年在中国图书馆学会高校分会中，研究组设立主题为"大学图书馆的馆舍空间发展"分会场，众多学者探讨关于图书馆空间再造的问题。2016年，"中国高校发展论坛""大学图书馆馆舍空间再造论坛"相继召开，聚焦图书馆空间再造及服务推广。

围绕"高校图书馆空间嬗变轨迹"这一主题，本书系统阐述了高校图书馆空间再造的背景、概念、意义和模式，梳理了国内外高校图书馆空间再造的演进轨迹，从理论层面揭示高校图书馆空间再造的发展；深入分析了以信息共享空间（IC）、学习共享空间（LC）、创客空间（MC）等为代表的典型空间形态的定义与特征、理念及意义、模式与内容等，从中梳理出新的高校图书馆空间形态出现的规律、建设要求以及服务策略等，从实践层面深入解读了高校图书馆空间变化特征；同时，结合高校图书馆内外部环境的变化，借鉴各类型图书馆空间建设经验，从不同视角分析了未来高校图书馆空间形态可能的趋势，包括多元智能的智慧空间、立德树人的文化空间、能动型学习空间、智能型学习空间等，为未来高校图书馆空间再造实践提供借鉴和参考。

本书采用理论与实践相辅相成的叙事方式，力争为各类型图书馆（公共图书馆、高校图书馆）和图书情报档案学专业工作者，高校图书情报档案学科专业大学生，以及热爱图书馆工作的科研工作者、图书馆事业管理者、空间设计工作者提供可借鉴的参考资料。

本书由沈阳师范大学和东北大学组成编著团队，成员中既有高校图书馆管理者，也有教育部图书情报工作指导委员会委员，还有高校美术与设计方向专业教师，从不同视角赋予高校图书馆空间再造新的认识。

本书得到国家社会科学基金项目"大学图书馆能动型学习空间内涵与服务模式研究"（项目编号：18TBQ017）的支持，在此表示感谢。

由于作者水平所限，书中不妥之处，希望广大读者批评指正。

作　者
2021 年 7 月

目 录

1 高校图书馆空间再造的缘起

在高校图书馆转型发展的大趋势下，空间再造作为实现转型发展的主要方式之一，已经成为高校图书馆空间发展的主流。我国关于图书馆空间再造的理论研究与实践始于 2000 年，2013 年之后有关图书馆空间改造的实践进入快速增长。2015～2017 年是图书馆空间再造实践与研究发展的激增期，并有持续增长的趋势，有关图书馆空间改造的研究居高不下。图书馆的空间再造成为理论研究的热点并向广度和深度进展，为我国高校图书馆空间再造提供了新的视角和方向。近年来，诸多高校图书馆将空间作为一种资源进行改造实践。通过对空间的再造，打造兼具学习、阅读、休闲、研讨、创新及新技术体验等功能于一体的空间环境，赋予空间更多的内涵，使空间功能更趋多元化，让空间更具吸引力。

1.1 图书馆空间再造的背景

1.1.1 新技术革命对图书馆的挑战

20 世纪 70 年代以来，世界各国都在围绕信息产业大展宏图，掀起了以"信息高速公路"为标志的第二次信息革命的浪潮。新技术革命的内容是指正在崛起的新技术，包括信息技术、激光技术、新型材料、新能源、生物工程、海洋开发、空间技术等。而信息技术（包括微电子技术、电子计算机技术、光导纤维通信技术）是这场革命的先导和核心，也是当代特别是未来社会有决定性影响的物质技术基础[1]。新技术革命对图书馆建设与发展的影响是全方位的，对图书馆生存状态、服务地位、存在形式均发起了挑战，引起了图书馆空间布局、资源建设、服务功能、工作手段、人员素质、管理模式等各方面的变化，带来了较为深刻的变革。

1.1.1.1 新技术革命使图书馆的功能发生变化

现代科技的迅猛发展，知识爆炸所产生的巨大的信息量，势必对存在了几千年的图书馆带来巨大的影响，这种影响是直接的、多方面的。约翰·奈斯比特在《大趋势——改变我们生活的十个新方向》一书中指出：在"信息社会"里，信息部门在整个产业结构中所占的比例将有很大的提高。图书馆作为信息搜集、整理、加工的部门，将具有生产的功能，在对文献信息整序之后，将生产出社会需要的情报和知识，这种生产也将为社会增加新的产值。图书馆不仅是为科学研究搜集、整理、提供文献信息资料的社会机构，还是为人们提供交流分享、休闲娱乐的文化信息共享服务中心。今后人们的富有不再以拥有物质的多少来衡量，而主要是以知识的拥有量来衡量，任何人都必须不断地更新自己的知识，这必然导致人们强烈的求知欲望，图书馆无疑将成为人们获得和更新知识信息的重要来源。同时，新技术革命带来的各种尖端技术的突破、推广和应用，改变了图书馆传统的运行和作业环境。随着图书馆步入电子化和网络化的时代，出现了采访、分类、编目、典藏一体化的趋势，文献工作的数字化使图书馆传统业务量逐步减少，参考咨询、信息服务工作进一步扩展，使图书馆的工作手段发生革命性的变化。

1.1.1.2　新技术使人们的阅读方式发生变革

网络和新媒体等信息技术的发展，导致人们的阅读方式发生巨大变革，学生也不再依赖图书馆去阅读。网络阅读、移动阅读等方式，实现阅读无处不在、无时不有，其变化表现为以下几个方面。

（1）从文本阅读走向超文本阅读。传统的阅读方式是阅读文本和从各种图书资料中查找所需信息的学习方式，文本知识与信息的按线性结构排列，使阅读与检索效率有着不可逾越的界限。在数字化时代，"电子书刊"的出现给人类带来了便利，其"网状"的知识联结与检索方式，让人们采用了全新、高效的超文本阅读与检索方式。

（2）从阅读文字发展到多媒体电子读物。传统阅读的材料是文字，电子读物的阅读对象是从抽象化的文字扩展为图像、声音、三维动画等多种媒体，就是信息时代的"超媒体"、跨时空阅读方式，使阅读和感受、体验结合在一起，大大提高了阅读的兴趣和效率。

（3）电子数据库的高效率检索式阅读。计算机带来的高效率检索式阅读方式是最大的阅读变革。例如，在一部大部头文献中检索一个信息，用传统阅读方式需要付出的时间和精力是可想而知的，如今运用超文本阅读和计算机自动检索的方式，只要输入关键词并加以必要的限制，短短几秒钟，电脑就能提供给你准确的检索结果。

由此可见，信息时代全新的阅读与检索手段使人们的阅读方式发生了重大的变革，推动了图书馆服务、教师备课和学生学习方式的划时代变革。

1.1.1.3　新技术直接影响到图书馆的管理模式

传统管理模式将无法满足新技术环境的要求，图书馆发展需要顺应新技术的变化，利用新技术保障图书馆管理的高效性和科学性。新技术对图书馆的影响有以下几个方面。

（1）计算机网络为图书馆发展提供了无限空间。图书馆从藏书楼到为读者提供查询、借阅服务是功能上的第一次飞跃。随着信息技术的广泛应用，图书馆不仅要提供一般的查询借阅服务，而且要成为信息资源开发的中心，为读者提供全方位的信息服务，这种服务功能的转变和智能化的实现完成，让图书馆实现了再次飞跃，这是信息时代赋予图书馆的历史机遇，为图书馆提供了无限的发展空间。

（2）网络化加快了图书馆资源共享的速度。网络信息资源使图书馆突破了传统馆藏资源的局限，丰富了馆藏资源的内涵。在网络环境下，数量大、质量高的网络信息资源以一种全新的模式实现了资源共享，将网络和图书馆的主流服务结合起来，能够提供的信息资料更加丰富多样，使图书馆界多年来所追求的资源共享变得异常简单。

（3）网络化使图书馆信息的载体与传递方式发生了变化。新技术使电子和多媒体形式成为信息的主要载体与传递方式，图书馆对馆藏图书的依赖将不断缩减，而图书馆之间的联系将更加紧密，通过网络技术实现跨地区、跨国际的文献资源共享。

（4）网络化使图书馆的地位更加重要。在网络化环境下，未来的数字图书馆的职能将进一步深化，地位更加重要。在网络环境下，图书馆以网络连接为手段，把特定信息提供并传输给读者，由传统意义上的图书馆转变成信息服务中心，这是图书馆生存和发展的必然趋势。

（5）图书馆最终成为不太依靠馆藏和实体场所，而是依靠为读者特定需求来提供支持的机构，即图书馆成为读者信息服务的中介，图书馆的流通量将以在线利用次数为主要指标，访问网页次数成为到馆率重要组成部分。

1.1.1.4 新技术革命推动图书馆转向空间再造

图书馆是传播知识的空间和场所，在不同的历史发展阶段，图书馆的空间具有不同的特点，通过空间再造不断对空间的内容和结构进行完善，对图书馆的发展具有重要意义。在新技术的驱动下，图书馆的生存状态与服务管理模式都发生了变化，由此导致图书馆的传统物理空间布局已不再适合新型服务需求。新技术服务需要阅览空间由封闭转向开放，学生服务由被动传递转向自由自主取阅，文献空间实行大流通、全开放，大流通阅览的空间布局已成为普遍形式，更加便于读者利用，空间价值已成为图书馆无形价值的表现形式，空间的利用、管理和服务将成为图书馆的关键。

（1）只有图书馆空间再造，才能实现空间服务的人性化。空间再造就是要走出传统的"书本位"空间思维观念，始终坚持以用户为本，通过在空间构造、室内环境、可用性等方面进行精心设计和营造，为用户提供舒适、便捷、有亲近感、能引发学习乐趣的给予人文关怀的多种功能空间。符合人体工学和不同需求的桌椅、清晰的引导标识、舒适的采光照明、协调的色彩搭配、方便可用的馆藏资源、具有亲和力的阅读氛围等都是"人本位"的体现，并给用户带来新体验、新感觉的重要的空间构建元素。

（2）只有图书馆空间再造，才能实现空间服务的生态化。其主要是指充分利用现有条件，通过科学、合理布局和运用环保材料，实现图书馆与人、周边环境的和谐共处与协调发展，保护用户的身心健康，这将是现代图书馆空间设计的一个必然发展趋势。空间再造可实现通过融合周边生态、打造室内绿色庭院或巧妙设计，摆放绿色植物净化空气，为用户营造一种与自然亲密接触、可持续的绿色生态空间，提供一种舒适、健康的阅读环境。

（3）只有图书馆空间再造，才能实现空间服务的智能化。信息技术革命改变并重塑了"空间"概念的内涵和外延，是促使图书馆空间智能化发展的重要技术支撑。随着 Web 3.0 技术与移动互联网的快速发展，人工智能技术正在成为未来图书馆空间建设与发展的新动力，驱使图书馆向更加高级的"智慧"空间形态演变。传统的图书馆空间是大量的书架藏书占据重要的区域，未来更多的图书馆会关注空间的智能化开发与建设，他们将空间、设计、智能化设备设施、信息自动化等系统进行有机结合，利用物联网、机器人、RFID、VR/AR、数字空间整合等技术增强用户与一体化空间的交互，实现实体空间、虚拟空间与信息服务之间的紧密融合，为用户提供个性化、精准化和智能化服务。

1.1.2 现代阅读方式对传统的冲击

根据易观国际《中国移动阅读市场年度综合报告 2016》数据显示：截至 2016 年 1 月，全球通过移动终端访问社交媒体的用户达到了 19.7 亿，同比增长 17%，全球社交媒体用户平均每天花费 2.4 小时在社交媒体上[2]。而在世界范围内，《2020 全球数字报告》显示，数字、移动和社交媒体已成为人们日常生活不可或缺的组成部分，有超过 51.9 亿人使用手机，社交媒体用户已突破 38 亿大关。新媒体技术在人们工作学习生活中的广泛应用，使人们更加重视时间成本和信息效用，导致人们的阅读习惯和方式正在发生改变。由过去单纯的阅读，变为现在的读、听、看等方式的并存，传统阅读在人们的生活中渐行渐远。可以说这种阅读方式的变化是颠覆性的，它打破了人们传统的阅读习惯，呈现出多样化的发展趋势。

（1）网络阅读成为阅读的主要方式。根据中国互联网协会正式发布的《中国互联网发展报告（2018）》蓝皮书披露，截至 2017 年年底，中国网民规模达 7.72 亿人，普及率为 55.8%；国家统计局数字显示 2018 年互联网用户约为 8.3 亿人。互联网为读者提供了广阔的空间，他们可以在网络的世界里自由阅读，了解各方面的知识。网络阅读不仅打破了时间和空间的限制，还能够展现丰富的图文、视频、音频等多种形式的信息，极大地提高了读者的阅读兴趣。网络阅读在一定程度上体现了人人平等的原则，具有公平性，没有身份的限制，只要内容合法合规，读者就可以随意浏览阅读，还可以在法律许可的范围内在贴吧、各种聊天软件里进行自由的讨论交流[3]。网络阅读方式让读者有极大的心理满足感，读者更加容易接受。

（2）快餐式阅读成为普遍现象。社会的快速发展，人们收入的不断增加，经济条件的明显改善，生活节奏的不断加快，仿佛人们的时间一下子变得不够用了，很难再去找时间翻阅书本或者到图书馆借书阅读，再也耐不住寂寞专心地坐下来深度阅读传统的纸质书籍。与此同时，人们的学习和生活压力也在不断增加，为了缓解学习和生活压力，很多人在手机、iPad 等移动终端上进行快餐式阅读。在当下快餐式阅读已经变得十分普遍，并逐渐成为一种休闲时尚。快餐式阅读使阅读更加快捷、便利，能够让读者在短时间内获得实时更新的各种信息，不同年龄、不同层次人们都愿意使用这种阅读方式。

（3）碎片化阅读成为流行方式。碎片化阅读是融合电子书、手机和网络等新型阅读媒介进行的不完整、片段式的阅读方式。碎片化阅读的内容为零散、简短的文字、图像、音频等，或者长篇幅被拆散成碎片化形式，人们可通过零碎时间进行"见缝插针"式阅读。据《中国移动阅读市场年度综合报告 2016》显示：提供碎片化信息的"新闻资讯类"应用普及率和月均渗透率高达 47.4%，而综合阅读类仅为 6.4%。由此可以看出，碎片化阅读已成为大众主流的阅读方式[4]。另据相关调查结果显示，我国碎片化阅读的主力军为 18～49 岁的中青年，占总阅读人数的 86.3%。由此可见，在青少年学生中间有着较高的应用度与认同感。碎片化阅读的形成是社会发展、科技进步以及信息环境改变等诸多因素共同作用的产物，是时代发展过程中无法避免的一个阶段现象，这一趋势不可逆转，同时也显现出碎片化阅读对于传统阅读方式强有力的冲击。

（4）阅读有声书将成为趋势。自 2014 年起，在信息技术革新与智能手机进一步普及下，我国移动互联网迅速蓬勃发展，催生出依赖音频技术又正好适应碎片化与移动阅读双重需求的有声移动听书行业。目前流行的听书方式利用移动设备来进行听书活动，采用的都是各种各样的 APP 软件，比如懒人听书、樊登读书会、喜马拉雅等。数字化时代，书籍不再作为唯一的文化实体而存在，相对于纸质阅读，听书意味着一种新的生活及阅读方式，它是信息接收的个性化选择，是在网络环境下不受时间、行动限制的一种便携式读书方法。

基于亚马逊中国发布的"亚马逊中国 2018 全民阅读报告"调查数据显示，近年来新兴的有声书是纸质书和电子书之外的一个有益补充，有声书有巨大的市场发展空间，从年龄段看，"50 后""60 后"和"70 后"相比其他年龄段会较多接触有声书[5]。挪威文学研究教授安妮曼根认为，从纸面转到屏幕，改变的不仅是人们的阅读方式，它还影响了我们投入阅读的专注程度和沉浸在阅读之中的深入程度。佳比伍德认为电子书的崛起，提高了我们对书面文字的理解，也让更多的人对读书产生了兴趣。数字阅读的颠覆性在于，它"第一次把人类的知识本身以一种最纯粹的方式剥离出来"。由此可见，现代阅读方式彻底改变了传统的阅读形式和习惯，正逐渐被人们所接受和普及。

1.1.3 高校图书馆空间再造的发端

1974 年，法国哲学家亨利·列斐伏尔提出空间生产理论，由此引发社会各界对空间的研究与关注。亨利·列斐伏尔的空间理论对图书馆空间的发展演变进程有着重要的解释意义。他提出空间具有社会性，空间的概念与人类生活的方方面面相关，与人的活动存在内在的联系[6]。而图书馆的空间再造正是充分体现以人为中心的理念，与用户的需求、利用息息相关。自 20 世纪 80 年代开始，计算机、互联网、信息通信、数据存储等技术的发展影响着整个世界。1980 年未来学家阿尔温·托夫勒以电子计算机出现为标志的信息社会称为人类文明发展的第三次浪潮。20 世纪末，国际互联网从理论变为现实，标志着全球信息化的到来。在这样一个大背景下，1988 年，美国国家科学基金会伍尔夫在其撰写的《国际合作白皮书》中，首次提到"数字图书馆"。1993 年，美国率先开始对数字化图书馆的研究，我国紧随其后，于 1996 年初开展"数字图书馆试验项目"[7]。自此，"数字图书馆"一词迅速被全球图书馆学界以及其他相关领域广泛使用，有关"数字图书馆""虚拟图书馆""电子图书馆"等的研究络绎不绝，时代的发展给图书馆空间建设打上了深深的数字化烙印。1992 年，美国艾奥瓦大学由图书馆、学校信息技术办公室和大学三方合作建立并开放的"信息拱廊"（IA, Information Ar-cade），是一个"利用电子信息和多媒体为教学、研究与自主学习服务的先进设施"，1994 年进一步扩建，将名称改为信息共享空间（IC, Information Commons）[8]。此后，IC 在国外受到了广泛的关注并得以蓬勃的发展。对于当时的图书馆界来讲，IC 是一种全新的服务模式，它以最先进的计算机、网络和通信设备为基础，把丰富的信息资源和用户连在一起，为用户提供一站式信息服务，为用户创造学习、交流、创作和研究的环境。我国引入 IC 这一概念并开始研究实践是在 2004 年，香港地区的一些高校图书馆开始进行 IC 空间的建设。2005 年台湾师范大学图书馆建立起"SMILE"多元学习区，这是台湾地区高校图书馆建立 IC 空间的首次尝试。2006 年 5 月，复旦大学视觉艺术学院图文信息中心在二楼构建约 500 平方米的信息共享区，这是大陆地区最早将 IC 理念付诸实践的图书馆[9]。随着 IC 建设在国内高校图书馆的逐渐普及，我国各地高校图书馆的空间改造建设开始了从起步到高速发展的历程。

1.1.4 图书馆空间改造的世界传播

图书馆空间改造起步于国外，自 20 世纪 90 年代美国艾奥瓦大学建立 IC 后，图书馆的空间建设问题开始得到越来越多的关注，图书馆空间作为一种服务的资源逐渐为人们所重视，空间再造成为业界热门话题，开始了世界传播的脚步。

美国图书馆和信息资源委员会（CLIR）2005 年发布"图书馆作为场所：重新考虑其角色，重新思考其空间"的报告中，提到馆藏资源的电子化导致图书馆空间产生变革，用户能随时随地获取信息资源的时候，图书馆该怎样定位自身的角色？图书馆应从积极的、长远的方面去适应用户的需求，以此来指导图书馆物理空间的设计与改造。

2009 年，在意大利都灵市举办的国际图书馆协会联合年会上，关于"图书馆设计建筑"有关的卫星会议中正式达成了图书馆成为"第三空间"的共识。会议指出图书馆是知识的共享空间，也应是集合博物馆、美术馆等的文化共享中心，更应是提供创新的舞台，图书馆的空间价值备受瞩目，世界各高校图书馆又掀起了一场空间再造的热潮。例如美国加州大学伯克利分校开始对其馆舍空间进行再造，根据学生需求设置学生项目合作的区域，提供技术设备以供使用；建设大数据分析区域；增加特藏资源、古籍善本资料的储藏空间以及研讨空间，学习中心，多媒体制作室，灵活空间等多样化的空间设置[10]。英国的阿斯顿大学将图书馆部分空间改造成富含创新精神的休闲交流空间，并 24 小时对用户开放，改造完成后的空间利用率极高。

2011 年美国费耶特维尔公共图书馆创办了"奇妙实验室"创客空间，在图书馆首次嵌入创客空间。2012 年，"创客空间"成为美国图书馆协会（ALA）年会热门话题，随后"创客空间：图书馆服务的新浪潮"在图书馆界形成共识。越来越多的图书馆和图书馆员认识到，未来图书馆新空间主要体现在场所价值和服务价值。国内外高校图书馆又开始致力于创客空间建设，不断在空间改造和空间功能上寻求突破，以拓宽服务领域，比如：美国俄亥俄州立大学图书馆的"研究空间"，加拿大达尔豪斯大学图书馆的创客空间，上海海事大学图书馆的"众创空间"，北京大学图书馆的数字应用体验区等。其目的是让用户在知识、经验的共享过程中实现创新，将各种想法付诸实践。创客空间体现出的"知识、分享、学习和创新"的价值内涵，与图书馆的价值相得益彰，图书馆的生存能力得到了加强。

2014 年 7 月，第七届上海国际图书馆论坛（SILF, Shanghai International Library Forum）在上海成功召开。该届论坛的主题为"转型时代的图书馆 新空间·新服务·新体验"，以转型时期图书馆的发展方向为讨论重点。"图书馆空间"又一次成为业界关心的一个重要话题。2015 年第二届世界互联网大会在乌镇召开，美国加州大学传播学教授曼纽尔·卡斯特提出了一种由虚拟空间与实体空间之间相互影响与融合的新空间形态，流空间（Space of Flows）是指通过流动而运作的共享时间之社会实践的物质组织。该概念的提出有助于实现高校图书馆空间再造的真正目的，从而实现服务转型[11]。

印度大学（Indiana University）图书馆的空间再造就进行了两项重要的革新。为服务本科学生，印度大学图书馆新建了学习共享空间（LC），该空间除了常规的学习区域，还支持了"非图书馆服务"，这些服务项目场所被集中整合在一个服务空间（Service Hub），采用可移动与非移动工作台相结合的设置，提供全年常规服务以及高峰期专项服务。为服务研究生和科研群体，图书馆创建了学术空间（SC），该空间侧重于互动及展示功能——设有不同容纳人数的研讨间（Consultation Room），支持高清/3D 展示的智能显示空间（IQ Wall Room），用于把文献数码化的数字转换区（Digitization Lab），支持 40～70 人的可变座位多功能学术对话区（Hazelbaker Hall）等[12]。通过空间再造的创新，提升了图书馆的服务品质。

2012 年，美国政府推出一个重点项目，计划四年内在 1000 所中小学建设"创客空间"，从基础教育入手推动教育改革与创新能力的培养。高等教育阶段，学生将通过各种实践或创造来学习，逐渐由消费者转变为创造者，亲自动手的体验式学习已成为美国高等教育和人才培养的最新模式。为此，图书馆的创客空间改造势在必行，促使图书馆形成一股空间改造的浪潮。各校图书馆纷纷改造建设学术性创客空间和制造类实验室，配备开源硬件、3D 打印设备、激光切割机等，为学生创客精神和创新能力的培育提供保障。与此同时，在英国、德国、日本等国家，创客运动也在如火如荼地开展，特别是以创新著称的日本，创客理念更是深入人心，更加注重"匠人精神"的融入与创新。

1.1.5　我国图书馆对空间再造的认同

创客运动舶来中国之前，大陆地区对于空间再造的研究和实践几乎是空白，最早将信息共享空间（IC，Information Commons）概念引入大陆地区的是原上海图书馆馆长吴建中先生。2005 年 4 月，在上海市图书馆学会双月学术讲座中，原上海图书馆馆长吴建中作了"开放存取环境下的信息共享空间"的讲座，对其产生的背景、起源、特点、特征等做了介绍，还有 IC 的实景照片、布局设计[13]。他首次将 IC 一词介绍给国内学者，随后大量关于 IC 的文章、课题相继涌现。与此同时，北京大学、清华大学、复旦大学、上海交通大学等高校图书馆先后开始了 IC 的建设实践。

随着创客运动的兴起和发展，为我国图书馆的空间改造注入了新的元素，成为图书馆领域又一研究热点。在"大众创新、万众创业"背景下，图书馆界掀起了一场空间再造与服务融合的升级运动。自从中国第一个创客空间上海新车间创立，深圳柴火空间、杭州 Onion Capsule（洋葱胶囊）、上海蘑菇云等创客空间相继创立，创客空间迅速成为创新创意的平台，吸引着爱好创造的人们。图书馆人以敏锐的眼光，将创客空间引进图书馆。在高校图书馆方面，2012 年哈尔滨工业大学首次引进了大型 3D 打印机、铣床、激光切割机等先进设备，开辟了为大学生提供服务的"创客空间"[14]。随后，湖南理工学院图书馆设立了"南湖创客空间"为大学生创客提供资源场地、设备工具（3D 打印机、3D 扫描仪、数控雕刻机、激光切割机、工业缝纫机、小型五金车床、手持车库等）和交流平台，开展造物工坊、分享会、创新体验、创意展览等活动。天津大学图书馆"长荣健豪文化创客中心"，是产学研一体化的结晶，为天津大学学生提供创新与创业、线上与线下、孵化与投资相融合的一体化开放式自主服务平台，提供创业培训、实践等服务[15]。各高校图书馆创客空间建设如火如荼，对高校双创教育起到推波助澜的作用。在公共图书馆方面，上海图书馆 2013 年推出的"创·新空间"是国内首个公共图书馆创客空间，之后，全国各公共图书馆陆续开展了创客空间建设，比如成都图书馆的"阅·创空间"、长沙图书馆的"新三角创客空间"、广州图书馆的"创客空间"、云南图书馆的"创客文化空间"[16]等，积极践行国家提出的"大众创业、万众创新"的号召。

2014 年 9 月，李克强总理首次提出了"大众创业、万众创新"的号召；2015 年 1 月，李克强总理亲赴深圳柴火创客空间，让更多人认识创客，扩大其对经济社会发展的影响和贡献；2015 年 2 月，国务院常务会议明确制定支持创客空间发展的系列政策，在国家层面为创新创业提供了良好的政策环境和发展平台；2015 年 3 月，"大众创业、万众创新"被写入政府工作报告。在国家宏观政策指导下，各类创客空间如雨后春笋般涌现，并呈现百花齐放的发展态势，例如北京创客空间、深圳柴火创客空间等，在引领创新与扶持创业方面起到了积极的推动作用。2016 年，教育部下发《教育信息化"十三五"规划》，对高校的创新创业教育也提出了明确的要求和规划。图书馆作为高校的重要文化基地有责任担当重任，"双创"教育正是图书馆义不容辞的责任和使命。

自 IC 的概念被引入我国后，信息共享空间、学习空间、创客空间、流空间、第三空间、智能空间、智慧空间等逐渐成为热点词汇，研究的主题从改造理念、功能布局到空间服务、社会价值以及案例研究、空间评估等极其丰富和深入。2011 年 10 月在贵州省贵阳市召开的"中国图书馆年会暨中国图书馆学会年会"，将"图书馆作为公共空间的社会价值"设为会议的分议题，引致国内图书馆界的集中大讨论。以吴建中为首的专家所描述的"社区的心脏""人和人的交流中心"以及动态知识的交流中心，充分表现出活力和生命力。依靠网络和现代化技术，社会化活动可以在图书馆内外流动，得以延伸和拓展，深化图书馆的社会服务功能，迎来"空间生命"的回归。深圳图书馆的杨雄标提出公共图书馆应将本土文化融于空间改造中，实现公共图书馆作为交流中心和社会学习平台的功能等。

2012 年 11 月，以"文化强国——图书馆的责任与使命"为主体的中国图书馆学会年会在广东东莞召开，此次会议将公共图书馆公众的第三文化空间和易读易学易生活、构建新型图书馆空间作为分议题。"第三文化空间"的概念引起众多图书馆同行的关注，杭州图书馆作为先行者在此方面做出了尝试。国家公共文化服务体系建设专家委员会副主任李国新认为："别把图书馆简单理解成借书的地方。在现代社会里，图书馆已经变成了公共文化空间。"

2015 年 12 月，教育部颁布了《普通高等学校图书馆规程》(教高〔2015〕14号)，其中第十九条规定："高等学校应按照国家有关法规和标准，建造独立专用的图书馆馆舍。馆舍应充分考虑学校发展规模，适应现代化管理的需要，满足图书馆的功能需求，节能环保，并具有空间调整的灵活性。"这对高校图书馆的空间改造予以肯定。2016 年，聚焦图书馆空间再造及服务推广的"中国高校图书馆发展论坛""大学图书馆馆舍空间再造论坛"相继召开，并提出大学图书馆应该紧扣图书馆的核心价值，转变服务理念，坚持以人为本，腾出更多的地方，优化推出新型的阅读空间。空间再造已经成为当前国内高校图书馆发展的首要任务，成为继超市式开架、数字图书馆建设后的高校图书馆的标志性改革。2017年 6 月，由中国图书馆学会学术研究委员会图书馆建筑与设备专业委员会等机构组织召开了"图书馆空间再造与功能重组转型"研讨会，此次会议传递了图书馆空间再造方面的最新理念，读者感受、资源整合和服务变革的融合发展成为空间再造的指导方向[17]。2017 年 11 月 4 日，《中华人民共和国公共图书馆法》正式颁布，其中第三条指出："公共图书馆是社会主义公共文化服务体系的重要组成部分，应当将推动、引导、服务全民阅读作为重要服务。"现代公共图书馆作为公共文化传播机构，它的属性已不再是单纯的阅读空间，正逐渐成为市民学习、休闲、创新的第三空间；第三十三条至第三十六条详细指出，公共图书馆应向社会公众免费提供借阅、自习、讲座、展览、咨询等服务项目，明确了其社会职能。公共图书馆可通过空间再造满足公众多样、个性的文化需求。公共图书馆法的实施使我国图书馆的空间再造从法律层面得到认同和指引。

1.2　图书馆空间再造的概念

1.2.1　图书馆空间的概念

空间是指物质存在的广延性，可以由长度、宽度、高度、大小表现出来。空间这一概念所涵盖的范围比较广，宇宙空间、网络空间、思想空间、数字空间、物理空间等都属空间的范畴[18]。空间是社会历史进程的产物，在转变历程中，各种知觉、意向、文化与科学观念相互作用，被赋予经济、社会、文化的意义。对于图书馆空间的理解国内外学者有不同的阐述。比如意大利的建筑评论家布鲁洛·赛维认为，空间是建筑的主角。图书馆空间是用户需求和服务功能的客观表达，图书馆空间布局将随读者服务需求和技术的发展不断调整和重组[19]。法国建筑师克里斯蒂安·德·包赞巴克认为，建筑空间是语言系统，空间是无声的语言，能传递信息，是人际关系的媒介。空间的语言能激发和禁止人们的行为，能改变人们的心境，空间即是行为环境。

维克多·泽维斯基在 2011 年对图书馆空间（Librarary Space）做出的如下定义："图书馆空间是所有存放印刷资源及传统图书资料载体资料，并提供读者服务的物理空间的集合，在这个空间里也进行所有图书馆的业务运行，是各种技术及通信活动的发生场所"。物理的图书馆空间包括用于存储各种介质的馆藏的空间，以及各种服务区域，如办公区、流通区、书库、阅览室、走廊、服务器机房等。2012 年，维克多·泽维斯基对此定义又做出进一步描述，认为除实体的物理空间之外，还有不可见的图书馆空间，包括 Web 服务器、计算机内存及存储空间、通信频道、无线 WiFi 等，还有用于支持读者访问图书馆的数字化资源，并称之为"虚拟图书馆空间"等[20]。

国内对于图书馆空间，业界有不同的认识。在传统认识中，图书馆空间是一个有着建筑外壳和拥有一定体积的物理实体。目前图书馆界有的学者认为，图书馆空间是指图书馆经过反复调整并将其调整到读者认可的最理想状态的图书馆物理空间的集合。图书馆空间不仅有"实体空间"，包括建筑、设计、家具等不同方面的因素，还有"虚拟空间"，包括计算机、网络、电信、通信等，还有"智慧空间"，即通过物联网、人工智能、云计算等核心技术，以用户体验为中心，通过感知、分析、记忆、服务用户，整合资源、设备、技术、服务及整个图书馆网络，由物理空间、虚拟空间、用户感知空间等构成的多维空间系统[21]。有的学者认为图书馆空间就是图书馆各种空间的集合，其包括馆员工作空间、读者活动空间、图书馆设备存放空间、资源存储空间等，能为读者提供一定的纸质资源、软硬件配套设备以及特定的服务的公共场所。有的学者认为图书馆空间是基于空间概念而发展与衍生的，具有空间的一些特性与内涵，图书馆的空间是信息资源、信息管理者与服务对象等各组成部分的空间相互作用和空间位置关系，分为实体空间与虚拟空间。被形态所包围、限定的空间为实空间，其他部分称为虚空间，虚空间是依赖于实空间而存在的等。

综合国内外学者对图书馆空间的阐述，其观点大同小异。本书作者较为认同的是维克多·泽维斯基对图书馆空间所下的定义，认为图书馆空间是所有存放印刷资源及传统图书资料载体，并提供读者服务的物理空间的集合，在这个空间里也进行所有图书馆的业务运行，是各种技术及通信活动的发生场所，由实体的物理空间和虚拟图书馆空间两部分构成。图书馆空间是一个发展着的概念，在信息技术飞速发展的今天，空间的内涵与外延也在发生着变化，现如今图书馆空间已经突破了物理空间的形态，催生出更多新的空间形式，并预示着有无限延伸的可能。

1.2.2　图书馆实体空间再造的概念

关于图书馆的实体空间，国内图书馆界从不同角度给予了解释。

（1）从建筑学角度提出图书馆实体空间具有两层含义：一是指图书馆各功能元素的组织，体现为图书馆空间的空间秩序和空间划分；二是指空间各实体元素的塑造，体现为空间形态和空间建构[22]。

（2）图书馆实体空间理解为主要与空间功能相关联，认为图书馆的实体空间是图书馆功能的物化，主要包括图书馆的实体建筑、馆舍结构、空间布局、技术设备、家具特点、装饰风格和实体馆藏等内容。

（3）《辞海》（1999 年普及本）对"再造"一词的解释是指重新给予生命，可以泛指再生、复活、重新创建。空间再造的概念来源于建筑学，本意是把旧建筑物的内部空间进行重新改造而使原建筑物具有另外一种功能。

对图书馆实体空间再造的概念在业界目前还没有统一的界定。一是认为图书馆实体空间再造是指在我国图书馆转型阶段为满足用户需求而在其原有建筑框架之内从服务及形态功能等方面对图书馆实体空间进行的再造工作；二是认为图书馆实体空间再造则是指在原图书馆实体空间的基础上对图书馆进行的修整、改造以及功能创新的活动；三是认为图书馆实体空间再造是通过变革促进原有空间发展的系统性工程，不仅包含对实体建筑空间物理性能的改变，更重要的是关注用户对空间的体验、参与和感知等。这里比较认同刘万国等学者对图书馆实体空间再造的阐述，即图书馆物理空间再造是指为了更好地服务用户，对图书馆物理空间的形态、布局及功能进行重新评估与设计，从实体（相对于虚拟空间而言）的角度对图书馆建筑空间进行重组、改造与创新，进一步展现图书馆作为场所的空间价值，实现服务创新[23]。

1.2.3　空间服务的含义

图书馆空间一直是图书馆提供服务的场所。读者需求与服务功能的转变，催生了图书馆空间服务新模式的产生。空间服务是构成现代图书馆服务的基本要素，空间是服务的载体，服务是空间的核心，只有赋予空间以服务的内涵与特色品质，才能使空间服务具有生命力。正如学者们所认为："未来图书馆新空间主要体现的是场所价值和服务价值"[24]。

教育部在《普通高等学校图书馆规程》中的第三十条规定："图书馆应不断提高文献服务水平，采用现代化技术改进服务方式，优化服务空间，注重读者体验，提高馆藏利用率和服务效率。"这对图书馆开展空间服务工作起到了积极的引导作用。我国图书馆界对于"空间服务"的概念进行了多样化阐述。有的学者认为图书馆的空间服务主要是指图书馆为了满足用户需求而提供的资源体系、知识空间、服务设施、实体空间、学习研究场所、文化氛围等一系列信息利用环境与空间的总称；还有的学者认为图书馆空间服务是图书馆整合自身的资源（电子、纸本、网络资源）、技术、人力和场地，为用户提供的全方位、个性化、人性化智慧服务等。北京大学图书馆肖珑馆长对空间服务的概括，即超越传统图书馆以藏书和围绕藏书的相关服务划分的空间，而新增的单纯用于服务的空间，比如创意空间、学习空间、交流空间和休闲空间等，这些与藏书关联不多，旨在为读者提供学习、研究、交流的文化场所，可以统称为"空间服务"。总体来看，以空间为支持开展的服务工作越来越受到关注；空间服务将是现代图书馆服务发展的新趋势，也是未来图书馆服务的重要定位与主要内容。

1.3　图书馆空间再造的意义

1.3.1　与时俱进改变传统模式

传统图书馆以纸质藏书为主，在空间的划分上也紧紧围绕图书的储存和流通展开，以"藏、借、阅"为服务主体的图书馆，对读者的吸引力越来越小。随着存储技术和检索技术的发展，图书馆馆藏结构和人们的信息行为都发生了巨大变化，围绕藏书的空间设计已然不能满足图书馆的发展需求，实体空间作为一种服务资源开始为图书馆界所重视，对传统空间的改造成为图书馆服务转型的重要途径。网络技术的发展和共享理念的普及，使馆际互借和文献传递等资源共享型服务在图书馆普及，图书馆管理者开始考虑纸质馆藏的使用效益，这一变化使图书馆部分馆藏空间得以释放，产生空间再造的问题。比如，斯坦福大学认为到2020 年，其图书馆将不会保留印本资料，较早的印本资料将会被数字化，图书馆将会利用释放的空间，为用户提供更高效的服务。

信息存储、检索和获取技术的发展，使人们足不出户就可以使用图书的资源。在给人们带来便利的同时也对图书馆的发展造成了冲击，流通率的降低、到馆人数的下降以及空间的闲置给图书馆管理者带来了巨大的压力，甚至有些读者、管理者和学者公开质疑图书馆的存在价值，图书馆对空间的再造既是寻求生存的手段也是发展的选择。早在 1990 年，菲利普·托姆帕斯提出这样一个设想，建立一个整合优势资源的新服务空间，为读者的学习、阅读和交流活动提供支持。随着空间再造的传播与建设，各具特色的空间伴随着时代的发展不断涌现。阮冈纳赞曾经说过，图书馆是一个生长的有机体。图书馆空间也不例外，面对外部环境的改变，人工智能时代的到来，驱动着图书馆空间又将迎来一次以智能化为主导的再造变革浪潮。美国罗德岛大学图书馆人工智能实验室的建设及开放在即，也昭示着人工智能时代的图书馆空间变革要早于想象来到我们身边。

《国际图联趋势报告——2016 新进展》指出，目前，人工智能既拥有加强已有的图书馆功能的能力，也有代替这些功能的能力。并提出人工智能对图书馆未来的影响主要有三个方面：一是下一代超越关键词检索的浏览器和对网页内容的语义分析；二是综合语音识别、机器翻译、语音合成以支持实时多语言翻译；三是对多元、复杂网页内容的云服务众包翻译和识别[25]。美国新媒体联盟发布的《新媒体联盟地平线报告：2017 年图书馆版》，将人工智能和物联网看作是未来四至五年内将对图书馆产生深刻影响的技术。由此可见，人工智能已经进入图书馆发展的议事日程之中。我国 2015 年 7 月发布的《国务院关于积极推进"互联网＋"行动的指导意见》提出要大力发展人工智能，2017 年更是将其写入《政府工作报告》，并于当年 7 月颁布《国务院新一代人工智能发展规划》，人工智能在我国已经进入实质性发展阶段。例如清华大学、南京大学等高校图书馆都已经应用机器人馆员开展服务，虽然它们的功能有所不同，但是显示出图书馆在人工智能方面的尝试和探索。图书馆的空间建设只有真正融入时代发展的浪潮之中，才能体现出价值的存在。

1.3.2　提升图书馆价值预定位

价值是一切行动的基础，有什么样的价值观就有什么样的行动。美国社会学家雷·奥登伯格在其著作《绝对的权利》中，从社会学的角度将社会空间分为三个层次：第一空间是家庭环境；第二空间是职场环境；第三空间便是前两者之外的其他所有空间。他将图书馆归纳为第三空间的一种，也就是说图书馆除了基本的储藏文献功能外，还应该是能供人们放松、消遣、学习、交流、思考的地方，是一个可以为平凡的生活增添意义的地方。原上海图书馆吴建中馆长在《发挥图书馆作为社会公共空间的价值》专题演讲中明确指出，图书馆是"人与人交流的空间"，是"聚集信息资源和人的资源的知识空间"，是"人们共享知识的第三空间"，是"激励人们不断学习和追求的最佳场所"，正在"成为人们生活、工作和学习中不可缺少的公共空间"。[26]未来图书馆将成为人们最为重要的文化生活空间，引导人们享受健康的生活，追求高尚的情操，开展有意义的社会活动。例如，浙江大学图书馆提供的文化空间，其包括"宋厅"、国立浙江大学时期藏书室和学术沙龙区等，"宋厅"珍藏浙大唯一的宋版书，国立浙江大学藏书室通过斑驳的木箱和历经劫难而保存完好的珍贵图书展现了浙江大学难忘的西迁岁月，让读者一同见证战火中"东方剑桥"的崛起。

图书馆空间的价值取决于用户对于图书馆空间的需求，有了需求才能产生出意义。在互联网全球化的背景之下，图书馆正在由提供书籍向提供空间转变，从以阅览为主的空间转变为交流和开放的空间，图书馆作为一种空间的价值得到重新定义。图书馆空间再造的价值在于提升图书馆服务品质，提高读者满意度。图书馆空间再造就是在花费相对较少的人力财力的基础上实现服务的突破。比如深圳图书馆的"爱来吧""深圳文献港"，沈阳师范大学图书馆的星空绘本馆、明德讲堂、尚美斋，东北大学图书馆的咖啡书吧、茶水间等，都是在节省的基础上还实现了服务品质的提升。随着服务理念和服务模式的变革，图书馆传统空间正被改造成为集阅览、学习、体验、研究于一体的知识平台及文化交流空间。图书馆在新一轮的服务转型过程中必须从人、资源、空间三要素出发，突出人在图书馆的位置，整合全媒体的资源，发掘图书馆作为场所的价值。

2006 年 OCLC 报告指出，尽管印本资源的数量越来越少，图书馆作为本地内容传播者的作用可能越来越弱，但图书馆成为社区或大学内聚集场所的需要仍没有减少；信息消费者把图书馆看作是一个学习的场所，阅读的场所，免费获取信息的场所，提高素养的场所，支持研究的场所，提供免费计算机（互联网）存取的场所。过去图书馆是读者获得文献与信息的地方，但今后的图书馆不仅仅是人们获取信息的场所，图书馆还是一个交流中心，不仅仅是静态知识的交流中心，更重要的是动态知识的交流中心，就是人和人的交流中心。人们在获取知识、信息的同时还可以在此交流、创建新的关系，甚至激发新的灵感，从而创造更多的社会价值。

1.3.3 以书为本转向以人为本

从图书馆的发展历程来看，从过去的重藏轻用、藏用并重到现在的以用为主、以藏为辅，其根本就是从"以书为本"到"以人为本"的过渡。传统图书馆主要是借阅与收藏文献资源，服务内容相对单一，且服务基础设施不全，服务自动化程度较低，也未建立可供读者进行相互交流的场所，阻碍了图书馆的进一步发展。而图书馆空间再造彻底颠覆了图书馆这一状况，其要求"以人为本"，主动为读者提供个性化的服务，并为其创造一定的交流空间，以实现图书馆"以人为本"的发展目标。

图书馆的"以人为本"就是以读者为出发点和落脚点，一切从为读者服务出发，重点扩大与发展读者的使用空间，空间再造与使用方式更加满足读者需求。2017 年 6 月 22 日，"图书馆空间再造与功能重组转型"研讨会在上海市徐汇区图书馆召开。吴建中教授指出，图书馆正在改变原来的模样，从以书为主体，转变为以知识为主体；从以阅览为主的空间，转变为交流和开放的空间。东南大学顾建新教授认为，图书馆的空间是一种重要的独立资源，同样可以用来服务。在图书馆的空间功能和分区上，要把实体图书馆与虚拟图书馆相结合，要从关注"书本"到关注"人"，把更多的空间留给读者，做到动、静分区，空间多元[27]。上海图书馆和首都图书馆的建筑设计都展现出了当代图书馆空间价值的新理念，注重人的需求和可接近性、开放性、生态环境和资源融合。充分体现了服务、信息等不同元素在空间内的交汇、连续，突出传统阅读与数字阅读的衔接，打造出高度开放、全面融合、无缝式衔接的高效图书馆文化信息服务中心。

互联网的发展使信息与知识的获取方式、学习方式发生了颠覆性的变化，图书馆同样面临着迫切的问题。空间再造基于"互联网＋"平台在对原有模式批判继承基础上吸取新因素、通过互联整合创新而形成空间新格局。比如南京理工大学图书馆的信息共享空间，除了配备有各种高端数码和电子设备的创新空间，还有创意的冥想区、"站立学习区"和"席地而坐区"，如此有创新思维的空间再造，满足了读者对图书馆的个性化需求。南京理工大学图书馆的改革，完全颠覆了我们传统意义上对图书馆的定义，私人空间的出现将图书馆的服务提升了一个等级，真正实现了对读者的全方位服务。"以人为本"是近几年来图书馆空间新建与扩建所要遵循的重要原则，以人为本的思想逐步融汇于图书馆的空间再造、文献信息服务、业务工作流程以及管理工作之中，成为引领 21 世纪现代图书馆发展的新理念、新思维。

1.3.4　被动服务转向主动服务

图书馆的服务转型与空间再造之间存在着密切的联系，在对图书馆实施服务转型和空间再造时，从用户的角度出发，坚持"以人为本"的服务和改造理念，从用户的实际需求出发，采取各种技术手段和措施，为用户提供个性化的优质服务。IFLA 主席格洛里亚·佩雷斯·萨尔梅龙和秘书长杰拉德·莱特内在第 84 届 IFLA 大会开幕式致辞时也反复提到转型这一主题。会上发布了《国际图联全球愿景报告》，这一报告超过 190 个国家参与、21772 张在线投票构建得出，提出当今图书馆的十大机遇，比如：数字时代我们必须更新自身的传统角色；我们需要更好地了解社区需求，策划新的服务模式；我们必须跟上持续的技术变革的节奏；我们需要挑战现有的结构和工作方式等[28]。

因此，图书馆服务一直处于创新之中，突破了传统服务的范畴，纷纷力图创新实践，主动寻求为读者服务的新模式，服务创新实现了从被动等待服务到主动寻求服务的转变。用户从服务的接收者成为图书馆服务的决策者；用户从进入阅读空间的读者成为泛在化、多功能空间的使用者；用户从资源的利用者成为资源的创建者和提供者；用户从图书馆管理者之外的使用者成为图书馆第三馆员（第一馆员为图书馆工作人员；第二馆员为图书馆志愿者）。用户需求决定着图书馆的存亡与发展，在实现图书馆服务转型与空间再造时，特别重视用户的参与体验，主动去发掘读者的需求。比如顺德职业技术学院图书馆，依据读者需求建设了一个艺术主题的共享空间并对外开放，举办了多次艺术类主题活动，如艺术沙龙、最美空间摄影大赛、手机摄影分享会等，为读者分享艺术知识提供了平台，并获得了读者的广泛好评。用户需求是化被动服务为主动服务的前提条件。在科技信息高速发展的今天，图书馆丰富的职能和功能的拓展，能够为用户提供开放、灵活、舒适和多元体验的空间，满足读者各种情境下学习、交流和分享的需求。

图书馆的服务是资源、工具、馆员、空间等几种因素的交互作用，空间将成为图书馆吸引用户的新载体和新服务。图书馆通过深入地了解用户的需求和行为方式及现有技术和自身条件所提供的各种可能性，从空间的规划到布置，从家具、设备的添置到摆放，从资源结构的调整到展示等都要基于对用户需求的主动调研，有针对性地进行空间再造，将现代化信息技术与读者服务模式相结合，主动为用户提供多元化的服务，实现从被动服务到主动服务的转型，将图书馆的空间功能和服务尽可能调整到用户最认可的理想状态。与此同时，图书馆服务观念也随着图书馆的服务转型和空间再造发生着转变，树立"以人为本"的服务意识，构建高科技、高效率、全方位的服务体系，从用户需求改变的实际出发，在服务理念、服务方法、服务内容、服务质量等方面进行改革和创新，实现主动化服务，才能真正做到"一切以用户为本"。

1.4　图书馆空间再造的模式

1.4.1　基于旧馆改造的空间再造

图书馆作为学校的标志性建筑，承载着时代发展的印记。多数高校图书馆由于受到当时经济条件及技术发展水平所限，建筑空间布局不够灵活，功能和设施都相对比较落后，已经无法适应新时代发展的要求。为了适应新时代图书馆转型的发展需要，许多国内高校图书馆虽没有建设新馆的机会，但也不甘心墨守成规，于是开始对旧馆进行实体空间再造，努力打造涵盖文献、生态、文化、智能、服务等多方位并进的信息共享空间、学习共享空间和知识服务空间。

比如沈阳师范大学图书馆就是对旧馆进行实体空间再造，该馆功能定位明确，充分考虑到了空间各种因素对读者的影响，力求做到完善每一个细节，保证读者在空间内得到满意的体验。目前已经打造了星空绘本馆、创客空间、明德讲堂、尚美斋、启智学术交流空间、盛文北方新生活·园丁书店等多个主题空间，为读者呈现了一个集人文、智能、便捷、个性为一体的现代化图书馆。图书馆可以通过实体空间再造重新对旧馆舍空间进行规划和改造，充分利用空间资源为读者提供更加开放、更加多样化的服务，增强图书馆吸引读者的能力。

又比如北京航空航天大学图书馆在空间改造设计中，将旧馆定位于工作区、闭架借阅区、展览区和休闲区。图书馆原有书库可以满足新馆对闭架书库面积的需求，将旧馆的一层书库改造成密集书库，这样新馆就不必设计闭架书库了。将工作区和休闲区设在旧馆，这样远离阅览区，避免对读者不必要的打扰。另外，图书馆新建了一个开放式的展览区，展示电视和报刊等媒体的学术信息，定期举办各种展览，如图书馆学术专藏展、学术成果展、学生小发明作品展以及文化品位较高的书画展、摄影展、收藏展，发挥了图书馆宣传和教育的职能，提高学生的创新精神和综合素质[29]。

东北大学图书馆在旧馆空间再造，改善基础设施基础上，拆除原有积层书架，建设开放式书库，建设东大文库、民国及地方文献馆、宁恩承展室等特藏空间，使得空间更加开放、功能更加多元。并调整功能布局，整合原有办公空间集中到一层，楼上原有办公小房间打开融入大阅览室空间中，布局更加规整，流线更加简化。同时，建设茶水间、校训墙、影壁墙、阅读体验馆、国学馆等特色空间或区域，让空间更加有文化气息、更能满足多样化需求。

图书馆对旧馆舍的空间改造秉承以用户为中心的理念，释放馆舍可用的物理空间，发挥空间利用最大化。在空间改造设计时充分考虑了新馆与旧馆的关系问题，将旧馆通过改造成为新馆的一部分。图书馆旧馆的空间再造最终目的是提升图书馆的使用功能，使经过改造后的图书馆尽可能达到或接近图书馆空间在现代化、智能化、网络化、数字化方面的要求，给读者提供舒适的借阅环境和活动空间，提供便捷、及时的多载体资源，最大限度地满足读者对图书馆的利用。这种基于旧馆改造的空间再造在高校图书馆占多数。

1.4.2　基于新馆建设的空间创新

近年来，图书馆新馆建设此起彼伏。一座新馆的建设是一个系统工程，其中空间问题是一个必须要把握好的重要问题。新馆空间建设一定要尊重人的需求，读者需求决定新馆的空间布局与功能实现。图书馆作为公共文化空间，已超越传统功能，是读者开发了图书馆作为公共场所的作用，促进了图书馆为满足其多样化需求而发展出更广阔的空间功能。新馆的空间建造中公共图书馆和高校图书馆均有成功的案例。

公共图书馆中，如上海浦东图书馆新馆坚持"以人为本"的原则进行建筑空间建设与布局，采用国内外先进的"模数式""大联通""通透性""开放化"等建筑新理念。新馆共有八层，地下有两层，分别是停车场、餐厅和多功能厅；地上有六层，每两层是一个功能区，以垂直方向分离布置，依次是动区（出入口和学术交流）、静区（文献借阅）、静区（专题阅览），可以有效地发挥分区的功能。所有服务区域向读者开放，各分区无硬性隔断，书架与阅览桌椅就近安排，方便读者自行取阅书籍，体现了空间布局合理的设计原则。上海浦东图书馆新馆借鉴前人的馆舍改造理论和经验，在此基础上秉持以人为本、空间布局合理、可持续发展、经济适用和绿色环保的改造设计理念，为现代图书馆空间改造提供了新的方向[30]。又比如辽宁省图书馆在新馆建设过程中充分利用新技术创新空间建设，打造了网络第三空间和众创空间。网络第三空间通过数字阅读、数字学习和数字教育，为读者打造了一个集在线学习、学习管理、学习监控、系统管理等多种功能为一体的全新的终身学习平台。众创空间分为智能会议区、创客办公区、智汇学习区、创新实践区、智能输出区、资料查阅区和分享讨论区等七个功能区，空间配有能实现智能会议、无纸化办公的多人互动讨论桌，能进行动画、影视创作的 BOXX 图形工作站，工业级的树脂粉末 3D 打印机等高科技设备，为创客们提供工作空间、网络空间、社交空间和资源共享空间，同时提供知识分享、创意交流、政策咨询、专利检索、产品信息发布等服务，从而吸引更多有创业想法的学生入驻众创空间，帮助青年学子实现"创业梦"。天津滨海图书馆天花板设计成了线条造型，中庭设计成眼窝形状，足足有五楼高的书架成"梯田"书山形状，给人强烈的视觉冲击。

高校图书馆也有许多新馆案例，高校图书馆是大学校园的重要公共服务空间，是为师生服务的知识中心、学习中心、教学服务中心和文化中心。大学图书馆新建空间基本都以用户需求划分空间布局，用以支持用户的研究需要和学习需要。同时突出满足个性化需求的理念，设置特色空间及服务，比如视听室、创客空间、咖啡吧等，最终形成深受用户欢迎、具有活力的空间。在新馆建设中，空间布局的多元化是满足读者需求多样化的必然选择。比如在广东财经大学图书馆新馆空间布局建设中，将图书馆的学习空间按楼层、区域划分为传统自修区、经典名著导读区、教材循环利用区、藏阅一体的自主学习区、数字化学习与体验区、专题学习开放讨论区、展览学习区、休闲学习区等，配备 30 多间大小讨论室，多间视听室、多媒体培训室、会议厅等，实现对多样化学习模式的支持[31]。

在新馆建设中，需要依托空间开展数字应用体验服务，满足用户对信息技术、数字资源、协作环境的综合需求，为读者提供科技进步的最新发展成果，感受新技术、新设备的实际应用。图书馆新馆策划与空间设计必须具有超前的气魄，需要综合考虑网络化、数字化、信息化、智能化等元素，设计、建造出跨越时代的图书馆空间，以满足读者信息获取便捷性、休闲娱乐性及阅读多元化的需求。新馆舍与新空间布局在空间再造中占重要的一部分。

1.4.3 基于双创教育的空间再造

2016 年 5 月，国务院办公厅印发《关于建设大众创业万众创新示范基地的实施意见》，系统部署双创示范基地建设工作。在"大众创新、万众创业"背景下，越来越多的高校图书馆围绕双创目标，推进服务双创教育职能的建设与发展。当前的高等教育也越来越强调经验学习以及服务社会，创业教育已经成为高等教育的重要组成内容。高校图书馆通过空间再造形成具有主题功能的创客空间，就是其中的一个重要方向。创客空间作为一种全新的服务形式和平台，其在知识创新和服务升级方面有其独特的优势，是图书馆转型与升级的重要策略，更是推动社会知识创新的战略选择。

"创意"和"实践"是创客空间的核心思想。创客运动最先起源于美国，2011 年创客空间进驻到图书馆。美国雪成大学的劳伦·史沫特莱向费耶特维尔图书馆递交一份关于在图书馆内创立制造空间的计划书，由此建立了全美公共图书馆界的第一个创客空间。在我国，"创客"与"大众创业、万众创新"联系在一起。2015 年，"双创"一词进入大众视野，并作为国家创新发展战略写入政府工作报告，为服务国家战略、适应社会需求，图书馆界也开启了面向图书馆服务与创新的探索。在政府政策的引导和鼓励下，图书馆界积极响应国家号召，为"大众创业、万众创新"提供资料、技术、空间等方面的配套服务，一大批创客空间纷纷建立。

高校图书馆创客空间以其独特的学科人才配置，专业的设备硬件基础，以及成果转化指导方面的综合性指导服务，使得高校图书馆创客空间建设上颇有优势，先后有一批高校建立了创客空间。比如：2012 年，中国科学院国家科学图书馆建设科技协同创新、开放创新与创业的信息服务平台，即"创意空间"；2013 年 9 月，清华创客空间学生社团成立，后迁入李兆基科技大楼，拥有约 1.65 万平方米的创客空间，这是全球最大的创客空间；2014 年 12 月 19 日，西南交通大学与英特尔（中国）有限公司成立英特尔—西南交通大学大学生创客活动中心，旨在为西南创客群体提供培训、交流及开展创客活动的空间和机会，推动创客文化，培养创新人才[32]；2015 年，高校图书馆建设运行的创客空间有上海交通大学图书馆"交大—东创客空间"、三峡大学图书馆的"大学生创客空间"等；2016 年 3 月，武汉大学图书馆创客空间成立。其中，中国科学院文献情报中心科技创新与创业服务平台通过开展产业情报发布、路演对接、创业分享汇、创业辅导课等实践活动，吸引了众多创业项目和科研工作者的参与，对推动科技创新起到积极作用。高校图书馆逐步将创新创业工作融入自身的职能建设当中，以空间再造的形式来实现创新创业服务效能的提升。

1.4.4　其他形式的图书馆空间再造

随着网络技术的飞速发展，大量高质量的资源可以获取电子版本，从而导致图书馆空间的创新和设计发生革命性的变化。当读者不踏足图书馆就可以获取信息的时候，数字时代图书馆的真正角色功能是什么？从潜在的、积极的方面去考虑图书馆应该适应哪些需求，这些需求会如何反过来影响图书馆实体空间的应用及设计。图书馆作为一个读者学习和沉思场所，因为读者学习的模式、馆藏、技术以及对图书馆的使用发生改变，出现了信息共享空间、学习空间、研究空间、创客空间、第三空间、流动空间等新技术服务空间，根据读者的需要提供信息查询、知识创造、教育与学习、互联网连接、社交休闲或个性沉思等空间服务，均是图书馆不断追寻的服务方式。

图书馆数字资源的丰富和普及，读者对图书馆的空间需求、空间类型、空间应用、空间功能、空间服务等方面都有了根本性的变革，图书馆的空间形态也在不断更迭交替。图书馆藏书空间被逐渐压缩，越来越多的图书馆在现有馆舍基础上进行调整或进行空间创新设计，为读者创建学生活动区、创新空间、协作型学习区、媒体制作中心、多媒体阅览室、电子教室、研究小间，或者演示厅、会议室和休闲咖啡区等一些社会交往型空间。图书馆作为读者活动的空间场所，作为读者个人学习或合作性学习的空间，作为读者社交活动空间的重要性越来越明显。新技术的不断使用，使图书馆的物理空间利用随之产生变化。

随着教育模式的改变，图书馆空间开始有支撑教学和学习的功能，给图书馆带来新型的空间服务。图书馆的空间重要性明显增强，空间的改造理念随着教学研究模式、馆藏、技术、服务等不断进步与创新。在物联网、云计算、人工智能为代表的 Web 3.0 时代，智慧空间异军突起，智慧空间是未来图书馆空间的主要形态。它以用户为核心，能够感知用户，分析用户，并对用户进行泛在化和精准化服务，处处渗透着人文主义精神。它得益于技术，又依托用户需求，能催生一大批新型技术，可以进行自我完善和自我优化。也正是这些优势，图书馆空间智慧化将成为第三代图书馆或图书馆转型的核心。

综上所述，基于对图书馆空间再造的背景、意义，图书馆实体空间再造、空间服务的概念和空间再造范围等的介绍，旨在提高对图书馆空间再造理念、转型实践、服务模式等理论的认识，注入了新的主动服务理念，实现了从书本位到人本位的过渡，提升了图书馆空间的价值，对今后实现图书馆服务转型，提升图书馆服务职能，提高图书馆空间利用率具有深远的影响和现实意义。高校图书馆空间改造的演进路径是：信息共享空间（IC）→学习共享空间（LC）→知识共享空间（KC）→研究共享空间（RC）→大学共享空间（UC）→全球信息开放获取共享空间（GIC）→创客空间（MC）。从发展形势上看，图书馆空间改造经过整整 25 年的发展、演进与创新，呈现许多新的空间形态。

空间再造是高校图书馆未来发展的方向，它颠覆了传统图书馆以借阅为中心的格局，创造了学习分享、交流共享的空间，促进了读者之间的互动。未来图书馆在空间改造建设方面，将运用各种新兴的先进技术，构建多元化、多样化的智慧空间，以满足用户对图书馆提出的多元需求。图书馆空间再造已成为图书馆适应新时代、提供新服务、体现新价值的载体和表现，是图书馆战略转型的前沿和趋势。

参 考 文 献

[1] 赵杰民，范英桐. 世界新的技术革命与我国图书馆变革初探 [J]. 图书馆界，1984（7）：11-13.

[2] 北京易观智库网络科技有限公司. 中国移动阅读市场年度综合报告 2016 [EB/OL]. 2016，7，29.

[3] 朱淑华. 儿童阅读推广研究 [J]. 新世纪图书馆，2012（3）：88-90.

[4] 李凌. 碎片化阅读趋势下图书馆应对策略研究 [J]. 新世纪图书馆，2018（5）：17.

[5] 2018 全民阅读报告 [N]. 光明日报，2018-04-25.

[6] 李春敏. 列斐伏尔的空间生产理论探析 [J]. 人文杂志，2011（1）：62-68.

[7] 田捷. 数字图书馆技术与应用 [M]. 北京：科学出版社，2002.

[8] 应楚天. 大学信息共享空间构建研究 [D]. 福州：福建师范大学，2017.

[9] 牛曙光. 我国高校信息共享空间建设存在的问题 [J]. 图书馆学研究，2011（2）：82.

[10] 黄琴玲，钱吟，刘赞，等. 美国加州大学伯克利分校图书馆服务转型的新动向与思考 [J]. 图书情报工作，2014（20）：61-66.

[11] 曼纽尔·卡斯特. 网络社会的崛起 [M]. 夏铸九，王志弘，等译. 北京：社会科学文献出版社，2001.

[12] 马宇驰. 国外高校图书馆空间再造项目研究 [J]. 办公室业务，2018（11）：175.

[13] 荀廷颐. 多维视角下的图书馆空间再造 [J]. 遵义师范学院学报，2018（5）：171.

[14] 马育敏. 面向"创客"的高校图书馆空间再造与功能转型的路径及策略 [J]. 河南图书馆学刊，2016（9）：30.

[15] 孙超，李霞. 高校图书馆为大学生创客提供一站式服务探索 [J]. 图书馆论坛，2015（10）：57-61.

[16] 孙建辉，戴文静. 高校图书馆构建创客空间的用户需求调查探析 [J]. 图书情报工作，2016（22）：54-60.

[17] 王波. 可爱的图书馆学 [M]. 北京：海洋出版社，2014.

[18] 李洁. 浅析高校图书馆空间再造与重构 [J]. 包头职业技术学院学报，2018（3）：90-91.

[19] 张春红. 新技术、图书馆空间与服务 [M]. 北京：海洋出版社，2014.

[20] Victor Z. Real and Virtual segments of Modern Library Space [J]. Library hi tech News，2012（7）：5-7.

[21] 柏鹏英. 对图书馆空间布局的几点思考 [J]. 内江科技，2018（12）：11.

[22] 韩昀松，邢凯，孙澄. 高校图书馆空间新发展 [J]. 城市建筑，2011（7）：26-29.

[23] 刘万国，黄颖，杨贺晴，等. "学术交流新生态与图书馆转型"国际学术研讨会综述 [J]. 大学图书馆学报，2016，34（6）：10-15.

[24] Coppola G. Library as the Third Place [J]. Floria Libraries，2010.

[25] 刘颖，尚慧. 基于读者阅读需求改变的高校图书馆空间再造的思考 [J]. 晋图学刊，2018（5）：50.

[26] 罗铿. 高校图书馆空间服务现状调查与分析——以教育部直属高校为例 [J]. 图书馆学

刊，2018（8）：95-98.

［27］段晓林．图书馆空间再造的理念、创新及其实践——"图书馆空间再造与功能重组转型"研讨会在徐汇区图书馆举办［J］．上海高校图书情报工作研究，2017（3）：2.

［28］柯平，邹金汇．后知识服务时代的图书馆转型［J］．中国图书馆学报，2019（1）：5-11.

［29］北京航空航天大学图书馆［EB/OL］．2018，3，15.

［30］张伟，刘锦山．公共图书馆转型与内涵发展［M］．北京：国家图书馆出版社，2017.

［31］蔡红．读者驱动高校图书馆新馆建设的思考与实践［J］．图书馆论坛，2015（10）：55.

［32］单轸，邵波．国内图书馆空间形态演化探析［J］．图书馆学研究，2018（2）：25.

2　国外高校图书馆空间再造演进

空间再造对图书馆而言不仅是环境的改变，更主要是服务模式的一种探索和创新，在用户需求的驱动下，将空间、资源和服务融为一体，探索创新服务场景，提升服务效能。自 20 世纪 90 年代以来，众多国外高校图书馆开始在空间再造方面进行探索与实践，从最初的知识存储空间到现在的各种创新服务空间，从不同服务场景对图书馆的资源进行了全面整合，在更深层面重新定义图书馆的功能，为用户的教学和科研提供创新性的一体化支持与助力，这些实践案例的学习和引入，为我国高校图书馆界进行空间再造提供了有益的参照和借鉴。

2.1　国外高校图书馆空间再造的背景

2.1.1　时代背景

图书馆一直承担着促进学习与知识创造，提高民众信息素养，消除信息鸿沟等历史责任与使命。如今，在数字制造技术、互联网技术和再生性能源技术的创新与融合诱发的第三次工业革命浪潮下，图书馆不应只提供文献、因特网、计算机等实体让用户去获取、评价、利用信息，更应提供新兴的媒体、工具、技术让用户去创造信息[1]，这些技术的进步也为图书馆推进创新型空间建设与服务提供了机会和可能。

随着各种新技术在图书馆的本地化应用，图书馆迅速将资源、空间和服务有效融合，建立一个更加开放、包容的环境来激发用户的创新力和创造力，在更多层面提升用户的综合能力，全面、全程助力学校人才培养。比如：创客空间引入电脑、数控机床、3D 打印机等设备，能够帮助用户构建探索能力、动手能力与创新思维，有机会触及高科技技术和跨学科的研究，通过理论与实践的充分融合，逐步培养并提升用户解决实际问题的能力；依托数字化技术打造的移动阅读空间，能够为用户建立泛在化的阅读环境，让图书馆由典藏转向服务，发挥文化传承价值，培养用户阅读能力。此外，技术的发展和应用也让知识共享空间、研究共享空间、数字学术空间等成为可能，让图书馆重新释放活力。

2.1.2　社会背景

虽然知识数字化已经成为现代社会发展的一种趋势，但纸质书刊阅读仍然是人们获取知识的重要阅读方式，二者互为补充。早在 1977 年，美国国会就通过立法成立了国会图书馆阅读中心，目的在于凭借图书馆的资源优势激发人们的阅读兴趣和阅读意愿[2]。

当下，图书馆正在面临被边缘化的危机，到馆率下降明显，而图书馆的文化服务职能却始终没有改变，特别是面对复杂的文化资源，用户期望图书馆能够在众多的文化资源中给予导航，引领阅读，充分发挥图书馆文化阵地的作用。正是基于这样的文化诉求，或者说阅读意愿，图书馆正在重新定义文化空间，以空间再造推进阅读服务的探索与创新，提升文化服务能力。例如：牛津大学博德利图书馆早在 2005 年就开始对馆藏进行数字化加工，并建立不同文化主题的在线服务空间，满足不同文化背景用户的阅读需求，同时在图书馆还专门建有实体空间，营造阅读氛围；澳大利亚 Trove 项目，据统计大约有 40 所高校图书馆参与，共同建设了机构知识库线上线下同步空间，空间内容供公众免费获取[3]。

2.1.3 图书馆界背景

传统图书馆资源、空间和服务是三位一体的，而剥离了资源之后，图书馆空间对于证明图书馆的价值，就显得尤为重要。特别近年来，随着数字化信息和网络化服务的转换以及用户学习行为的移动化变迁等，许多图书馆都面临馆读者减少的困境，图书馆的存在价值确实受到了多重外因及内因的挑战和冲击。因此，图书馆界也开始挖掘、探索空间服务的优势与价值，以期在更深层面发挥图书馆的作用。

在图书馆转型与用户需求驱动下，图书馆界也开始从多个层面推动空间研究与实践。国际图联多次在其发布的《国际图联趋势报告》中提到了未来关于空间服务的发展趋势，强调图书馆应该注重空间功能的设计，比如以 3D 打印为主要功能的创客空间正成为图书馆空间再造的一个方向；在国际图联的推动与引导下，各国也相继制定了一些图书馆空间发展的政策或指导性文件，比如日本大学图书馆在文部科学省的指导下，把空间再造纳入战略规划，稳步推进空间再造的实施，让空间再造持续化、系统化发展；在理论研究方面，从 2007 年开始就进入了高峰期，关于空间方面的论文、专著等迅速增长，内容更加丰富、角度更加宽泛，理念与实践相互促进，更加注重前瞻性与创新性。

2.1.4 图书馆空间再造的开端与发展

图书馆除了具备基本的藏书和阅读功能，还越加注重对读者人文素养、学习能力和创新技能的塑造，这便是推动图书馆进行空间再造的原动力。较早进行空间再造的是美国艾奥瓦大学图书馆于 1992 年 8 月推出的"信息拱廊"[4]，它的实施成为全球信息共享空间（IC）的起源，而信息共享空间作为当时空间再造的重要模式之一，据美国图书馆协会（ARL）的报告表明，截至 2004 年 7 月，已有 30% 的 ARL 成员馆进行了 IC 建设，并提供创新服务[5]，虽然 IC 在理念、功能等方面不断演进，但是图书馆作为主体的功能却始终没有改变。空间再造的另一重要形式是创客空间，在创客空间建设方面，美国、加拿大、澳大利亚、德国、日本等开展较早，从 2011 年开始在图书馆实施，选取图书馆内闲置或未被充分使用的空间，积极引进各种新兴的软硬件资源和人力资源，并以群体或个体活动为主线激发灵感、促进交流，创客空间已经逐步成为图书馆的"标配"，在培养学生的创造力方面正发挥着越来越重要的作用。

2.2　国外高校图书馆空间再造的形态

2.2.1　开架流通藏借阅一体化形态

开架流通指读者可进入流通书库直接从书架上选取文献的借阅制度。早在欧洲中世纪后期，意大利的罗伦佐图书馆已出现开架流通的雏形，但图书馆界存在的过分强调图书馆藏书保管职能的传统观念阻碍了开架制的推广，对开架流通问题的争议持续了相当长的时间。直到 19 世纪后期，美国部分图书馆才开始尝试开架流通，比如 1896 年的美国哈佛大学图书馆，是当时全美最早实行开架流通的图书馆，尽管当时只面向教师开放，但也是一个大胆的尝试。20 世纪初，欧洲一些国家相继采用该模式，苏联也在 30 年代普遍采用。第二次世界大战后，开架流通在更多的国家普及，英国、美国、日本等国家还将开架流通作为法定借阅制度列入本国的图书馆法，有些国家还规定了开架藏书与全馆藏书的最低比例限额。随着图书馆服务观念的改变和新技术的采用，开架流通将成为图书馆的主要借阅制度。

相对于闭架流通，开架流通的优势更为明显：一是深入贯彻"藏为用"的原则，图书馆的价值不在于收藏图书，而在于为用户所用，即实现从单一收藏到藏借阅功能的融合转换，让更多的用户能够受益于图书馆的开架流通；二是促进从外借到内阅的重心转移，图书馆因空间原因而无法多藏复本，而用户到图书馆更多是查阅资料，这就促使图书馆的功能逐步由外借转向内阅，实现"藏借阅三合一"的流通方式；三是有利于发挥图书馆的教育职能和情报职能，"藏借阅三合一"的流通方式既能够使图书馆员直接向用户提供服务与指导，又能够让用户在丰富的馆藏中自由、主动索取文献，便于获取所需信息。开架流通藏借阅一体化服务模式开创了现代图书馆服务的新模式，打通了用户和馆藏之间的阻碍，让用户和馆藏能够无缝连接起来，最大程度发挥馆藏优势。

2.2.2 信息共享空间形态

信息共享空间（IC，Information Commons）是一种培育读者信息素养，促进学习、交流、协作和研究的新型服务模式，它将传统的基于纸质文献的图书馆服务与资源、计算机技术、电子资源整合在一个相对无缝的环境中，为用户提供"一站式"服务。信息共享空间自 1992 年在美国大学图书馆出现以来，就开始在北美尤其是美国大学图书馆迅速普及，由于其理念顺应了用户在网络时代学习方式的演变和对于图书馆服务方式的期待，因此虽然出现时间很短，但已引起了很多关注，不断推动着图书馆服务模式的探索与创新[6]。

最早开展 IC 服务的是美国艾奥瓦大学图书馆，在 1992 年 8 月推出了"信息拱廊"（IA，Information Arcade），1994 年进一步扩建，将名称改为 IC，既有高端的多媒体开发工作站、网络电子教室、学习室和会议室，也有提供数据库查询、网络信息资源查询、电子邮件收发和简单文字处理的普通计算机。加拿大 Calgary 大学图书馆于 1999 年创建了 IC，并将其定位为连接用户和信息的桥梁，由专家为用户提供信息服务，其服务形式深受用户欢迎。南加利福尼亚大学在 1994 年创建了它的第一个 IC，在得到广泛的好评后，又建设了第二个 IC，提供几百台计算机并设有多个媒体实验室和写作中心等[7]。

信息共享空间作为图书馆的一种服务形态，具有随意、开放、舒适，益于学习和研讨等特点，是对传统学习环境和模式的一种颠覆，自推出后就受到用户的广泛好评，它能够将资源、空间和服务有机融合，强化图书馆作为服务推进主体的作用和能力，并在服务过程中深度释放图书馆的潜力，为图书馆向更深层次服务提供有益的探索与尝试。

2.2.3 学习共享空间形态

学习共享空间（LC，Learning Commons）是以学生学习为中心，以知识创造为目标，在信息共享空间的基础上，着力运用先进的技术，通过图书馆与校内各部门的协同合作，共同创造的一个支持学生协同学习、个性化学习的学习社区。自 2004 年 Beagle 首次提出学习共享空间的概念以来，学习共享空间受到国内外专家学者的广泛关注，已经成为美国、英国、加拿大、日本等发达国家高校的一种普遍服务模式。日本高校将学习共享空间理解为"综合学习支援服务、信息资源和设备的一站式学习空间"，主要包括图书馆改建型、图书馆内部附属型和单独空间型，并强调对学习的多元支持。近畿大学、千叶大学和东京大学等高校以图书馆原有的机能为中心，对图书馆建筑进行全面改建。比如：近畿大学的学习共享空间名为"学术剧场"，该空间的主题概念是"触碰动摇人类所有好奇心的实验剧场"；京都大学则将图书馆附属的部分空间进行了改造，用作小组学习，此外还设有媒体共享空间，可以欣赏视频或电影资料；同志社大学的学习共享空间独立于图书馆之外，包括两层：一层为创意共享空间，适合小组讨论，以学习交流及相互启发为理念，鼓励学生通过与人的实际交流体验，诱发和刺激新想法的产生；另一层为研究共享空间，以培养学术技能为理念，设置了许多适合表达展示的空间。

学习共享空间是信息共享空间的升级，是图书馆全面助力学生成长的一种社区化服务模式，以支撑协同学习和知识创造为主，强调对小组交流、协作和指导的全面支持。其具体特征主要有：

（1）以学生的学习成功为主要目标；

（2）能够满足学生学习、研究和知识创造的动态需要；

（3）培养学生充分利用学习资源的意识；

（4）支持学生信息素养与知识素养的可持续发展；

（5）传授信息的合理使用和培养共享意识。

学习共享空间是图书馆适应用户需求和服务的创新服务模式，强调对学生学习和知识创造全过程的指导、支持和帮助，彰显图书馆的核心价值，同时也是图书馆自身服务能力的强化与拓展[8]。

2.2.4　创客空间形态

创客空间（MC，Maker Space）可以是一群具有相同兴趣的人们互相分享空间和工具的兴趣团体，也可以是商业公司或非营利公司，还可以是学校或图书馆等的附属组织。创客空间最早发源于欧洲的"黑客空间"（Hackerspace），创立于1984年，由一名程序员在汉堡建立，以揭露重大的技术安全漏洞而闻名于世，随后创客空间迅速在全世界范围内得到推广。创客空间多以工业设计、3D打印、机械加工、布艺设计、机器人设计、切割焊接等为主要能力进行训练，是图书馆全面嵌入学校创新型人才培养的重要途径和方法。

美国虽然不是创客空间的发源地，但创客空间的数量在世界处于领先地位，而且在功能、模式、服务、运营、价值等方面也具有较强的借鉴性。一是服务内容日趋丰富，为创客提供了更多动手操作、相互协作实践及创意的机会。大部分创客空间提供了3D打印、3D扫描、激光切割、雕刻、焊接、Arduino等服务，同时定期举办培训、讲座或交流，积极与企业或创客机构合作，为创客搭建成果转化平台。二是运营模式多样化，主要包括以下内容。

（1）创业型创客空间，集合不同特长与背景的用户自发进行实践探索，资金缺乏，提供空间设备与工具，凭借高商业价值的技术成果获取机会，比如内华达大学里诺分校的DeLaMare科学与工程图书馆的创客空间。

（2）协作型创客空间，采取与企业、社区或组织等合作的模式，具有资金充足、前期经验与技术丰富等优势，可实现合作双方的互利共赢，比如密歇根大学、肯特州立大学的图书馆创客空间。

（3）集中分布型创客空间，创客空间的工具、设备、资源等通常由创办者集中保存管理，为创客群体提供交流、合作、创新创造的理想平台，是新创意、新技术、新成果的孵化器，比如北卡罗来纳州立大学、阿拉巴马大学、南新罕布什尔大学、卡耐基梅隆大学等图书馆的创客空间。

高校图书馆创客空间是以高校为主体的创客空间，其利用高校图书馆的软硬件资源，聚集思维活跃、勇于创新的大学师生在此进行创新与实践，最初是以工艺传承为目的开办的，后来伴随着开源软硬件技术的不断发展，逐渐成为在校师生实践创意和成果展示的空间及知识传播和创新的重要平台。创客空间已经逐步发展为图书馆探索、推动全能型人才培养的重要载体和服务基地，也是图书馆重新释放活力、挖掘自身潜力的必然选择。

2.2.5　同时存在的学习研究空间形态

除了以上几种主要实体型空间形态，图书馆在不断发展与前行过程中还出现了其他形式的学习研究空间，这些空间存在的形式既有实体型，也有虚拟型，更加注重于学术研究的知识化支撑与共享，包括知识共享空间、研究共享空间、大学共享空间、全球信息开放获取共享空间及数字学术中心等。

2.2.5.1　知识共享空间

知识共享空间（KC，Knowledge Commons）是泛在知识环境下的一种全新知识服务理念，将信息获取与知识创新结合起来，并能连续为用户提供个性化、专业化知识需求的平台，有益于培养用户的信息查询、信息识别和分析处理能力，并能通过提供相关软件及设备，提高用户整合信息及加强用户知识表达的技巧。知识共享空间具有人性化、个性化、协同性、主动性和创新性等特点，以帮助用户实现知识和信息的再生产、再利用为最终目的[10]。

知识共享空间服务模式具有不同于传统信息服务的特点，它是一种基于知识服务的新理念，是以对分散无序信息的搜寻、分析、重组、表述为基础，以用户满意为目的，根据用户的特定需求和信息环境服务于完整的学术过程的连续体。知识共享空间在实现过程中主要包括知识汇集、知识过滤和知识输出三个层次，如图2-1所示。从图中可以发现，其具体运营模式主要有：

（1）学科门户网站运营，为不同学科搭建不同的知识空间，注重学科专业化知识服务；

（2）模块化咨询运营，以咨询总台为知识交换平台，构建模块化、层次化咨询服务组织；

（3）专家介入引导运营，将问题汇总、分类，由不同领域专家进行全过程指导；

（4）个性化定制运营，以用户为主轴提供个性化、集成化知识支持服务；

（5）团队服务运营，动态组织不同学科背景的专家，建立知识服务团队，解决问题[11]。

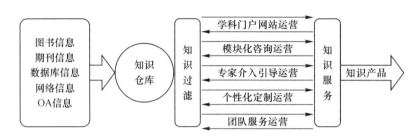

图 2-1　知识共享空间服务模式

2.2.5.2　研究共享空间

研究共享空间（RC，Research Commons）起源于 20 世纪 90 年代，基于知识共享与学习共享理念，侧重于为用户提供便利的设施服务，基于图书管理人员的支持与组织管理，使图书馆成为一个使用高端技术的资源之地，一个支持师生互动式、合作式、探究式的研究中心[12]。全球首家研究共享空间位于南非开普敦大学，于 2008 年 9 月正式开放，主要面向研究生和学术人员，以促进交流、合作和研究为目的。

研究共享空间源自信息共享空间和学习共享空间，侧重于研究和科研人员的交互、协同与探索研究的支持，为师生创造一个知识的创新、发展与研究的活动空间。当下，很多图书馆正以研究共享空间为依托重新定位图书馆在支持学习和学术研究中的角色，不断调整服务方式，以适应师生的探索研究方式的变化，特别是为实现图书馆服务价值观的转变开创了一条全新的方式与途径。研究共享空间或者独立于图书馆重新建设，或者对图书馆现有闲置空间进行改造，但重点是设备、资源、技术、人力等的支持，还要充分利用网络优势，加强虚拟空间的建设，将图书馆服务的深度和广度有效的结合，为科研活动提供高层次、个性化的服务。

2.2.5.3　大学共享空间

随着图书馆服务的不断创新和深入，以大学为边界构建共享空间，推动本校原创智力成果的收集、保存与传承，以及校园文化建设等，逐步成为图书馆空间再造的方向。大学共享空间（UC，University Commons）以图书馆为阵地，通过对原有空间的改造或新建空间，以实现对本校原创学术成果及文化的全面管理及服务，大学共享空间通常包括文库、机构知识库、文化馆等。

大学共享空间最早起源于欧美等西方国家，初期是实体型空间，以文库为主，主要收藏本校师生的著作，并在图书馆内设置专门的空间进行典藏，侧重于保存。机构知识库收藏的内容与文库相比更广泛，包括本校的各类论文、著作、教案、笔记、手稿、影像资料等，致力于促进学术交流与知识共享。比较典型的机构知识库有：

（1）DSpace 联盟工程，由美国麻省理工学院和英国剑桥大学共同投资建设；

（2）加拿大 CARL 的机构知识库试验项目，加拿大 12 个大学图书馆联合组建；

（3）eScholarship，由美国加利福尼亚数字图书馆于 2002 年开始建设；

（4）一些国家全国性的联邦机构仓储体系。一些国家的科研管理机构正在引导将分散的机构库联合起来，构建全国性的联邦机构仓储体系[13]。

近几年，图书馆开始在校园文化建设过程中发挥更大的作用，通过建设文化馆来不断夯实校园文化底蕴，助力学生人文素养提升，发挥图书馆的文化阵地优势。

2.2.5.4 全球信息开放获取共享空间

2007 年，美国一些倡导自由文化（Free Culture）的学生组织和纳税人组织（Alliance for Taxpayer Access）发起了"开放获取行动日"（National Day of Action for Open Access），目的在于推动科学研究成果的广泛传播，并开始在美国三十多所高校中宣传开放获取期刊的概念。2008 年，为了纪念这项影响深远的运动，将 10 月 14 日定为"开放获取日"，这个节日在一年后拓展成一个活动周，即"国际开放获取周"（Open Access Week），它开始走出美国，成为第一个国际开放获取日，现在，开放获取正在促进各群体之间的对话与学术交流，推动着科学技术的共同发展与进步[14]。

鉴于开放获取的快速发展，图书馆也开始积极参与这种新型学术交流体系的建设，正在推动全球信息开放获取共享空间（GIC，Global Information Commons）的建设与应用。英国在 2012 年发布开放获取全面实施报告，美国稍晚，在 2013 年发布开放获取备忘录，出台具体时间表，都在以实际行动推动着开放获取，同时也得到了数据库出版集团的相应支持，Wiley 出版集团在 2012 年推出 Online-Open 计划，随后 Springer、Nature、Elsevier 等相继推出开放获取方案。全球信息开放获取共享空间主要包括：

（1）政策支持与资金保障，各国图书馆联盟加强合作，制定相应政策，同时建立保障基金，推动持续发展；

（2）与数据库商加强合作，推动学术出版，向图书馆开放元数据；

（3）加强非公开性学术成果（教案、笔记、会议、实验数据、音视频等）的收集、保存和利用；

（4）注重原创智力成果的版权保护，并按约定的权利或义务提供相应的 OA 服务；

（5）公开性学术成果空间，以数据库出版集团为主体进行建设，并向图书馆开放元数据。

全球信息开放获取共享空间致力于在全球范围内推动学术信息的共建与共享，要求图书馆人从文化和价值观层面解决信息资源存在的多元、分散和保护等问题，推动在约束框架下的公平、包容、开放获取，促进学术进步，进一步深化发展，为科技创新创造条件。

2.2.5.5　数字学术中心

随着数字技术和网络技术的不断发展，高校学术人员的学术活动越来越依赖数字技术和工具，数字学术（DS，Digital Scholarship）日渐成为学术研究领域的新理念、新技术。近年来，研究图书馆协会（ARL，Association of Research Libraries）的一些成员馆为了满足学术研究需要，纷纷建立了数字学术中心。数字学术中心是在数字人文中心基础上发展起来的，主要服务内容包括数据分析与可视化、地理信息系统和数字地图、计算文本分析、文本编码、数字化与图像、音频、3D 建模、数字馆藏和展览、元数据的创建等[15]。

最早的数字学术中心出现在 20 世纪 90 年代中期的多伦多大学图书馆，截至 2015 年，ARL 成员馆中具有特定数字学术责任的人员比例已经达到 93%，而且很多尚未建立数字学术中心的成员馆，计划在未来的 1～5 年建立数字学术中心，由此可见，数字学术中心逐渐被 ARL 成员馆重视，并呈现日益发展壮大的趋势，见表 2-1。

表 2-1　部分 ARL 成员馆数字学术中心

图书馆所在大学	数字学术中心名称	建立时间
圣母大学	数字学术中心	2013 年
杜克大学	鲁珀特研究、技术和协作共享空间	2015 年
华盛顿州立大学	数字学术与监管中心	2014 年
伊利诺伊大学厄巴纳 - 香槟分校	学术共享空间	2009 年
	格兰杰工程图书馆创新、发现、设计与数据实验室	2016 年
艾奥瓦大学	数字学术与出版工作室	2015 年
布朗大学	数字学术中心	2006 年
	帕特里克·马数字学术实验室	2012 年
	西德尼·E·弗兰克数字工作室	2016 年

图书馆所在大学	数字学术中心名称	建立时间
弗吉尼亚大学	学者实验室	2006 年
佛罗里达大学	人文与公共领域中心	2005 年
	数字人文工作组	2011 年
威斯康星大学麦迪逊分校	数字馆藏中心	2001 年
内布拉斯加大学林肯分校	人文数字研究中心	2005 年
麦克马斯特大学	刘易斯和露丝·谢尔曼数字学术中心	2012 年
多伦多大学	信息技术服务部	1970 年
	学者门户	2002 年
	数字学术单位	2014 年

数字学术中心建设方式主要包括以下几个方面。

（1）将图书馆原有的服务延伸和扩展，建立新的数字学术中心。比如杜克大学图书馆于 1995 年建立了数字写字间，开展数据服务，2012 年成立了数字学术服务部门，开始数字学术服务。

（2）将原来的学术服务部门合并，组建新的数字学术中心。比如艾奥瓦大学图书馆于 2015 年建立的数字学术与出版工作室、弗吉尼亚大学图书馆于 2006 年建立的学者实验室。

（3）与校内其他机构合作建立数字学术中心。比如华盛顿州立大学图书馆在 2014 年与该校艺术与科学学院合作建立了数字学术与监管中心。

（4）与校外机构合作建立数字学术中心。比如多伦多大学图书馆的学者门户就由安大略省的 21 所大学共同出资建立。

通过建立数字学术中心，图书馆不仅为数字学术项目研究提供了物理空间及软硬件设施，更重要的是能够深入支持数字学术项目研究，成为数字学术、研究支持和服务创新的新型图书馆空间，同时也将成为未来大学图书馆中最开放、最有创造力和最具创新精神的服务机构[16]。

2.3 国外高校图书馆空间再造功能与特点

2.3.1 图书馆空间再造的功能

2.3.1.1 汇聚资源，集服务转型与空间变革于一体

空间再造不仅仅是单纯意义上物理空间的重新设计与建设，更主要是在打造舒适学习环境的同时，将资源嵌入空间，强调泛在化、一体化和资源汇聚与协同能力，集服务转型与空间变革于一体，全面推动图书馆在新常态下的跨越式发展

和核心竞争力的提升。

（1）馆藏资源。馆藏资源包括纸质资源、数字资源和原生资源，在推动空间再造过程中将资源融入其中，让空间的服务更有活力和价值，即：

1）价值论到需求论，以空间需求驱动资源重组，无限接近用户真实需求；

2）从复合论到一体论，整合多维度资源，着力打造馆社店一体化资源平台；

3）从基础论到泛在论，构建空间资源的泛在化存在，特别是对原生资源的保存和利用；

4）从分级论到网格论，由馆藏分级到网格化重组，重新评估资源的质量，提升服务品质。

（2）人力资源。推动空间再造时注重馆员职业能力规划与长效支持，加强对馆员服务能力的开发。首先要提升专业能力，为空间提供服务必须根据空间功能增强相应的专业能力，比如诵读空间就要掌握录音设备的操作及音频处理等；其次要加强信息能力，对馆藏资源及网络资源有较为深刻的理解，能够迅速直达需求；最后要讲究服务意识，包括服务理念、服务思路、服务技巧、服务内容等，都要准确、全面、权威。

（3）外部资源。推动空间再造时注重空间对服务对象需求的响应，吸引读者到馆。获得美国图书馆设计奖的巴纳德学院—米尔斯坦中心（图书馆）在存储藏书和档案的基础上，还建设了包括经验推理空间、数字人文空间、运动实验室、计算科学中心等一系列灵活的空间，为学生和教师从事开创性研究提供场所。

2.3.1.2　交流分享，促进藏与用不同范式走向融合

空间与资源是密不可分的，它们相互依托、相互支持，特别是在数字化、网络化等环境下，藏与用正在面临新的融合，无论是建设模式、载体形态，还是利用渠道、组合形式，都突破了传统范式，馆藏资源的建设与利用更多体现着用户的自主性、参与性、泛在化和精准化等特点。

在馆藏资源建设方面，由以图书馆为主体转向以用户为主体，即用户驱动采购（Patron-Drive Acquisition）模式，其目的是最大程度提高资源的可用度，让资源与需求的匹配度更高；此外，众包模式也比较普遍，牛津大学 Bodleian 图书馆在对 50 余万件纸质乐谱数字化时就采用了这种方式，分解任务、共同建设、提高效率[17]；近几年，数字出版、按需印刷也逐步成为资源建设的主要模式，也在推动着资源利用模式的变革。在馆藏资源利用方面，由纸质模式逐步转向数字模式，唾手可得、按需定制已经成为基本要求，特别是随着图书馆空间的多样化及功能的创新化，资源建设馆员将馆藏以元数据形式进行拆解，可以按照不同的空间需求、功能定位，对馆藏资源进行重组、打包，形成新的知识体系，高效服务于空间。

2.3.1.3 激发创新，主张共建共享节约资源空间

空间再造也推动着图书馆之间的联合服务，特别是在资源的共建共享与创新服务等方面，尝试建立一种全新服务理念、探索一种全新服务模式，主张共建共享、激励创新，这种共享机制突破了单一的实体馆藏的服务限制，拓展为集群服务，通过这种集群化模式降低了空间的资源成本，形成优势互补，同时避免重复性建设，构建集约型资源空间。

（1）推出资源建设与共享策略，优化服务理念。美国是最早出现图书馆联盟的国家之一，早在1933年美国北卡罗来纳州的三所大学图书馆便组成了三角研究图书馆网络，这是世界上最早的大学图书馆联盟；从2000年开始，英国、澳大利亚、新西兰、日本等开始探索资源共享之路。在管理模式方面通常有理事会模式、委托管理模式和松散管理模式；在共享内容方面主要包括纸本文献、电子资源、书目资源、人力资源等[18]。无论选择哪种模式或共享哪些内容，都在于推动资源的最大利用率，同时要制定有效的机制和策略，让共享发挥"1 + 1 > 2"的效应，在服务过程不断深化共享理念。

（2）加速空间的资源普惠服务，彰显资源价值。以空间功能为动力探索资源的服务价值，让资源不仅存在而且能被发现和高效利用，根据空间特色与功能，优化文献资源布局策略。首先，基础性资源要广泛分布，满足公共文化空间需求，比如工具类、考试类等；其次，专业性资源要对口建设，对相关专业或学科能起到有效支撑；最后，特色资源要讲究服务价值的唯一性、品牌性和高附加值。

2.3.1.4 传承文化，注重数据管理和延伸知识服务

特色文化空间在推动文化传承、科研数据管理和延伸知识服务等方面发挥着重要的作用，是图书馆服务职能的创新展示。国外最早的科研数据管理始于20世纪70年代，服务体系较为完善，通常会采用生命周期理论，多采用合作机制（与基金会或图书馆），以此提升科研数据管理服务的质量，以数据驱动服务，促进知识流通与文化传承。

A 服务方式

服务方式主要有：

（1）基于数据生命周期，在该过程中学科馆员起到了桥梁作用，比如北卡罗来纳大学图书馆设置专门的数据馆员提供咨询服务，其数据管理过程严格遵循数据生命周期，为相关人员提供数据指南与文化服务；

（2）其他方式，没有完全基于数据生命周期，比如耶鲁大学图书馆的数据管理服务不包含数据存储、数据发现和数据分析服务，但正在努力为科研人员创建数据长期存储和安全备份的功能。

B 服务内容

为满足科研需求及文化需求，服务内容主要包括制定数据管理计划、提供数

据存储库和开展课程培训与研讨会三种：

（1）数据管理计划是数据管理服务的首要步骤，比如牛津大学图书馆力求确保科研人员在开展项目前对数据管理的各个方面做出计划，并为科研人员提供DMPonline工具；

（2）数据存储库为科研人员提供数据存储归档和共享的平台，可以更好地帮助科研人员保存数据、再利用数据、发布和共享数据；

（3）课程培训与研讨会可以在一定程度上提升科研人员的数据管理意识与素养，也可以促进科研人员与数据管理服务人员的交流，从而更好地延伸知识服务。

2.3.1.5　助力学术，推动空间向多元化复合式发展

2016年，美国大学与研究图书馆学会发布《2016年学术图书馆发展趋势》，预示着助力学术将成为图书馆空间发展的新方向，数字学术中心在西方图书馆如雨后春笋般出现，这类空间在服务方面更加重视协作性研究、教学与学习，在致力于培养用户数字素养的同时，将技术整合到研究和课堂中，充分发挥着图书馆作为研究场所的优势和价值[19]。在功能定位方面，以服务用户的学术活动为中心，促进数字学术人员的交流与协作，提升用户的数字学术素养。比如东北大学图书馆的数字学术共享空间是在斯奈尔图书馆提供的一个空间，教师和博士研究生可以在此空间获得一系列数字学术服务，可以举办研讨会，与学生见面，与其他学科的学者联系。在学术服务方面，主要归为以下两类。

（1）组织开展相关学术活动，用户在空间内可以参与讨论、研究项目，如匹兹堡大学图书馆的数字学术共享空间。

（2）为学术人员或相关项目提供支持。比如加州大学圣克鲁兹分校图书馆的数字学术共享空间通过使用数字工具支持学术或学术活动，主要包括为数字学术活动提供技术、基础设施和工具支持等。

在空间划分方面，主要划分为以下四种。

（1）工作人员办公空间以快捷地为用户提供服务。比如圣母大学图书馆、弗吉尼亚大学图书馆、匹兹堡大学图书馆等都设立了工作人员办公室；将工作人员统一安排在数字学术空间办公。

（2）交流空间，是供用户之间或用户与图书馆工作人员之间沟通、交流的空间。比如印第安纳大学图书馆、匹兹堡大学图书馆等设立的咨询室，迈阿密大学图书馆、匹兹堡大学图书馆等设立的会议室等都属于交流空间。

（3）教学空间，是图书馆用来开展数字学术相关的教学、培训、讲座等活动的空间。比如弗吉尼亚大学图书馆、圣母大学图书馆等设立的教室。

（4）数字创作及数字研究空间，是大部分美国高校图书馆都设立的空间，是用户基于一定的技术工具进行数字形式的创作及数字研究的专门空间。比如杜

克大学图书馆的数据和可视化服务实验室、数字工作室等[20]。

2.3.2 图书馆空间再造的特点

2.3.2.1 开放性与共享性

《新媒体联盟地平线报告》连续两年把空间再造作为图书馆未来发展的一个重要方向，建议图书馆应该有效平衡独立学习场所和协作学习场所，采用用户中心设计理念，关注可访问性、流通性、开放性与共享性，旨在让图书馆通过空间再造发现自身价值，同时发挥图书馆在空间服务领域的存在与优势。无论是信息共享空间，还是学习共享空间，都在倡导开放与共享，都在以资源或用户为中心，推动服务的创新和深入。比如荷兰第 13 届 OCLC 联盟大会的主题就选定为物理空间，来自荷兰各地的 300 多名成员在鹿特丹聚集，对"第三空间"及如何让图书馆成为"第三个地方"掀起了大讨论。阿姆斯特丹自由大学图书馆的空间再造成为荷兰图书馆界的典型代表，在推动空间服务向开放性与共享性发展过程中发挥了重要作用，成为学校培养多样化和国际化人才的重要支撑，其主要有两种方法：一是不断加大空间的开放度，对传统空间进行大胆的再造，在各楼层设置开放的工作空间与学习空间，达 30 余个，此外还设置有开放实验室，实验过程与结果面向校内用户全部开放；二是促进资源的共享，加强网络在空间的嵌入，全部上传到图书馆的共享中心，特别建设了特殊藏品保存空间，加大珍本藏书的保护与合理使用[21]。

2.3.2.2 人性化与特色化

国民阅读能力的高低直接影响到一个国家和民族的未来，图书馆在推进全民阅读过程中发挥着越来越重要的作用，世界各国的图书馆都在全力推进、引导国民的阅读，以图书馆为阵地，设立各类人性化与特色化的阅读空间，目的就是激发阅读兴趣、引领阅读方向，不断提升全体国民的阅读能力。

（1）在阅读空间中增添人性化元素。人性化不仅体现在设备设施上，如在空间中普遍配备了视听设备、液晶投影机、宽投影屏幕、扩音器、吸顶音箱等，帮助实现阅读小组讨论，日本东京大学图书馆还设立了数字阅读空间，提供阅读器外借服务；还有相对应的主题阅读活动，1997 年，时任美国总统克林顿提出"美国阅读挑战运动"，目标是帮助孩子在三年级结束前能够独立且流利地阅读，很容易让小孩子产生亲近感，德国则在 1998 年成立了"促进阅读基金会"，是非政府的民间文化组织，制定全国阅读活动项目计划和措施，依托图书馆促进全民阅读可持续性发展[22]。

（2）推动特色化阅读空间的建设。为了持续推动民众对阅读的热衷和激情，图书馆开始加强对特色化阅读空间的建设，让阅读更能彰显文化魅力。比如：美国教育协会 1998 年启动的"读遍美国"活动，不仅激励青少年通过参与各种活动来开展阅读，更是在大部分公共图书馆设立阅读空间，推荐书目，营造阅读氛围；德国布里隆市图书馆馆长乌特·哈赫曼设计的"阅读测量尺"项目，针对0~10岁孩子的心理特点和发展特征，有针对性地为其建立专属儿童阅读空间，提供阅读玩具、阅读书籍和育儿知识等；美国出版商协会（AAP，Association of American Publishers）组织开展的"直击阅读"活动，通过提供免费的海报、通信和视频等线上型空间内容，让人们发现自己身边正在阅读的身影、意识到阅读是生活的重要组成部分，并感受阅读所带来的乐趣[23]。

2.3.2.3　创造力与创新力

在信息技术高度发达的今天，图书馆正紧跟时代潮流，拓展图书馆基础服务，实现资源优化和战略转型。创客空间作为汇聚创意的场所，迅速成为当前环境下图书馆进行空间再造的重要形式，图书馆通过创客空间实现不同用户创意的整合与拓展，从而推动用户创新力与创造力的培育，全面提升用户的创造性思维与解决问题的能力。

（1）社区与图书馆创客空间的良性互动。近年来，有不少公共图书馆根据自身发展需要，寻求与社区之间的合作，将创客空间引入社区，在一定程度上为社区和图书馆的合作提供了可行性的活动方案。如澳大利亚威米拉市图书馆的编织创客空间，主要在社区图书馆内进行，年轻人通过向老年人学习编织、钩编等技能，使编织文化得到传承，类似的还有摄影创客空间、手工艺创客空间等，高校图书馆可以把这样的创客空间办在大学校园。

（2）青少年创客空间。青少年在成长阶段具有发散性思维，若加以适当利用，可以激发青少年的创造性思维，提高他们在今后成长过程中的创新能力和学习能力。如旧金山公共图书馆就针对不同年龄段的用户打造了不同功能的空间，主要包括创客空间、手工艺空间、学习空间、游戏空间、亲子空间和体育空间等，帮助不同年龄段的用户提升自身的专业技能，作为高校图书馆，也可以引入到大学校园，针对不同兴趣群体，开展不同类型的创客活动。

（3）移动式创客空间。这类空间具有一定的流动性，无须固定场所，可以在馆外进行创客服务，脱离了图书馆内部的场地限制。比如：美国范德堡大学的移动手推车，是范德堡大学图书馆为其附属儿童医院制作的移动创客空间，可以帮助患者消解无聊的病房时光，也能有效避免患者之间的交叉感染；旧金山图书馆的故事脚踏车移动式创客空间，主要针对青少年服务，旨在提高他们的讲与读的能力[24]。

2.3.2.4　文化性与价值性

作为大学图书馆空间的重要组成部分，数字学术空间有别于普通的图书馆空间，其通过在图书馆某个区域内物理空间、技术设施和虚拟空间的高度聚合，实现服务数字活动的目的。通过创建数字学术空间，图书馆完成了由信息集散中心向知识产出中心的转移，用户可以在图书馆内不同空间满足从学习到应用的一条龙服务，实现了图书馆从提供信息服务、知识管理服务拓展到数字化研究支持与虚拟空间资源有效供给的重要转变，更加体现图书馆在知识时代的文化性与价值性之所在。

（1）文化性。数字学术空间不仅以数字人文为基础，还包括专业团队支持与数字出版等，为数字学术提供资源、技术、工具等，推动学术发展与文化传承。文化性主要体现在以下两个方面：

1）通过机构知识库、文库等的建设增添空间的实体文化色彩，特别是对非公开性原创智力成果的收集、保存与利用，更能体现出空间文化性；

2）非物质文化性体现在文化软实力的多元构筑，包括藏阅文化、体验文化、服务文化、休闲文化、展览文化等，着重增强用户的文化认同感和归属感。

（2）价值性。空间的价值性是图书馆社会价值与功能的实现载体，是图书馆服务内容、服务效果、服务能力等综合评价的体现。价值性具体体现在：

1）公益性服务意识的发展奠定与加强，比如文化传播、信息服务等；

2）场所价值的挖掘与外化，比如各类基地服务；

3）读者活动的聚合效应价值，包括组织、点评与引导等；

4）社会力量的吸引与鼓励。

2.4 对我国高校图书馆空间再造的启示

空间再造对图书馆界而言是一场革命，能够帮助图书馆重新开发和利用闲置的空间资源，突破图书馆传统服务的边界，进一步拓宽和提升图书馆的服务水平和服务内涵。时下，世界各国的图书馆都在进行着广泛的空间再造运动，形态多样、功能多元、内涵丰富的空间正在颠覆图书馆的服务，同时也给我国图书馆的空间再造提供了非常宝贵的案例和经验。

空间再造包括对实体环境、虚拟环境及支持环境的改造或新建。实体环境主要指对图书馆物理空间的改造或新建，也包括各类现代化设备设施等，通过改造或新建使环境更适合用户的需求；虚拟环境主要指对线上空间服务环境的搭建，侧重通过网络（包括 PC 端或移动端）实现对空间服务的支撑与保障；支持环境主要指对软环境的建设，包括人力、资金、政策、文化等的全面统筹与扶持，推动可持续、创新化发展。

2.4.1 以用户为中心的空间再造理念

以用户为中心的理念打破了"书本位"的空间再造理念，使图书馆的功能定位逐步从资料存储机构转向研究支持与交流的空间服务中心。从用户需求角度，图书馆应尽可能地满足不同人群的个性化需求，空间服务需要设置不同功能的空间供读者利用；从图书馆发展战略角度，空间服务要以维护和保持图书馆独特的价值和角色为目的，注重空间理念的先进性与时代性，坚持"以人为本、与时俱进"的理念设计空间布局及开展空间服务。

以用户为中心的空间再造理念不仅指空间在设计、布局、环境、功能等方面更加贴近用户的真实需求，更主要是基于空间的活动、服务等方面能够对用户产生更有文化和价值的推动作用。在物理空间布局方面，根据不同室内空间的功能需求对室内空间进行的区域划分、重组和结构调整，尽可能兼顾不同年级用户群、不同资源类型和不同图书馆活动的区域划分方案，而每个区域的规模、位置、通透性及流畅性等，则要依据图书馆的具体情况而定，以便用户灵活选择与互动，此外，附属设备（桌椅、电脑、电视、投影、音响等）也讲究便携式、可移动，能够根据不同功能需求进行重组与移动；在活动及服务嵌入方面，要讲究数据驱动，以对用户产生的实际效果或评价来决定服务或活动的存在价值，让用户能够深切感受到自身在图书馆的地位，是一种实实在在的人文关怀和有温度的服务。

2.4.2 资金来源多途径且有保障

资金支持是图书馆开展空间再造的前提和基础，图书馆应该尝试通过多种形式拓宽资金渠道，不能仅仅依靠学校的经费支持，应该加强与社会机构的合作，引入社会资本，通过多方力量共同推动空间再造的可持续发展。

（1）学校层面的专项资金支持。学校专项资金支持是空间再造最强有力且稳定的资金来源和保障。图书馆每年都会从学校的专项经费中划拨一部分，用于空间的再造，由于来源稳定，便于图书馆制定空间再造的中长期发展规划，也使得图书馆的空间发展和服务能够始终保持良性循环状态。

（2）社会资本的引入。社会资本引入是空间再造资金来源的必要补充。高校图书馆随着社会化服务的不断深入，与社会机构相互融合、相互服务的程度不断加深，在向社会提供服务的同时，也可以积极吸引社会资本的进入，共同推动空间再造与长效发展，实现互惠共赢、融合发展。

（3）相关部门的共同建设。在开展服务的同时，图书馆还要加强与校内相关部门的沟通与合作，可以与二级学院联合建立服务基地、打造创新空间，将服务直接推送到教师身边，让服务触手可及。例如沈阳师范大学图书馆就与本校管理学院合作，在图书馆建设启智学术交流空间，在学院建设经典书吧，让服务与空间融为一体。

2.4.3 改造的体系化、持续化和规范化

在用户需求的个性化和多元化驱动、后现代空间转向思潮的影响下，各国大

学图书馆普遍将空间再造列为图书馆的重点工程，推动空间再造可持续发展，并遵循一定的标准和规范。比如：日本大学图书馆在文部科学省的指导下，把空间再造纳入战略规划，稳步推进空间再造的实施；加拿大大学图书馆注重把空间打造成促进协作式学习与研究的支撑环境；澳大利亚大学图书馆则倾力打造集多样化服务为一体的学习空间，注重效果评估。由此可见，空间再造与服务创新已经成为各国大学图书馆普遍关注的重点，而且逐步趋向体系化、可持续化和规范化。

（1）体系化。空间作为图书馆的资源，已经成为图书馆转型与发展的重要支点和抓手，图书馆应该把空间再造工程纳入图书馆创新服务体系，让空间发展与服务创新有章可循、有据可依，而且体系框架要与图书馆的发展愿景一致、与学校的人才培养目标一致，能够起到引领、促进和保障的作用。

（2）可持续化。空间再造通常是一系列工程，需要一段时间的发展才能产生效果，而且还是一个长期过程，在具体实施过程中，可能会随着体系目标的变化而有所修正，但总体过程是持续进行的，能够保证图书馆这个有机体始终有较强的生命力。

（3）规范化。空间再造虽然倡导个性化、特色化和实用性，但在推进的过程中应该遵循一定的行业标准和规范，只有对空间内容进行提炼、固化，并根据环境的变化进行积极探索，确立较为统一的评价标准，才能发挥各类基础性资源的作用，空间的价值和优势才能充分释放出来。

2.4.4 空间构建注重人与环境的和谐统一

图书馆推进空间再造应该注重人与环境和谐共存的文化形态，以尊重生态环境为宗旨，不仅要求满足基本的功能需求，也需要符合空间环境的生存规律，以最适宜的环境推动文化传播，全力服务于用户需求[25]。

（1）坚持生态性原则。坚持生态性原则指具备自然的特征与属性，充分体现人与自然和谐的理念。空间再造过程中要尽可能融入更多的自然元素，形成自然、舒适的服务空间，同时在材料使用上倡导绿色、环保，减少对周围环境的污染与破坏，提升图书馆室内空间的自然化、舒适化程度。

（2）增强空间环境体验。通过情境分析，有意识地加入多样化元素激发用户情感，将个人体验与空间环境联系起来，形成室内外空间要素之间相互作用、相互影响的关系，引导人们积极参与其中，将空间环境作为背景，让用户在获取认知体验过程中协调人与环境之间的动态关系，促进人、资源、空间环境之间的多维互动。

2.4.5 以项目形式推进空间服务品质提升

以项目形式推进空间服务及活动的开展与深入，正成为当前世界各国图书馆界探索空间服务创新与品质提升的主要方向，其目的就是让空间在资源、人力的联合驱动下发挥更大的价值和作用，从而推动图书馆事业的创新发展。

（1）以国家级项目形式推进。在"大众创业、万众创新"的国家战略下，教育部高校图工委、科技部等纷纷设立项目，鼓励高校建设众创空间、创客空间等，并基于空间特色化服务的开展，推进空间服务内涵深化与创新。例如 2008 年，科技部以"数字媒体内容支撑技术平台"在国家图书馆设立"国图空间"数字电视项目，目的在于挖掘国家图书馆资源和服务的优势，以馆藏为基础，针对不同年龄段与文化层次的收视群体规划特色栏目[26]。

（2）以基层项目形式推进。各省、市图书馆主管部门以及学校也都设立了相关的理论或实践类项目，从理论研讨到实践总结，从内涵发展到特色服务，共同推动空间再造与服务创新。例如：中图学会高校分会在 2017 年论坛中设立了"空间再造与服务创新"分论坛，探讨空间再造的经验与未来发展；辽宁省图工委从 2016 年开始连续三年在基金项目中设立空间类研究项目，并提供相应的经费支持。

（3）以本馆项目形式推进。一些图书馆围绕空间再造工作整合人力资源，充分发挥馆员的主观能动性，支持馆内立项，推进空间再造与本馆服务深度融合。例如，东北大学图书馆依托服务创新立项工作，先后支持馆员的"南湖校区图书馆标识系统设计""东北大学宁恩承图书馆馆舍美化""东北大学博士学位论文的精装订保存与展示"等[27]。

2.4.6　重视数字技术的创新驱动作用

数字技术的不断前进，对图书馆信息资源的整理加工和有序组织，提供了最为便捷、有效的发展环境，同时为图书馆服务创新开辟了新的思路和解决方案，在最有效程度上集技术、资源、空间、服务于一体，驱动着图书馆从数字化走向智慧化。

（1）数字化转化与存储。在数字化的驱动下，资源由传统媒体向数字格式转换已经成为趋势，同时在云存储的支持下，转换后的数字资源能够有效突破时间和空间的限制，用户可以在任何时间、任何地方，透过任何可联网的设备连接到云上方便地获取资源和应用，为创设泛在化场景提供了可能。

（2）检索与利用。打破不同来源异构数据的壁垒，进行元数据整合与标引，为用户提供尽可能简便的检索，支持多终端接入与传输，不断增强主动化、个性化的服务理念与意识。

（3）数据驱动与智慧服务。在数字化的支持下，加强用户运行数据的采集和应用，对数据进行有效分析，为用户提供个性化、精准化的服务解决方案，让服务结果更能贴近用户的真实诉求。

综上所述，高校图书馆空间再造是基于现有空间使用的障碍或缺陷而进行的有针对性的空间功能、服务、布局甚至是场景的变革，是对用户需求的适应性体现和创新支持，以及对高校图书馆未来空间架构和服务功能的战略规划。随着空间再造的不断探索和深入，以及各种新技术、解决方案的应用，图书馆的资源将更加全面融合，逐步引领高校图书馆的空间服务朝着更加人性化、智能化和多元化的方向发展，使高校图书馆更好地融入大学信息服务和文化服务环境，以多维视角全力释放高校图书馆的价值。

参 考 文 献

［1］王敏，徐宽．美国图书馆创客空间实践对我国的借鉴研究［J］．图书情报工作，2013（12）：97-100．

［2］陈颖仪．美国阅读推广活动的实践经验分析及启示［J］．图书馆理论与实践，2009（5）：97-99．

［3］寇爽，黄京君，杜坤，等．国外高校图书馆参与公共数字文化服务的模式及机制研究［J］．图书情报导刊，2017，2（9）：6-10．

［4］张国芳．浅谈高校图书馆信息共享空间［J］．内蒙古科技与经济，2014（24）：75-76．

［5］任树怀，孙桂春．信息共享空间在美国大学图书馆的发展与启示［J］．大学图书馆学报，2006（3）：24-27，32．

［6］邹婉芬．国外图书馆的信息共享空间［J］．大学图书馆学报，2008（1）：7-11，35．

［7］于丽凤．国外大学图书馆信息共享空间理论研究与实践［J］．图书与情报，2008（3）：31-34．

［8］新华网．学习共享空间正迎来热潮［EB/OL］．2018，11，21．

［9］吴卫华，宋进英，王艳红．美国高校图书馆创客空间建设实践与启示［J］．图书馆工作与研究，2018（6）：22-27．

［10］韩丽．泛在知识环境下数字图书馆知识共享空间的构建［J］．现代情报，2009，29（7）：85-88，91．

［11］朱雷，孙振球．知识服务型信息共享空间（KSIC）特性及其运营模式探究［J］．图书馆论坛，2008（3）：145-148．

［12］李旭芬．论研究共享空间［J］．农业图书情报学刊，2013（2）：33-35．

［13］朱翀．国外机构知识库研究的现状、热点及其建设概况［J］．情报探索，2009（12）：25-27．

［14］百度．你所不知道的国际开放获取周［EB/OL］．2018，10，24．

［15］Rikk Mulligan. Digital scholarship support in ARL member libraries：anoverview［EB/OL］．2019，2，18．

［16］介凤，盛兴军．数字学术中心：图书馆服务转型与空间变革——以北美地区大学图书馆为例［J］．图书情报工作，2016（13）：64-70．

［17］黄飞燕，卢正明，周绿涛，等．国外图书馆联盟印本馆藏分析的比较研究［J］．图书情报工作，2018（5）：140-148．

［18］白冰，高波．国外图书馆资源共享现状、特点及启示［J］．中国图书馆学报，2013（3）：108-121.

［19］ACRL. 2016 top trends in academic libraries：a review of the trends and issues affecting academic libraries in higher education［J］. College & Research Libraries News，2016，73（6）：311-320.

［20］鄂丽君．美国高校图书馆数字学术空间建设调查分析［J］．图书与情报，2017（4）：18-24.

［21］李梅．大学图书馆空间再造的实践探索与空间服务发展趋势——以阿姆斯特丹自由大学图书馆为例［J］．图书馆建设，2019（2）：119-125.

［22］富琳．国外全民阅读面面观及其启示［J］．图书馆学研究，2014（18）：84-87，76.

［23］石继华．国外阅读推广的品牌化运作及启示［J］．图书情报工作，2015，59（2）：56-60.

［24］祝巍．美国高校图书馆低成本创客空间的实践与启示［J］．图书馆学刊，2015（12）：136-139.

［25］文会超．生态文明视域下大型公共图书馆空间环境的设计与营造［J］．河南图书馆学刊，2016，36（10）：36-38.

［26］张炜，李春明．国家数字图书馆服务领域的新拓展——"国图空间"数字电视项目的规划与建设［J］．图书馆建设，2010（6）：69-71.

［27］姜宇飞，刘革．高校图书馆以项目制推动服务创新的实践探索与思考——以东北大学图书馆服务创新立项工作为例［J］．图书情报工作，2020，64（18）：30-41.

3　国内高校图书馆空间再造的轨迹

随着时代的发展，用户信息需求不断变化，导致高校图书馆藏、借、阅的传统空间格局与功能已不能满足用户的信息获取与交流的需求。我国高校图书馆面临服务转型与功能重组的难题，空间再造作为提升服务的方式之一，其重要性日益凸显，国内高校图书馆相继采取建设新馆和改造旧馆的方式进行空间的重新布局。一方面，图书馆可以通过空间再造重新对馆舍空间进行规划，进而充分利用空间资源为用户提供更加开放、更加多元化的服务，增强图书馆的吸引力；另一方面，2009 年在意大利都灵召开的国际图联卫星会议中提出了"作为场所与空间的图书馆"和"作为第三空间的图书馆"两个命题，认为图书馆是在除家庭和工作环境以外的城市第三空间范畴内，图书馆应该是一个供用户交流、学习和放松的场所。由此可见，高校图书馆的空间再造十分必要，体现了图书馆认识到了空间的价值，开始注重用户的空间体验和感受，这是现代图书馆的核心服务理念从"以书为本"转向"以人为本"的体现[1]。

我国高校图书馆的空间再造是从书库、借阅室向大流通、信息共享空间（IC，Information Commons）的演变开始的，接着又从信息共享空间发展到学习共享空间（LC，Learning Commons），有的图书馆一步到位，直接确定为学习共享空间。我国高校图书馆的空间再造最早始于中国香港、中国台湾地区的一些高校，迅速转向大陆，快速传播与发展。2004 年，中国香港的一些高校图书馆首先开始研究并引入 IC 概念，香港大学图书馆打造的信息共享空间，满足读者独立自主学习和合作学习的需求；2006 年，香港科技大学图书馆的综合科技坊完成；2005 年，国立台湾师范大学图书馆建立"SMILE"多元学习区，这是中国台湾地区图书馆在 IC 领域的首次尝试，并取得了很好的成效。

自从 2005 年上海图书馆馆长吴建中引进 IC 概念后，大陆地区图书馆纷纷开始了 IC 的建设。2007 年，北京大学图书馆多媒体共享空间建成，接着清华大学、复旦大学等高校图书馆的 IC 相继建成，此后，国内图书馆各类型空间的再造也逐步开始。2014 年 9 月，李克强总理提出"双创"战略以后，图书馆为了支持"双创"陆续开始建设创客空间，比如上海交通大学图书馆、武汉大学图书馆等。2017 年，吴建中教授又提出"能动型空间"概念，为高校图书馆空间再造指明了新的发展思路与方向。

目前，空间再造已成为图书馆转型发展的重要方式和理论研究的热点。很多高校图书馆在其"十三五"规划中特别注重空间再造。比如：南京大学图书馆要建信息共享空间和创客空间；同济大学图书馆构建创新体验与学习中心要建创客空间。同时，西南交通大学、江苏大学、福州大学等高校图书馆也都提出重塑实体空间，打造促进知识交流和协同创新的动态学习空间。然而，图书馆在空间再造过程中也面临许多问题和困境：首先，资金不足束缚再造工作的全面展开；其次，再造前期对读者的需求调研不够，使得再造后的空间与读者需求不能完全契合，空间利用率低；再次，原有空间结构对再造造成制约和束缚，图书馆建筑的设计有其自身的特殊性和复杂性，有些馆舍在初建时并未考虑到未来的扩建问题，使得空间再造很难突破原有的格局，造成搁浅；最后，目前大多数图书馆进行空间再造后没有设计出科学合理的评估机制，使再造的效果及使用情况无法评估，具有很大的盲目性[1]。

3.1　高校图书馆空间再造的背景

信息时代的迅猛发展、新技术的不断应用、图书馆服务的持续转型以及用户需求的不断变化，都对图书馆服务提出了更高的要求。图书馆改建和扩建、智慧图书馆和智能空间的建设、虚拟空间的构建等是国内外业界广泛关注的问题。为适应社会的发展和时代的变化，图书馆需要对空间进行改造，以促进服务的升级和变革，满足时代和用户对图书馆的多元需求。

3.1.1　新兴技术的冲击与挑战

新兴技术的迅猛发展极大程度地增进了图书馆空间再造的价值和效果，深刻地改变了图书馆空间的信息环境，为空间改造提供了有效途径。新兴技术的应用成为现代图书馆空间再造中的重要组成部分，直接影响空间再造的各个环节。《新媒体联盟地平线报告：2017 年图书馆版》认定的未来五年内影响图书馆规划和决策制定的六项技术（包括大数据、网络身份、图书馆服务平台、数字学术技术、人工智能、物联网）。可以看出，新兴技术的应用涉及现代图书馆的很多方面（包括资源建设、应用系统、信息服务、用户交互等方面），必将为图书馆空间再造提供多样化的途径。

随着信息技术的不断发展，图书馆空间再造理念也不断创新。数字技术、生态技术、人工智能等新技术的兴起，都为图书馆空间再造带来新的方向。数字技术的融入为图书馆空间带来了巨大变化，藏书空间由纸质文献转变为以数字资源为主要存储介质。图书馆的服务方式从藏书为主和藏阅分离发展为用户为主和藏阅合一。数字技术的应用使图书馆在空间再造中更注重网络信息资源的建设，促进了虚拟空间的发展。人工智能技术的应用促进了图书馆空间再造的全面发展，将人工智能技术应用于图书馆空间再造中，完成从传统图书馆到数字化图书馆再到智能化图书馆的飞跃，是空间再造的一个重要方向。因此，在图书馆空间再造过程要合理利用人工智能、大数据、互联网、虚拟现实等新兴技术，融入互联网思维，创新图书馆服务模式，增强现代图书馆的核心价值[2]。

3.1.2　人们阅读方式的演变

2015 年 12 月，国际电联发布的名为《全球 ICT 数据与 ICT 发展指数国别排名》报告中指出，全球共有 32 亿人使用移动网络，用户可以通过线上自由地进行社交活动、获取信息资源。2016 年底，移动蜂窝的用户数量几乎与地球上的人口总数相同。网络的普及给图书馆发展带来了一定的冲击，20 世纪末以来，随着移动互联网的大规模普及，用户的学习需求与阅读行为发生转变，用户更加习惯浅度阅读而忽视深度阅读，相比于纸质资源更倾向于使用数字资源，阅读模式也更趋向移动终端设备[3]。人们有更多的途径去检索和获取信息，而不单单依靠阅读图书，这些变化为人们获取信息带来了便利，但同时也对图书馆造成了许多影响，比如图书流通率降低、到馆人数减少及空间的闲置，许多人开始质疑图书馆存在的价值。显然，高校图书馆传统的藏阅合一的阅览室已经不能满足用户的使用需求，迫使图书馆进行空间的重新布局。有专家指出，未来图书馆将设立密集书库存放纸质文献以节约空间，而更多的空间则提供更吸引读者、更符合读者需求的空间服务。如何实现高校图书馆空间功能的扩展，提高空间的使用率，保证高校馆在网络环境中不被淘汰，空间再造是服务升级的重要途径之一。用户的阅读行为需要图书馆提供适合的空间，让用户体验不同形式的阅读感受。1990 年，菲利普·托姆帕金斯提出建设集教学、交流和信息资源为一体的新空间，以此来满足读者的学习、阅读和交流的需求。有学者研究发现，当前的高校图书馆用户更在意个人空间的所属性，保护个人的隐私。同时也倾向于以团队和小组的方式进行学习，彼此相互交流、相互分享，这些行为特征以及空间需求是与当前图书馆的空间设计不相符的。在这种背景下，图书馆必须借助馆舍空间再造实现服务转型升级，以便提供符合用户阅读需求的空间服务。

3.1.3　全民阅读工程的推进

在任何一个社会，公民都享有阅读权利。1922 年，联合国教科文组织发布了《图书宪章》，这一重要文献共 10 条，其中明确提到："每个人都享有读书的权利"，"图书馆是情报与知识、智慧与美的享受的国民资源"。全民阅读活动是一项综合、全面的系统工程，从 2008 年开始，我国相关部门每年都颁布促进全民阅读的方案，以此来指导和引领阅读活动的开展。党的十八大报告强调扎实推进社会主义文化强国建设，提出了"丰富人民精神文化生活"的目标，要求

"开展全民阅读活动"。2014 年，国家新闻出版广电总局发布了《关于开展 2014年全民阅读活动的通知》，表示要继续推动《全民阅读促进条例》的起草、制订工作，鼓励各地积极推动全民阅读立法工作，推动全民阅读工作常态化、制度化。同年，"倡导全民阅读"也首次被写入《政府工作报告》中。开展全民阅读活动是我国构建公共文化服务体系的一项重要部署，对培育和践行社会主义核心价值观，提高国民思想道德素质和科学文化素质，增强国家文化软实力，实现中华民族伟大复兴的中国梦具有重要意义。

传统的高校图书馆多是依附于书库设计，阅览空间相对单一，按使用类别划分为期刊阅览室、学科阅览室、电子阅览室等，这些空间大多单独管理，相互之间缺乏联系。这样的空间已经越来越不符合读者阅读方式和需求，在全民阅读的背景下，当代高校图书馆的阅览空间与促进阅读的形势不相符，应给读者提供更加多样性的阅读选择。阅览区应该是形式开放且灵活的复合化阅览空间，藏书与阅览紧密结合，阅览区域有很强适应性、灵活性、多功能性。根据读者的不同需求可提供公共阅览、个人阅览、研讨阅览、多媒体阅览等多元化阅读空间。空间界面之间进行模糊的划分，让交流互动、学习共享变得更加密切频繁，促进师生的阅读，推动全民阅读工程的深入。

3.1.4　新时代人才培养的支撑

随着社会的发展、科技的进步及国家政策的支持，创客运动在世界范围内掀起了一股强烈的热潮。2015 年 3 月，国务院办公厅印发《关于发展众创空间推进大众创新创业的指导意见》，意见指出要加快构建众创空间、鼓励科技人员和大学生创业，充分利用大学科技园和高校、科研院所等部门的有利条件，为广大创新创业者构建一批低成本、便利化、全要素、开放式的众创空间。同时，《中华人民共和国教育法》指出，培养具有创新精神和实践能力的高级应用型人才，促进社会现代化建设是高等教育的任务。因此，高校图书馆作为知识学习、信息交流、科研创新的重要阵地，需要响应国家政策的号召，适应新形势、新需求，以培养创新型人才为目标，打造以实体创客空间为载体，AI 智能、机器人、VR、3D 打印机等创新资源设备为依托，创客服务平台为支撑，服务于高校创客活动、创新型人才培养的创客空间。

当前受创新型人才培养的需要及创新环境的影响，高校图书馆用户的需求变得复杂多样，大学生更倾向于现代化的学习方式与学习理念，传统的图书馆服务方式（如参考咨询、馆际互借及文献传递等）已经不能满足大学生日益发展的多元化需求。高校图书馆用户越来越倾向于创新性、教育性、实践性的空间服务，由此看来，高校图书馆改变传统的服务理念和方式，将创客空间服务充分融入自身发展中，适应时代的需求，能实现培养学生创新意识、提升学生实践创新能力、促进学生就业创业的目标。同时，高校图书馆引入创客空间这一"新生力量"能促进其的成功转型，增加其服务内容，扩展其服务范围，提高其服务水平。

高校图书馆是提升用户信息素养的场所，创客空间是培养创客创新素养的地方，两者均向用户提供固定的实体空间、信息资源、设备资源、虚拟网络平台等服务，共同致力于提升用户能力、支持用户的终身学习，高校图书馆与创客空间具备着相同的社会使命。但高校图书馆创客空间与社会中的创客空间不同，相较致力于开展创客项目，创造具备实用性商业价值的产品，获取经济利益的社会创客空间，高校图书馆创客空间主要是通过开展创客活动的方式，将拥有创新意识的高校学生聚集起来，致力于促进大学生学习与知识创新，为其营造具备合作、交流、实践、共享功能的动态学习空间，实现高校创客的创新与创造。高校图书馆创客空间的主要目标是启迪学生创新思维，增强其与人交往的沟通能力，开阔学生视野，提高学生创新创造的实践能力，促进学生创业就业[4]。

高校图书馆构建创客空间，提供创客服务，能够为学生提供更多的自主选择，创新学习的机会，将具有不同专业背景但志趣相投的学生聚集起来共享资源，分享创意想法，进行思想的有效碰撞，加速创意成果的转化，促进着学生由知识消费者向知识创造者角色的良好转变，进而助力学校创新型人才的培养。

3.1.5 传统空间结构的淘汰

传统图书馆的空间构造与布局具有特定时代的价值与意义，也是与时俱进的结果，也为所处时代的图书馆提供了有效服务，发挥了历史作用。但必须承认，图书馆是个生长着的有机体，一直处在发展进化之中，因此图书馆的发展变革是正常的，传统的图书馆空间结构再造是时代的必然。传统的服务方式已经不适应时代的发展，老观念、手工式、封闭式、被动式等，必然被新理念、数字化、开放获取、主动服务、空间改造等所取代，落伍的东西必然被历史车轮所碾压所替代，这是历史发展的辩证法。新时代，图书馆开始超越以文献为核心的传统服务，进入网络数字时代，数字化时代更要重视图书馆空间管理，合理布局公用空间、学习空间、研究空间、服务空间、社交需求空间以及计算机实验室、教室等，满足各方面的需要，经常进行图书馆空间布局调整的创新，使图书馆更好地成为读者阅读和馆员服务的良好场所。

3.2　图书馆空间再造的理念定位

近年来，随着图书馆界对空间再造研究的不断深入，空间再造项目逐渐受到我国高校图书馆的重视，越来越多的高校图书馆将实体空间再造提到发展规划上来，可以从国内外成功的空间再造项目中获得宝贵经验。但是应该认识到，同美、英、加拿大等发达国家相比，现阶段我国高校图书馆空间再造的研究与实践仍处于探索阶段，空间再造项目的实践经验较少，形式较为单一，图书馆对空间再造项目认识不够深入，参与空间再造项目的程度不够高，在资金、用户需求的调研和再造效果评价等方面仍存在问题。随着未来理论研究的深入与实践经验的增加，高校图书馆将打破传统空间布局的束缚，最大程度发挥空间的价值为高校师生服务。

3.2.1 应对时代发展的挑战

高校图书馆为学校的教学科研服务，具有教育性与科学性。但是，在信息化的背景下，高校图书馆所存在的一些问题逐渐显现。首先，传统的高校图书馆在设计之初，对图书馆的发展形态变化考虑较少，只是根据其当时实际的使用需求而设计。现今高校图书馆新增了学习中心、交流中心、文化中心等各种职能，却忽略了空间在设计中因为功能的拓展而产生的变化需求。功能效率的低下、空间形式的乏味及公共空间的缺乏等问题都影响着高校图书馆的发展。

在新的时代背景下，高校的教育模式发生悄然变化。高校图书馆空间再造顺应社会的发展和技术的革新，要符合时代特征，合理运用各项新兴技术，全面推动服务的转型与变革。整个知识环境在网络化的发展下更加强调知识的交流与学科的融合，高校图书馆用户的行为模式也逐渐向着多元化的自主性学习发展，传统单一的图书馆空间已经无法满足需求，创新的服务职能、多元的空间功能的引入，丰富了当代高校图书馆的内涵，构建以学习为中心的复合化空间成了新的趋势。

传统图书馆以储存书刊资料的空间形态存在，数字化时代开始转型，从以往的文献、信息服务向知识服务、空间服务发展，图书馆的空间价值在这个过程中得以彰显，将有形建筑与社会文化统一起来，为用户提供了一个互动、交流与分享的文化空间。馆藏资源的数字化和用户文献获取方式的变化导致图书馆空间产生变革，图书馆应重新定位自身角色，从积极的、长远的方面去适应用户的需求，以此来指导实体空间的设计与改造。

随着时代的发展，用户需求更为多元，对协作、休闲、研讨等空间需求日益增长。在高校图书馆中，用户众多，层次不同，私密性与公共性相互依存，使用者既需要不受干扰的学习与工作空间，也需要研讨和社交空间，通常要保持个人距离和社交距离。高校图书馆原有馆舍在设计时，忽视了用户的空间使用体验，难以满足用户需求，因此大多数高校图书馆选择对旧空间进行布局调整或创新设计，减少藏书空间，把更多的空间给读者使用；新建馆舍则为用户设置学习共享空间、团体协作区、个人研修间、媒体制作中心、创客空间、休闲活动区等，将使用少的、过时的书刊进行密集存储，缩小书架所占空间，甚至在校园外建远程密集书库。

综上所述，本书认为高校图书馆空间再造是指在数字化转型与高校教育模式变革的背景下，图书馆建筑实体空间在功能与布局方面的设计、调整与改造，既包括对现有馆舍空间的改造、重构与扩建，也包括新建馆舍中空间的设计理念及模式创新，是应对时代发展的挑战。

3.2.2 转型变革创新发展

图书馆是一个发展的有机体，其空间布局并不是一成不变的，应根据用户需求的变化，适时调整。目前，我国图书馆空间再造注重实体空间与虚拟空间的融合，是从实体空间改造开始，然后发展为实体空间改造和虚拟空间建设并重，将实体空间与虚拟空间进行优势互补，加强各种功能空间的构建，实现高校图书馆空间向现代化、多元化转型。

20世纪末至21世纪初，高校图书馆面临着信息技术高速发展的冲击。一方面，数字化转型使得传统纸质资源与数字资源并存，电子图书采购的增加与馆藏资源数字化的趋势使用户被分流。用户的资源获取与利用方式更加多元，图书馆不再是用户获取资源的唯一场所，多数用户更愿意在图书馆外选择快捷、方便的数字化资源；同时，信息检索技术的发展使传统纸质目录检索被计算机检索取代，电脑的普及和网络的全面应用让电子阅览室也逐渐丧失其重要性，高校图书馆面临着前所未有的压力，急需重构空间。另一方面，互联网技术的广泛应用促进了教学模式革新，MOOC、微课等网络课程掀起一股浪潮，翻转课堂和互助式的学习倍受欢迎，这些都促使高校图书馆提供空间与软硬件支持，方便师生学习、研讨与交流。2015年，康奈尔大学图书馆在其发展规划中指出，图书馆馆舍、资源和馆员技能会在某种程度上刺激用户的需求，空间使用转型是其面临的重大挑战，决定着图书馆的未来。

图书馆空间再造应具有创新性和前瞻性，其设计要具有"弹性"。现在很多新建的图书馆，在馆舍周围留有充足的扩建余地，预留未来改革与发展的空间。比如浦东图书馆新馆在馆舍建筑规格、设施先进程度与馆舍面积均适度超前，为未来的发展留有较大余地。图书馆空间的可持续发展还体现在可扩展性，由于用户需求具有多样性和波动性，图书馆空间的设计应充分考虑灵活调整的因素，要预见性地采取适当措施，以满足用户对信息获取和知识探索的需求，可采用大空间形式，将藏、借、阅融合在一个空间中，便于根据文献结构和用户需要将文献开架区和阅览区灵活调整。

图书馆空间再造要借鉴先进理念。20世纪90年代初，西方发达国家陆续建成绿色图书馆，受此启发，我国于20世纪90年代后期开展对绿色图书馆的研究。绿色图书馆以绿色环保理念为主，充分运用高新技术，创建节约资源、无污染、高效能的现代图书馆，不仅包括图书馆建筑方面，更包含了图书馆的服务、教育、管理和资源建设。绿色理念丰富和完善了图书馆的建筑和环境，也呈现出图书馆特有的文化和历史气息，是现代图书馆空间改造中最值得推崇的基本原则之一。南京工程学院逸夫图书信息中心设计团队在设计中坚持将绿色理念贯穿其中，最大限度地节约了建筑占地，大面积还原绿色植被。馆内公共空间和通道皆有绿色盆栽，建立了一个既具有艺术美感又经济实用的现代化图书馆；浦东图书馆在新馆建设中努力融入绿色环保的元素，要求建筑的全寿命周期中最大限度地节约资源，在设计和施工中采用多项节能、节材的措施，体现出环保和可持续发展的理念[2]。

3.2.3   以用户需求为中心

高校图书馆空间再造要以用户需求为核心。在空间改造中，应充分考虑用户的多样化需求，将现代理念融入其中，坚持用户体验至上原则，不断提高图书馆对用户的吸引力和自身的核心竞争力。图书馆在更新改造的过程中，要立足于使用者，充分了解用户的诉求和建议，尽量满足用户对图书馆功能的需求，真正体现"以人为本"的原则。

首先，要充分听取并考虑读者和馆员对空间再造的建议和要求。图书馆空间再造的目的是让使用者有更好的体验，吸引用户融入图书馆的服务和建设中。图书馆在满足用户需求的同时，还应保证馆员的工作环境，良好的工作环境能带来更高的工作效益。在功能服务方面，应开设网上服务平台，响应"互联网＋服务"的号召，馆际互借、空间预约及征求意见等服务都可以在网上办理，节约读者时间，提高服务效率，提供简单快捷有效的人性化服务。在空间设施方面，很多图书馆在每个楼层都放置自助饮水机、咖啡机等，方便读者使用[3]。

其次，图书馆在改造中要采用人性化的理念与设计，比如在阅读区域设置休闲空间，让读者在学习之余可以放松身心、欣赏美景。在空间再造过程中，建筑的人性化也是十分重要的。巴黎国家图书馆远近闻名，富丽堂皇，具有先进的技术与设施，但在建筑设计中则没有体现人性化的特点，其入口大门的特征不明显。在国内外建筑中，对于门的设计是很重视的，但巴黎国家图书馆是没有门的，需要一直爬到台子上才能看到一个入口，然后沿着入口走一个下坡路，才能进入图书馆内厅。图书馆里则是一间一间的阅览室，四周是一圈长达300米的走廊，没有给人以亲切感。整体上看，这个图书馆看起来很现代，但是缺乏人性化。一个图书馆建筑光有高效率、高科技还不够，一定要有人性化的思维融入建筑中，才能对用户产生有利影响。

3.2.4 立德树人的教育宗旨

立德树人，即树立德业，培养高素质人才，是国家和社会的要求。党的十七大报告提出"以人为本，德育为先"。党的十八大报告首次提出要把"立德树人"作为教育的根本任务。2014 年，教育部出台的《关于全面深化课程改革 落实立德树人根本任务的意见》，提出"坚持系统设计，整体规划育人各个环节的改革，整合利用各种资源，统筹协调各方力量，实现全科育人、全程育人、全员育人"的指导意见。习近平总书记在全国高校思想政治工作会议上的讲话指出"我们对高等教育的需要比以往任何时候都更加迫切，对科学知识和卓越人才的渴求比以往任何时候都更加强烈"，强调"要坚持把立德树人作为中心环节，把思想政治工作贯穿教育教学全过程，实现全程育人、全方位育人"。由此可见，德育在人才培养中至关重要。高校图书馆作为文化中心，不仅具有文化传承的作用，同时具有立德树人的职能。1975 年，国际图协联合会会议提出，图书馆具有保存人类文化遗产、开展社会教育、传递科学情报、开发智力资源四个基本职能。蔡元培先生认为："教育并不专在学校，学校以外还有许多机关，第一是图书馆"[5]。

"立德树人"要求高校革新教育机制模式，整合教育资源，培养有道德、有责任担当意识、有知识、有高度学习能力、实践能力与创新精神的复合型人才。那么，高校如何在教学过程中培育高素质人才来回答"立德树人"的教育本质呢？其中最重要的一条"纽带"就是图书馆资源的有效利用。图书馆被称为高校的"第二课堂"，以信息素养教育、阅读推广等方式来实现育人功能，是立德树人教育的前沿阵地。高校图书馆资源主要包括以文献信息资源、空间资源和人力资源。利用图书馆资源可以使学生陶冶情操，开阔眼界，激发学生的求知修身欲望，在培养学生良好心理素质的同时提高道德情操。莎士比亚曾说："书籍是人类的营养品"。图书馆空间资源正是提供了这种阅读书籍的环境，在吸收知识的同时在书籍中滋养身心，净化心灵，提高道德水平。

图书馆空间资源的现代化、科学化发展趋势，能激发大学生强烈的创造性思维意识和学习的积极动力，加速高校立德树人教育的进程。图书馆优雅的环境对大学生的价值观、行为规范和道德品质具有熏陶作用，有利于培养大学生的高尚人格。图书馆环境可分为物理环境和文化氛围两个方面。物理环境是指图书馆建筑、馆舍设施、馆藏资源、窗明几净的阅览室、借书室等硬件条件。建筑景观可以为大学生营造一个审美世界，丰富的馆藏资源可以满足学生求知的渴望，温馨优雅的借阅环境可以激发学生学习和追求真理的热情。文化氛围是指名人名言、书画绘画、人性化管理等，是一个图书馆在长期的科学管理与服务中积淀形成的，具有独特的人文氛围。优美的文化氛围可以陶冶大学生情操、净化学生心灵，塑造大学生健康的人格。总之，图书馆优雅环境对学生的熏陶，具有"春风化雨、润物无声"的树人功能。

3.3 时代催生的图书馆空间形态

新的时代背景下，先进的信息技术、网络技术、数字技术应用到了人们日常生活的方方面面，给人们提供了极大的便利。图书馆领域也不例外，新技术的应用使得图书馆的许多业务工作在发生变革，信息资源更加丰富，服务领域不断拓展，服务方式、服务手段愈加现代化、智能化。但同时，新的信息技术的应用也给图书馆带来了前所未有地挑战。比如：读者获取文献的途径更加多样化，从而使读者到馆率降低，纸质文献借阅量不断下降；读者的需求越来越多元化，而传统图书馆空间结构的功能单一，无法满足读者多元化的服务需求等等，面对挑战，图书馆必须适时做出变革，对现有实体空间进行重新设计和改造。依据科学的、完善的再造思路能提高图书馆空间再造效果，从而提高图书馆的使用率，使图书馆在机遇与挑战的时代充分发挥自身价值，更好地为高校师生服务。

3.3.1 颠覆传统布局实现大流通

近年来，随着信息技术、数字技术的广泛应用，大流通服务模式在我国高校图书馆开始流行，新建的高校图书馆纷纷采取了这种服务模式。高校图书馆流通模式从最初的闭架、半闭架、半开架、开架到完全开放式的大流通服务模式，这一步步的发展过程，映射出图书馆服务模式的变革，代表了当前服务模式的发展趋势，是现代图书馆服务创新的重要内容。该模式的特点是以整个图书馆为一个大开间、大开架，可实现藏、借、阅、检、流、询等一体化服务，能够提供更高质量、更高效益的服务[6]。

传统图书馆不管在建筑格局，还是在管理模式上，都对读者约束很多，尚未真正把"人"的因素放于首位。大流通模式是图书馆流通领域完全新型的开放的模式，代表了图书馆转型的方向与趋势。大流通模式最突出的优点是"以人为本"，一切从读者出发，最大限度地方便读者，并提高文献资源的利用率。它不是简单地等同于"藏、借、阅一体化"，而是彻底取消了分科室管理，读者可以把书带到馆内任何地方进行阅览，不受使用空间的限制，是藏、借、阅一体化模式的更高一级发展，是一种体现人文关怀和服务效益的模式，也是一种体现科技进步和科学发展的管理模式。首先，大流通服务模式是时代发展的要求。新的时代背景下，读者对高校图书馆的需求以及服务模式都产生了很大的影响，高校图书馆的社会职能日益扩大，服务内容和范围也相应增加。高校图书馆原有的服务模式已经不能够满足这些要求，因此必须变革服务模式，而大流通服务正是顺应这些发展要求的产物。其次，大流通服务模式是以人为本，构建和谐社会的服务理念的体现。采用大流通模式，读者可以得到借、还、阅、咨询等一体化的服务，这样读者就不必东奔西走，在一个服务窗口就可以满足所有的需求服务，拥有更多的个性化空间，既节约了宝贵的时间，又提高了工作效率，充分体现了以读者为本的服务理念。最后，大流通服务模式可以大大提高文献的利用率，方便读者阅读文献，提高馆员的工作质量。大流通服务模式拉近了读者和文献的距离，读者可以自助式地选择和阅读文献，使文献的利用率最大化。另外，大流通服务模式减少了工作人员的数量，这样更有利于其他馆员进行信息咨询、学科服务、阅读推广等更专业的工作，有利于开展创新型的读者服务工作[7]。

3.3.2　整合资源建设信息共享空间

信息共享空间（IC，Information Commons）是 20 世纪 90 年代出现在北美的一种新兴的信息服务模式，是伴随着网络时代，信息时代的迅猛发展而出现的。信息共享空间是一个经过特别设计的一站式协作学习空间。它为人们共享信息、创新知识、学习研究、学术交流提供了一个崭新环境和平台。信息共享空间的最初形态是 1992 年美国艾奥瓦大学"信息拱廊"。通过有效的整合利用信息，全面服务于学习与研究。1999 年，北卡罗来纳大学图书馆 IC 负责人首次明确地提出了信息共享空间的概念，该大学图书馆信息共享空间也正式对外开放。IC 包含了虚实两个层面：一是特殊的虚拟在线环境，这是基于网络层面的服务，读者在该环境界面下可以获取多种通过图书馆整合了的数字资源和其他在线的信息资源；二是新型的物理设施空间，在数字信息环境的辅助下提供服务管理，该空间可以是图书馆的一个部门、一个楼层、甚至是整个图书馆。

IC 是一个综合性的学习场所，在这里读者可以使用先进的计算机设备、便捷的互联网和丰富的数据库，有专业的咨询馆员、计算机专家和指导教师提供帮助，让用户更好的学习、交流和研究。考虑到当今社会信息技术和科技手段的持续发展，未来必定会有许多新设备、新技术被引入到图书馆的服务当中，所以在构建信息共享空间的时候需预留出一些空间，保证空间功能在未来的成长完善。在信息共享空间里一般要单独设置一个咨询服务区，不同于公共空间，它只服务于这一片区域，对信息共享空间的用户提供软硬件使用指导、业务咨询、电子设备存取记录和多媒体教室的预约使用等服务。

信息共享包括两方面。一方面是文献信息资源的共享，这里的资源既有图书馆的馆藏资源，包括订购的数据库、电子期刊以及可以数字化的纸质资源等，也有网络上的一些资源。图书馆的资源都是经过了出版商和图书馆员的双重审核，在安全性和权威性上更加让人信服，所以图书馆在握有资源质量优势的同时，要加强资源获取方式的建设，建立一个完善的检索系统，把各种信息资源进行组织、整理和分类，设计一个功能完善，操作简单的检索页面，让用户不用面对着海量的信息发愁，而是可以轻松的定位到自己所需的信息资源。另一方面是用户自身信息资源的共享，图书馆在信息共享空间当中设置一些多媒体阅览研讨室，高校师生可以在这里分享自己的信息资源、学习经验等。比如许多高校学生面临的如何选择选修课的问题，老师们可以在图书馆的网络虚拟空间里上传一些自己授课的视频，让学生们对课程内容、教师讲课方式都有一个直观的了解，选课的同学们则可以在这里把自己的疑问与想法提出来，与任课老师和选修过这些课程的同学进行交流，从而做出一个最正确的选择，或者用户们直接预约信息共享空间里的多媒体教室，进行现场的交流，共享大家的信息。信息共享空间的一大优势就是突破了空间的限制，用户可以选择到这里亲身体验各种电子设备的功能，与人互动的乐趣，也可以通过计算机等设备，不受时间地点限制、方便快捷地浏览图书馆共享的信息。

3.3.3　深入发展构建学习共享空间

信息技术的飞速发展正改变着读者学习与研究的行为模式，读者的自主选择性逐渐增强，越来越多的通过网络获取信息资源与交流沟通。在这样的背景下，图书馆 LC 作为比 IC 更加全面有效的一种空间形式被提出。学习共享空间比信息共享空间更加强了图书馆内教育科研部门、服务管理部门与信息技术部门之间的联系，在更大的范围内实现了服务部门的融合，实现以读者为中心的协同交互式学习环境。学习共享空间以学习为中心，更加强调对学习行为的支持与帮助。在信息整合的基础上重点通过各种技术手段来促进个性化、交互式、协作式等各种学习行为模式。LC 是以读者为中心，不再是被动的服务提供者，而是通过一系列的服务手段积极参与到读者的学习研究行为当中，甚至通过拓展图书馆以外的资源来挖掘读者学习的潜在需求。在信息网络基础上的 LC 实体空间会更加的多元，包括了开放阅览区、研论室、研究室、授课教室、咨询服务中心、多媒体教室、写作中心、教育中心、技术指导室、休闲区等服务于学习的空间形式，能够让读者之间、读者与图书馆之间的交流互动更加频繁，在信息共享的基础上实现知识的学习与创造[8]。

学习共享空间是信息共享空间发展的高级形态，在构建框架上与信息共享空间相同，主要有支持层、虚拟层、物理层三层。支持层为提供信息服务的工作人员，如咨询馆员、教师、技术专家等；虚拟层为图书馆各类资源，如数据库、网络课程、教学参考系统、数字图书馆等，是开展服务的资源基础；物理层是为服务提供实体空间保障，实体空间建设主要有信息咨询区、学习区、文献资料区、媒体体验区、休闲区等。信息共享空间强调信息资源、参考咨询与空间场所的整合，学习共享空间注重跨学科与跨部门的合作，支持用户协同学习与知识创新。

所以很多高校图书馆的学习共享空间建设是在信息共享空间的建设基础上拓展而来的，比如中国科学院国家科学图书馆通过整合校内外人力资源，物理空间和服务内容的拓展，实现信息共享空间向学习共享空间服务模式的转变。上海交通大学图书馆提出的 IC^2 创新服务模式，它是以"学科服务"为主线，在强调支持学习的"信息共享空间（IC，Information Commons）"基础上，引入了"创新社区（Innovation Community）"理念的新型服务模式。

3.3.4 培养工匠精神建设创客空间

创客空间的提出及其概念出自著名的《创客杂志》："它是一个真实存在的物理场所，一个具有加工车间、工作室功能的开放交流的实验室、工作室、机械加工室。"早在 2006 年，美国芝加哥公共图书馆建立"You Media"数字媒体实验室，开创图书馆与创客空间结合的实践。2015 年，国务院出台相关政策提出加快构建众创空间，创客空间建设驶入快车道，由于创客空间建设理念与现代图书馆所倡导的"知识、学习、分享、创新"理念契合，很多高校图书馆积极引入创客空间模式，促进图书馆的服务创新发展。高校图书馆创客空间体现了科技教育和创新思维的培养，通过工具、材料、信息资源、培训辅导、空间场所的保障，让读者感知创新文化、培养创新思维、探索知识创新，转变读者与图书馆之间的信息传递关系转变为知识孵化关系。目前，传统的高校图书馆服务方式已经不能满足高校学生需求日益的多样化，更倾向于现代化的学习方式与学习理念，需要注入创客空间这一"新生力量"促进它的成功转型，增加它的服务内容，扩展自身服务范围，提高自身服务水平。此外，高校图书馆肩负助力学校创新型人才培养，支持在校师生创新创业的职责，引入创客空间这一方式正能够提高并扩展大学生们实践学习的机会，培养并提高其创新创造能力。高校图书馆创客空间是高校学生知识分享、经验分享、创新学习的重要载体，是推动高校创新发展关键性力量。高校图书馆创客空间在构建过程中，要考虑用户不同类型的需求。例如上海交通大学图书馆、沈阳师范大学图书馆都创建了创客空间，前者为研究性大学，引入先进的技术和产品，偏重学科探究能力的培养，后者为实践性大学，考虑素质教育需求，注重人文素养知识的训练与提高。目前，我国高校图书馆创客空间成功创建并投入运行的不在少数，除上述两所大学外，还有清华大学图书馆、武汉大学图书馆、西安交通大学图书馆等配置创客工具，提供相关服务，为后续图书馆创客空间建设提供参考。

高校图书馆具有构建创客空间得天独厚的优势，主要表现在以下几个方面：

（1）高校图书馆是服务教学与科研工作的资源中心，具有大量的信息资源（包括各类型的纸质资源、数字资源等）；

（2）高校图书馆内部拥有大量的桌椅、计算机、投影仪等设施，能够减少高校建设创客空间的投入成本；

（3）高校图书馆拥有着专业馆员，他们具备着专业的信息素养、服务精神和丰富的管理经验，能够为高校创客提供专业性的服务；

（4）高校图书馆人流量大，不需过多的宣传就能够使高校师生了解到创客空间、创客服务，扩大创客空间的影响力[4]。

3.3.5 内涵技术不断升级的智慧空间

在物联网、云计算、人工智能火热的背景下，"智慧"热逐渐兴起。自 IBM 在 2009 年开始制定自己的智慧战略、智慧地球、智慧城市、智慧通信、智慧医疗以来，智慧校园、智慧课堂、智慧型教师、智慧图书馆这些新名词也如雨后春笋般涌现。从近几年图书馆空间研究发展来看，在经历了信息共享空间、学习空间、创客空间的形态演进之后，智慧空间将成为未来图书馆空间的主要形态和发展方向。但国内对智慧空间的内涵、特征还没有统一的界定。在第四次工业革命的浪潮中，图书馆空间向智慧空间转型已成为顺应时代潮流，维系自身发展的必然之势。

1996 年，东京 Hashimoto 实验室首次提出 "Intelligent Space" 的概念。此后，国外文献多使用 "Smart Space" "Intelligent Space" 来形容智慧空间。但国内对图书馆智慧空间的研究才刚刚起步，2015 年，刘宝瑞等人发表了"智慧空间"与图书馆结合的论文。智慧空间是知识存储点在链接和创新之后形成的空间知识立体化空间平台，智慧空间利用先进技术设备从现实社会中收集知识，从而组织成知识化体系，并且将所获取知识进行整合处理，统一构建成知识存取点。智慧空间中的知识都是相互联系的，图书馆通过自组织、自优化、自创新将智慧空间中的知识提供给用户。通过图书馆的自优化功能不断地对空间知识进行组织整合有序化并创新凝结成智慧，在提供给用户知识信息的同时，给予读者心灵与精神上的净化，体现出智慧在哲学层面的内涵。智慧空间具备高度的感知能力和联通能力，用户信息与行为均能被准确感知、记录、分析，整个图书馆网络的巨大化、用户群体的巨大化、智能技术的全面应用，能形成真正的属于图书馆的用户大数据。图书馆也能更好地挖掘用户兴趣点，在与电商、新媒体的竞争中保持优势。云计算技术的运用也使图书馆的科研大数据能发挥优势和效益[9]。

高校图书馆的智慧空间是对图书馆现有知识、信息的重组和整合，是在高校图书馆服务功能重组后实现的知识立体化空间服务平台。从技术构成上，高校图书馆智慧空间需要依托图书馆现有的物理空间条件或是对原有的空间布局进行整合再造，再依托当前先进的技术设备从现实社会中收集数据并进行分析形成信息，同时结合网络信息抓取程序对互联网抓取的信息进行整合，统一形成知识单元或信息单元的形式。所以，打造智慧空间，首先需要涉及对原有空间的物理条件（空间现状、设施设备、人员活动空间、交流空间等）进行综合评估，并依据高校图书馆的服务规划构建各类空间功能（知识存储空间、学习空间、虚拟学习空间）等，在满足读者基本需求的基础上，实现如馆舍、文献、计算机、馆员和服务对象的畅通交流，同时实现各关系链（物与人、人与技、实与虚、主体与客体、局部与整体）的有效融合共通。

以前的图书馆空间虽然具备开放性，但用户群体比较集中，局限于某一地区、某一机构、某一类型人群的用户。学习空间主要用户是学生，创客空间主要是兴趣多样的创客，智慧空间的开放性更高，任何使用该空间的人都是用户，所以它面向的用户集体更加庞大。《中华人民共和国公共图书馆法》规定，国家支持学校图书馆、科研机构图书馆和其他类型图书馆向社会公众开放，这也昭示着学校图书馆和科研机构图书馆的用户也不仅仅局限于做学术的学生、教工和科研学者，智慧空间面向的大用户群体更能适应社会发展的需要。

在新科技给社会带来颠覆变革背景下，图书馆不能墨守成规，要依托智慧空间，完成新环境下的图书馆转型，以融入时代发展。以智慧空间为核心的新型图书馆是联通的、共享的、开放的、协作的、高效能的，也是绿色的、环保的、节约的、友好的。智慧空间顺应了大数据时代的趋势，将各种新技术内核嵌入到空间中，完成整个图书馆系统的升级，能实现图书馆的可持续发展。

3.4 图书馆空间再造的实践评价

3.4.1 图书馆空间再造进展

随着时代的发展，传统图书馆的空间布局已不适应读者需求的变化，为了实现以人为本的服务理念，一场图书馆物理空间变革活动悄然在世界范围内兴起。1992 年 8 月，美国艾奥瓦大学图书馆"信息拱廊"的构建使用，成为全球最早的 IC 开放的起源。随后被北美、加拿大、英国等世界各国图书馆所接受并流行起来，迅速传播到韩国、新加坡、中国等地。

我国图书馆空间改造的快速发展阶段为 20 世纪 80 年代至 20 世纪末。在改革开放时期，我国经济、社会快速发展，图书馆事业也迅速发展，各地相继兴建图书馆馆舍，是"图书馆建筑的黄金时代"。在此时期，对图书馆的认知发生转变，我国图书馆空间改造规模扩大，功能更加完善，逐渐转变为读者学习和交流的场所。在此时期，图书馆的空间设计重心转为读者空间，大量采用同层高、同柱距、同荷载的模数式图书馆建筑方式。1982 年至 1991 年，我国图书馆空间主要规划为独立的书库、阅览室和馆员工作空间，使书籍、读者和馆员都有相对满意的学习和使用空间。总体来说，这个时期图书馆空间研究开始关注读者的需求。

20 世纪 90 年代，我国经济快速发展，国家逐渐重视文化教育事业，图书馆开始广泛应用现代新兴信息技术，图书馆的服务和管理都迎来了新的发展，在图书馆的结构及建筑空间等方面增添了许多变化。在此期间，图书馆建筑和空间的研究在数量、规模、形式、功能布局等方面都有了很大的飞跃。图书馆界举办了具有代表性的关于图书馆建筑的研讨会，例如 1990 年的"全国图书馆建筑设计学术研讨会"和 1991 年的"图书馆未来及其建筑研讨会"，关于图书馆建筑的学术研究开始增加。

综合来说，我国图书馆空间改造快速发展阶段主要是对图书馆实体空间进行改建和扩建，并融入了自动化技术和计算机技术，已具备成熟的实体建筑改造措施和理念，具有以人为本、功能多样、技术先进、环境舒适等特点，为现代图书馆的改造奠定了良好基础。

我国图书馆空间改造的繁荣发展阶段为 21 世纪初至今，图书馆类型和功能都发生了历史性的变革，主要表现为信息技术对图书馆空间的影响以及功能空间的发展与应用。信息技术革命带来了教育领域的变革，信息资源的网络化获取和网络化学习环境使图书馆的使命和服务功能发生很大变化，这种变化为图书馆空间改造的建设带来新的契机。图书馆空间改造引起业界专家的广泛关注，无论高校馆还是公共馆都对其空间布局、服务、功能、技术进行革新。

自 21 世纪起，信息技术革命引发了图书馆的变革，图书馆从传统图书馆发展为自动化图书馆、数字化图书馆、复合化图书馆和智能化图书馆。在图书馆变革中，馆舍建设、服务功能、信息技术以及图书馆使命都发生很大变化，图书馆空间改造自然应运其中，促进图书馆的改革与发展。借鉴先前图书馆实体建筑改造经验，现代图书馆秉持经济适用、布局合理和可持续发展的原则进行实体空间改造与完善。该阶段尤为突出的是图书馆功能空间的建设与改造，体现为现代图书馆的多元化、先进性、科学性的现代气息。

在此时期，现代图书馆的改造不仅是建筑空间的规划布局和馆舍的改扩建，虚拟空间的建设也是越来越重要的组成部分。繁荣发展阶段的图书馆空间改造最为典型的特点在于实现了实体空间和虚拟空间的优势互补，从而促使了诸多功能空间的衍生和构建，比如信息共享空间、学习共享空间、创客空间和众创空间等。

该阶段我国图书馆实体空间的改造已经开始融入绿色环保、经济适用和可持续发展等现代设计理念，构建了满足时代发展和读者需求的现代化图书馆。在空间再造中充分考虑到了数字图书馆和虚拟空间的建设，借助企业再造理论的引导，通过提高图书馆的核心竞争力，吸引和保持了当前主流用户群体的关注[2]。

我国高校图书馆最早实践空间再造的是中国香港和中国台湾地区的几所大学。1998 年，香港大学再造了（KNC）LC 知识导航站，之后几年陆续影响到内陆高校，但进展速度比较缓慢，开展范围比较有限，见表 3-1。

表 3-1 较早进行空间再造的部分高校图书馆

时 间	高校图书馆名称	空间再造形式	特色空间服务
1998 年	香港大学图书馆	改造	（KNC）LC 知识导航站
2003 年	香港中文大学图书馆	改造	Information Commons
2005 年	国立台湾师范大学图书馆	改造	"SMILE" 多元学习区
2005 年	岭南大学图书馆	改造	IC 蒋震信息坊
2006 年	复旦大学上海视觉艺术学院图书馆	改造	信息共享区
2006 年	中国科学院国家科学图书馆	改造	信息交流学习室
2007 年	上海师范大学图书馆	改造	信息共享空间
2007 年	北京大学图书馆	改造	多媒体服务共享空间
2008 年	上海交通大学图书馆	新建	IC^2
2008 年	清华大学图书馆	改造	信息共享空间
2014 年	电子科技大学图书馆	改造	创新实验室
2015 年	上海交通大学图书馆	馆企合建	交大——京东创客空间
2015 年	天津大学图书馆	馆企合建	长荣健豪文化创客空间
2015 年	重庆大学图书馆	改造	重大文库
2016 年	清华大学图书馆	新建	清华印记——创客空间
2016 年	沈阳师范大学图书馆	改造	创客空间、新功能体验空间等
2016 年	中国科学院图书馆	馆企合建	海尔中科创业基地
2016 年	武汉大学图书馆	改造	创客空间
2016 年	哈尔滨工业大学二区图书馆	改造	经典阅读导读空间、信息素养培训空间等
2016 年	吉林大学鼎新图书馆	新建	日新应用软件兴趣班、鼎新网络公开课堂
2017 年	浙江大学图书馆	局部改造	信息共享空间
2017 年	东北大学甯恩成图书馆	改造	阅读体验馆、东大文库、民国及地方文献馆
2017 年	东北大学浑南校区图书馆	新建	古籍阅览、多媒体与创客空间、信息共享空间

　　仅以广东省高校为例，据广东省高校图书馆空间再造情况问卷调查显示，全省图书馆已经开展空间再造的有 26 家，占 55.32%；没有进行空间改造的 21 家，占 44.68%。其中有的是整体改造现有空间，有的是调整已有空间的布局，还有的是增设新的空间。空间再造的类型有专题空间、阅览空间、数字资源体验空间、自主学习空间、创客空间、休闲空间等。最受读者欢迎的空间为"阅览空

间"；空置率最高的空间是"专题空间"；读者满意度高的空间设施为"无线网络、空调、家具"。空间再造计划的出发点是：

（1）通过空间再造，推动空间功能的转换，从而带动读者的需求；

（2）依据读者在图书馆的行为，调整或增设相应空间，以满足读者的需求；

（3）顺应时代发展要求，变被动单一的服务为主动多元的服务；

（4）使馆内的资源布局更合理、场所更舒适、视觉更美观[10]。

由此可见，高校图书馆空间改造虽未掀起高潮，但却被逐步认同，稳健发展。

3.4.2　图书馆空间再造研讨会

当前国内外图书馆界重视对未来发展问题进行研究和探讨，英国国家图书馆发布名为《重新定义图书馆》的2005～2008年战略规划中，分析了英国图书馆发展的外在环境、图书馆面临的挑战以及对数字时代图书馆的定义等问题。2009年，国际图联也召开了主题为"作为场所与空间的图书馆"的会议。上海图书馆馆长吴建中在《转型与超越：无所不在的图书馆》中详细阐述了对未来图书馆的定位、图书馆服务的改革以及图书馆如何转型的思考。空间再造是图书馆转型发展的必经之路，是图书馆这一生长着的有机体必须经历的又一次变革。

近年来，关于图书馆的消亡论已经被学界所否定，但是关于图书馆未来存在形式的讨论却越发激烈，图书馆实体空间同文献资源一样，现已成为一种重要的资源，如何合理设计与规划尤为重要。特别是高校图书馆肩负服务教学与科研的使命，其实体空间如何发展才能更好地服务于师生仍需深入研究。国际图联（IFLA）"图书馆建筑与设备"常务委员会，在2016年8月召开的国际图联大会中，提出"继第三空间概念后如何定位未来功能强大的图书馆"的主题。美国研究图书馆协会（ARL）2014年以及2016年的图书馆评估会议中均设立了关于图书馆空间的主题分会场，共同探讨图书馆的再造方法，分享成功的改造案例。1988年，中国图书馆学会学术委员会设立图书馆建筑与设备研究组，多年间一直致力于建筑设计的研究；2015年在中国图书馆学会高校分会中，研究组设立主题为"大学图书馆的馆舍空间发展"分会场，众多学者探讨关于图书馆空间再造的问题。

2016年7月6～8日，上海图书馆召开第八届上海国际图书馆论坛（SILF2016），论坛以"图书馆：社会发展的助推器"为主题，并设立了"智慧型图书馆建设""互联融合的图书馆""空间与服务的包容性设计"等副主题。论坛提出利用新兴技术，推动数字图书馆发展，加强功能空间建设，实现现代图书馆的变革与创新，并提出智慧型图书馆的发展趋势和建设前景。第九届上海国际图书馆论坛于2018年10月17～19日举行，主题为"图书馆——让社会更智慧更包容"。其征文领域有"智慧时代与智慧图书馆建设""互联网＋时代图书馆转型与创新"等主题,体现出业界对图书馆空间转型的关注,智慧图书馆成为图书馆空间转型发展的研究热点之一。

2016 年,"中国高校发展论坛""大学图书馆馆舍空间再造论坛"相继召开,提出大学图书馆应该紧扣图书馆的核心价值,转变服务理念,坚持以人为本,聚焦图书馆空间再造及服务推广,优化推出新型的阅读空间。高校图书馆空间再造研讨会召开情况见表3-2。

表3-2 高校图书馆空间再造研讨会召开情况

时 间	会 议 名 称	主 办 单 位
2016 年 4 月	大学图书馆馆舍空间再造论坛	中国教育装备采购网
2016 年 7 月	"图书馆空间再造与创客空间建设"研讨会	云南省高校图书情报工作委员会、北京碧虚文化有限公司
2016 年 10 月	2016 中国图书馆学会年会之"书目书评与图书馆阅读共享空间建设"分会场	中国图书馆学会 铜陵市政府
2016 年 10 月	"21 世纪新型高校图书馆空间"国际学术研讨会	昆山杜克大学(中国,江苏,昆山)
2016 年 11 月	"创客空间:图书馆里的创造力——人人参与的创客空间"国际学术研讨会	广州图书馆、广州市图书馆学会、中山大学图书馆、青树教育基金会、中国青树乡村图书馆服务中心
2016 年 12 月	"图书馆空间再造与创客空间建设"研讨会	安徽省职业与成人教育协会、安徽省高校图书情报工作委员会、浙江义乌新光集团
2017 年 6 月	"图书馆空间再造与功能重组转型"研讨会	中国图书馆学会学术研究委员会图书馆建筑与设备专业委员会、上海市图书馆学会
2018 年 4 月	"高校图书馆空间改造理论与实践"研讨会	全国师范院校图书馆联盟、华南师范大学图书馆
2018 年 4 月	"21 世纪新型高校图书馆空间"国际学术研讨会	全国师范院校图书馆联盟
2018 年 11 月	高校图书馆创客空间建设与服务转型高峰论坛	星海音乐学院图书馆(广州市番禺区)
2018 年 12 月	2018 图书馆空间再造与功能重组研讨会	全民阅读促进委员会、中小型公共图书馆联合会、北京市图书馆协会、首都图书馆、新华万维国际文化传媒(北京)有限公司

由此可见,近年来高校图书馆空间再造研讨会频繁召开,有关部门在努力推进空间再造,旨在从理论上提高认识,在实践上提供参考,进而推进高校图书馆的空间改造进程。

3.4.3 图书馆空间再造的评估

兰卡斯特在《If You Want To Evaluate Your Library》中认为，评估是收集有用资料、以实现问题解决和做出更好决策的实践过程。一种良好的评估模式就是将图书馆的运行活动看成一个系统，关注图书馆的投入与产出。国外图书馆学界通常使用"Evaluation""Assess""Measurement"表示评估，主要区别在于：Evaluation 关注活动的效率与效能，基于特定的标准来做出价值判断；Assess 的评估客体多为经济价值、人的能力、事物的性质等；Measurement 是测度、衡量的含义，依据统一标准对某主题进行数据收集或描述。因此，国外学者认为用"Evaluation"来表示评估更为正式。国内学者对图书馆评估和评价没有一致的概念界定，肖小勃等认为"评估"是指对服务或设备的效能、效率、利用及适应的测评程序。杜金认为图书馆评估概念中应包含三个要素，即评估标准和评估目标、基于事实和统计数据、运用价值判断对图书馆工作与服务进行过程与结果两方面的描述。

高校图书馆空间再造评估是高校图书馆评估的重要组成部分，是高校图书馆空间发展的必备环节，能为管理者提供用户使用空间服务的数据，以支持决策，让图书馆空间功能的发展符合用户的使用需求。基于此，本书将高校图书馆空间再造评估定义为：依照评估准则，采取定性与定量分析相结合方法，对高校图书馆再造空间的布局、功能与空服务提供与用户使用满意度等多方数据整合后，评析高校图书馆再造空间的亮点与不足，发掘用户的潜在需求，为高校图书馆空间再造提供改进依据[11]。我国图书馆关于空间再造的奖项见表 3-3。

表 3-3 我国图书馆关于空间再造的奖项

时　间	奖项名称	主　办　单　位
2018 年 10 月	发现图书馆阅读推广特色人文空间	中国图书馆学会阅读推广委员会主办，藏书与阅读推广专业委员会承办、浙江省图书馆学会主办
2015 年 10 月	首届"领读者·阅读空间奖"	中国图书馆学会阅读推广委员会、中国阅读研究会、深圳读书月组委会办公室、深圳市宝安区委宣传部、南方都市报、深圳市阅读联合会
2016 年 10 月	第二届"领读者·阅读空间奖"	中国图书馆学会阅读推广委员会、中国阅读研究会、深圳读书月组委会办公室、深圳市宝安区委宣传部、南方都市报、深圳市阅读联合会
2017 年 11 月	第三届"领读者·阅读空间奖"	中国图书馆学会阅读推广委员会、中国阅读研究会、深圳读书月组委会办公室、深圳市宝安区委宣传部、南方都市报、深圳市阅读联合会

时　间	奖项名称	主　办　单　位
2018年12月	第四届"领读者·阅读空间奖"	中国图书馆学会阅读推广委员会、中国阅读研究会、深圳读书月组委会办公室、深圳宝安区委宣传部、南方都市报、深圳市阅读联合会联合主办，南都读书俱乐部承办

随着图书馆界对空间再造问题研究的不断深入，实体空间再造逐渐受到我国高校图书馆的重视，越来越多的高校图书馆将实体空间再造提到发展规划上来。国内外图书馆界学者已经对高校图书馆实体空间再造问题进行了探讨，可以从成功的实体空间再造实践案例中获得宝贵经验，但是应该认识到，同美国、英国、日本等发达国家相比，现阶段我国高校图书馆实体空间再造的研究与实践仍处于探索阶段，空间再造的实践经验较少，形式较为单一，对实体空间再造认识不够深入，参与空间再造的程度不够高。同时，高校图书馆实体空间再造在资金、用户需求的调研和再造效果评价等方面仍存在问题。未来随着理论研究的深入与实践经验的增加，高校图书馆将打破传统空间布局的束缚，最大程度发挥图书馆的空间价值为师生服务。

参 考 文 献

[1] 焦新竹．我国高校图书馆实体空间再造的问题及对策研究［D］．大连：辽宁师范大学，2018.

[2] 张鹤凡．我国图书馆空间改造及发展趋势研究［D］．长春：东北师范大学，2018.

[3] 白茹玉．我国高校图书馆实体空间再造策略研究［D］．长春：东北师范大学，2016.

[4] 梁文佳．高校图书馆创客空间服务模式研究［D］．长春：吉林大学，2017.

[5] 陈幼华，王璐怡．"立德树人"框架下高校图书馆新生教育融合创新模式研究［J］．图书馆杂志，2018（9）：58-63，95.

[6] 赵静．高校图书馆大流通服务模式存在的问题与对策［J］．河南图书馆学刊，2013，33（9）：47-48.

[7] 肖翔．"大流通"服务模式对传统图书馆的借鉴意义——以孝感学院图书馆为例［J］．科技情报开发与经济，2012（10）：35-37.

[8] 黄良燕．高校图书馆学习共享空间的构建研究［D］．福州：福州大学，2010.

[9] 单轸，邵波．图书馆智慧空间：内涵、要素、价值［J］．图书馆学研究，2018（11）：2-8.

[10] 百度．广东省高校图书馆空间再造情况问卷调查［EB/OL］．2017，7，5.

[11] 孙维佳．高校图书馆空间再造与评估研究［D］．南京：东南大学，2017.

4 一站式服务的信息共享空间

信息共享空间（IC，Information Commons）是 20 世纪 90 年代后期在美国大学图书馆兴起的一种新的学习范式。随着新媒体技术日新月异的发展，IC 的概念已经由最初的仅仅为用户提供编程或者写作的电脑学习室，逐渐发展成为用户提供一站式信息服务的空间场所。它将图书馆传统的纸媒资源、数字资源、计算机技术以及信息服务完全融合在这无缝对接的空间中。由于 IC 的理念与用户在新媒体时代的多元化学习需求以及图书馆信息服务方式的转型不谋而合，IC 自诞生起就引起了国内外学术界的许多关注和重视，并得到了蓬勃发展。美国图书馆学会在 2006 年还专门成立了"信息共享空间专题组"，IC 已经成为国外学术型图书馆的主要服务模式，而国内的研究稍晚于国外，但对 IC 的理论研究和实践探索却从未停止。

4.1　信息共享空间的定义与特征

4.1.1　信息共享空间的定义与内涵

目前，国内外学术界并没有对 IC 形成统一的定义。对 IC 定义的理解主要基于两种思想：一种以北卡罗来纳大学的 Donald Beagle 为代表，他是 IC 早期的探索者和研究者，他主张 IC 是一种独特的在线环境和一种新型的物理服务空间，为整合数字环境而专门设计的组织与服务传递模式，通过物理层、虚拟层、支持层三层模型为用户提供获取、分析、利用信息的一站式服务，它实质上是物理空间和虚拟空间的有机整合[1]；另一种是以美国图书馆协会前主席 Nancy Kranich 为代表，认为 IC 是在开放获取条件下的具有历史意义的社会公共设施，可以促进信息共享和获取，鼓励用户在民主中学习、思考和实践，是民主活动的基础[2]。

按照研究视角和切入点的不同，从信息技术方面，IC 是指人们可以通过在线环境最大限度地获取有效的数字化信息；从社会学方面，IC 是社会民主的基本表现，它有其内在的组织结构、通信设施设备以及公共信息资源和社会共享实践，能够促进信息共享和开放获取，是鼓励人们共同学习、研讨和实践的一种社会民主机制；从政治方面，IC 是指人们通过网络信息技术不受限制地享有查找、传播和获取信息的基本权利；从物理空间方面，IC 是指经过专业设计，并为用户提供网络化、数字化的学习研究和获取文献的物理场所[3]。经过近三十年的探索，IC 的概念不断得到丰富和发展，但总体讲，它是大学图书馆为用户提供的一种全新的服务范式，是大学图书馆探索"以知识服务为主""以用户交互为主"等现代服务理念的重要体现。

4.1.2 信息共享空间的特征

国内外学术界对 IC 的特征进行了大量研究，其中 Robert Seal 在《信息共享空间：通往数字资源和知识管理的新道路》(The Information Commons：New Pathways to Digital Resources and Knowledge Management) 的报告中指出，从社会性角度看，IC 具有四种特征，即普遍性、实用性、灵活性和公共性，目前他的这一主张已获得了学术界的普遍认可。

普遍性（Ubiquity）是指 IC 中的每一台机器都具有相同的界面、软件和电子资源；实用性（Utility）是指信息共享空间能够满足和适应用户的实际需求；灵活性（Flexibility）是指信息共享空间能够适应不断变化的环境、需求以及技术进步；公共性（Community）是指 IC 能够提供一个适合共同合作和交流的空间[4]。虽然 IC 是一种将用户需求和技术发展相整合的新型服务范式，具有许多表现形式，但都具有为用户提供一站式信息服务、推动用户学习以及提高用户信息素养等特征。

4.2 信息共享空间的理念及意义

4.2.1 信息共享空间的构建理念与目标

4.2.1.1 构建信息共享空间的理念

IC 是图书馆服务理念的变革和创新，其构建理念主要表现为以下三个方面。

（1）充分满足不断变化的用户需求。随着新技术的发展、时代的变迁，图书馆的用户需求发生了很大变化，不再仅仅局限于对传统文献信息资源的单一需求上，更多地表现在对新技术运用、设备支持以及专业性咨询等方面。IC 以"用户需求为中心"的服务理念为用户提供人性化的服务，而图书馆的服务功能也正因为 IC 的蓬勃发展被焕发出新的生机和活力。

（2）努力为用户提供一站式、集成化的服务。IC 为用户提供了一个集信息资源、新技术、多功能空间和专业服务为一体的无缝链接式的学习和研究场所。从集成的内容上看，它将纸质文献资源和数字知识资源、技术设备和图书馆员的专业服务整合在一起；从集成的功能上看，IC 能够实现咨询、查询、培训、分析、制作、交流、研讨和休闲娱乐等多元化的功能。

（3）积极倡导用户间的分享和合作，为用户搭建学习和研讨平台。IC 是在开放存取背景下应运而生的，其始终致力于倡导"共享、交流与协作"。IC 不仅可以为用户搭建互动和互联的平台，帮助用户交流和共享新的学术成果和知识，同时促进用户间碰撞出智慧的火花，激发潜在的隐性知识。

4.2.1.2　构建信息共享空间的目标

国际图书馆协会联合会主席 Alex Byrne 博士对构建 IC 提出了倡议，他指出要建立全球 IC，并且希望全球各国共同保障世界人们查询和传递信息的权利。构建全球 IC 的目的是无障碍地为全球人们提供信息服务，提高信息素养，保障全民健康和教育、妇女地位和孩子学习的权利，促进经济和文化发展[5]。然而，随着 IC 的不断进步和发展，它的建设目标不仅仅表现在保障全民的信息权利上，还逐渐成了图书馆的一种创新性的服务范式，是推动图书馆在新时代持续发展的新的突破点。图书馆通过空间再造、服务战略转型等方式和手段，推进 IC 的建设和发展，要努力达到以下的战略目标。

（1）重新定位图书馆的服务理念，实现图书馆的未来使命和任务。从传统意义上讲，图书馆的本质是文献资源的存储中心和传播中心，而在新技术环境下，图书馆的服务理念和功能随着 IC 的发展得到了进一步的延伸和拓展。IC 的建设处处体现着图书馆在新技术条件下的人性化服务理念，通过将图书馆的服务整合在一个物理和虚拟的空间内，并在空间内提供纸质文献资源、数字资源、软硬件设备，以及图书馆员的专业技术和服务，为用户提供集咨询、分析、交流等一体化的功能和服务，从而实现了图书馆的未来使命和任务。

（2）探索图书馆全新的服务范式，为用户提供多学科融合的知识创新服务。图书馆 IC 的建设目标和理念实质上是通过空间、资源和人力的有机整合，为用户创造一个人性化、一站式的知识创新社区，实现跨学科的知识创新服务。IC 的建设为图书馆在新技术条件下探索全新的服务范式提供了新思路和新路径，为用户构建了一个全新的以学习过程为主导的学习和研讨模式，充分体现了图书馆在提升用户知识创新能力以及拓展用户人文素养的重要作用。

4.2.2　信息共享空间的重要意义

4.2.2.1　提高图书馆各类资源的整体利用效率

图书馆对辅助学校教学、科研以及人才培养的重要作用主要体现在用户对资源的利用效率上。由于传统图书馆的典藏服务方式单一、信息资源宣传和揭示手段落后、读者自身的信息敏感性不高以及对信息获取、利用和吸收能力相对弱等不良因素，传统图书馆的整体资源利用率普遍有待提高。而 IC 的建设及其延伸服务将大大有助于图书馆资源的整体利用效率，这是因为：一方面，IC 是基于满足用户在新媒体、新技术条件下的动态需求而建设的，IC 以知识创新社区的模式,将图书馆的全面资源充分整合、融合在一起,为用户提供便捷的一站式服务,这不仅及时有效地满足了用户的多元化需求,还极大地为用户揭示和推介了图书馆的各种资源,从而提高了图书馆的整体资源利用效率;另一方面,IC 不单单满足用户对学术文献信息的获取、研讨和交流等需求,更重要的是 IC 嵌入了图书馆员的专业性服务,这包括信息查询、专业咨询、信息跟踪、学科分析和用户培训等,在为用户提供良好的学术软硬件条件以及专业化、便捷化服务的同时,还辅助用户利用图书馆更多的潜在资源进行知识创新,提供高质量的知识创新服务,这样也在一定程度上提高了图书馆资源的整体利用率。

4.2.2.2 打造一站式的网络信息服务

信息资源的整合和服务是 IC 建设和发展的重中之重。IC 能够充分利用网络新平台、新技术为用户提供许多新类型的网络信息资源,还可以利用网络技术有效地创建信息资源整合系统,即将图书馆所拥有的馆藏纸质资源、数字资源以及各种网络信息资源有机地整合在一起,以构成了 IC 所能为用户提供的信息资源整体,并将为用户构建查询、检索和获取信息资源的统一入口或平台。当用户需要传统的馆藏纸质资源时,IC 会为用户提供相关内容的参考书目、专业图书和期刊等;当用户需要查询网络信息源、在线学术仓储或者图书馆所拥有的数字资源,甚至需要收发邮件信息和即时在线聊天时,IC 内的计算机终端将可以为用户提供实时联通互联网的服务;当用户需要利用信息加工软件进行信息处理时,IC 内的软硬件设备会为用户提供设备和技术支持;当用户需要扫描、打印或者复印学习资料时,IC 可以为用户链接打印扫描设备和网络服务;当用户需要图书馆员的帮助时,IC 可以通过网络或者以面对面的形式实现图书馆的专业咨询和服务;当用户需要进行学术研讨或者工作会议时,IC 可以实现网上预约空间的功能。IC 不仅能够为用户提供坚实的文献信息保障,还可以帮助用户节约时间和精力,全方位地随时满足用户对信息的需求。

4.2.2.3 满足用户个性化的学习和工作需求

IC 不仅可以帮助用户实现文献信息资源的查询、获取、共享和交流,更重要的是可以实现用户多种形式的学习互动、开放研讨、在线学习和移动学习等[6],以充分满足用户个性化的学习和工作需求。IC 能够利用新计算机技术架构和整合学科服务平台和在线学术机构仓储等,为用户方便、快捷、有效地获取所需文献资料、信息资源和学习内容提供必要的保障。同时,IC 可以通过利用目前一些已运行得非常成熟的网络平台为用户搭建虚拟的学习社区和互动平台,帮助用户实现有效的网络学习、自主学习和交互式学习,并极大地促进了用户间的学习研讨和学术交流,从而提高了用户的学习效率和 IC 内的资源利用率。此外,IC 可以及时满足用户个性化的学习沙龙、用户培训、交流研讨和学术会议等的空间需求,实现了为用户提供设备先进、条件优越的空间场所。而作为优质的信息工作室，IC 还可以为用户提供各种先进的信息软硬件，满足了用户信息处理、加工等的工作信息需求。此外，IC 将提供信息咨询、学科分析和用户培训等专业性的图书馆服务，帮助用户更全面地获取学习和工作所必需的信息资源，从而更人性化地满足用户的学习和工作的信息需求。

4.2.2.4　体现用户在图书馆的核心地位与价值

现代图书馆的服务理念和核心是"用户至上"，以全方位满足用户的需求为根本出发点。IC 的出现和发展就是现代图书馆"用户至上"服务理念的集中体现，IC 的建设蕴含着以用户为中心的核心主导理念。IC 的建设重点在于如何提升图书馆的文献信息资源吸引力，如何为用户提供有效的整合信息资源，如何以空间为载体提升用户整体的信息文化素养。随着计算机技术和网络的不断进步和发展，用户的需求不再仅仅是简单的文献需求，用户更需要的是图书馆多元化的整合资源以及专业性的服务。用户在获取学习和工作所需要的文献信息资源的基础上，更多的需求则表现在于图书馆的增值服务上，比如：图书馆员为用户提供信息检索课程或数字资源使用培训，帮助用户更好地掌握检索和发现文献信息资源的途径和方法；学科馆员为用户开展课题定向跟踪，以及对某一学科开展专业性分析等的学科服务，帮助用户追踪专业领域的前沿信息和学科动态，助力其高效地开展教学和科研；IC 为用户提供信息加工的软硬件设备和工作场所，为用户保障条件优越的分析、制作和加工信息的实践条件；IC 还为用户间的学术研讨和学习交流提供空间和场所，促进用户间的协作学习和工作，提高其学习和工作效率。

4.2.2.5　实现图书馆的信息功能与社会价值

互联网技术的诞生和发展曾经动摇了国内外图书馆在用户学习和工作过程中的重要信息功能和社会地位。随着计算机网络和移动技术的普及，许多用户可以足不出户，仅仅通过借助互联网就可满足其文献信息需求，这就使得图书馆的用户到馆率和文献资源利用率大幅度下降，造成了图书馆门可罗雀的尴尬局面，在失去了大量到馆读者和用户的同时，图书馆的社会功能和价值也一度遭到质疑。而 IC 的出现又为图书馆重新带来了其运行和发展的生机和活力，这主要得益于 IC 的多元化信息功能非常顺应和符合现代用户需求。IC 可以帮助用户实现检索、咨询、培训、加工和研讨等多种信息功能，在为用户提供一站式信息服务的基础上，还促进了用户之间的协作学习和工作合作。IC 的发展壮大逐渐成了用户在网络时代进行学习、研究和工作不可替代的平台和桥梁，因此 IC 重新燃起了用户对图书馆的希望和关注，再一次巩固和加强了图书馆在用户心中的信息功能和社会价值。IC 的建设理念是以用户为中心，全方位满足用户需求，这是对传统图书馆服务模式的颠覆性探索和创新，它不仅提升了图书馆的社会地位，还提高了图书馆在用户心中的社会价值。

4.3 信息共享空间的模式与内容

从物理空间分布和协作程度的角度来看，IC 主要存在四种模式，即计算机实验室（Computer Lab）、图书馆独立体（Library Only）、图书馆联合体（Library Joint）和信息共享空间大楼（IC Building）[3]。计算机实验室是完全独立的，只要拥有前沿的网络技术应用的空间就有可能是 IC，但不一定与图书馆有关联，它的协作工作人员主要是来自不同专业领域的技术人员，可以为用户提供专业的技术指导和支持。图书馆独立体是指 IC 完全是由图书馆来进行管理和服务的，为用户提供一站式的信息资源、软硬件设备、技术支持和维护、参考咨询、空间场所和空间管理等，没有其他的协作单位。图书馆联合体的模式是由图书馆、网络信息部门以及其他部门共同协作完成的，一部分空间设置在图书馆，与网络信息部门和其他部门共同协作为用户提供参考咨询服务和技术支持等。IC 大楼是由图书馆、网络信息部门等相关部门共同管理的，空间整合在一起，其运行宗旨主要是加强用户、图书馆员和技术人员间的分工协作，强调的是信息资源、专业技术人员和空间的有效整合。IC 的模式并不是固定的，它将随着用户需求、网络技术革新和空间建筑布局等因素的改变而发生变革。

4.3.1 信息共享空间的结构模式

4.3.1.1 基于 Web 3.0 构建个性化检索平台

运用 Web 3.0 环境下的元数据整合技术，可以有效解决 IC 中的资源独立分布和异构问题，实现不同的数字资源之间的整合，使得不同数据库间实现了跨平台、跨网站的信息整合成为可能[7]。由于 IC 拥有先进的计算机技术和软硬件设备，它能够针对用户的专业需求和特征进行深度分析、组织和挖掘。同时，IC 基于用户检索偏好、习惯和专业学科知识等，帮助用户搭建一站式、人性化、智能化的统一信息检索平台入口，用户根据实际需求可在平台内实现自然语言的专业检索，这极大缩短了用户在进行教学、学习和科研过程中查找大量所需文献信息资源的时间和精力。这个过程实际上是 IC 帮助用户快速与网络信息资源建立密切的本体关系，并把整个网络信息资源看作是一个复杂的本体库，用户根据自己的偏好和专业学科知识，通过搜索引擎输入动态内容来实现深度的资源内容挖掘，从而为用户获取最需要的搜索结果。IC 通过智能的搜索平台协助用户完成专业化的信息检索、选择、对比和评价，并对检索结果进行优化分析处理和过滤，并实现对检索结果的指定性排序、调整和导出，最终实现帮助用户完成深度的、交互性的资源获取和利用。

4.3.1.2 基于 Web 3.0 创新参考咨询服务

基于 Web 3.0 环境下的 IC 不仅可以为用户提供创新性的、人性化的虚拟参考咨询服务，还可以有力地提高区域性的资源共建共享和协作，并促进用户充分发挥自身的主观能动性。这主要表现在以下几个方面。

（1）基于 Web 3.0 的 IC 提升了虚拟参考咨询的整体效果和质量。Web 3.0 环境下的虚拟参考咨询通过统一的检索平台入口，帮助用户使用自然语言完成复杂的专业检索，在提高检索平台信息描述准确性的基础上，实现了信息的优化整合和分类存储，智能化地帮助用户筛选和过滤检索结果，提高了虚拟参考咨询的整体效果和质量。

（2）基于 Web 3.0 的 IC 实现了不受时间和空间限制的虚拟参考咨询服务，这不仅提高了用户进行虚拟参考咨询的时效性，还促进了区域间图书馆资源的共建共享和用户合作。

（3）IC 的运作可以充分激发用户的能动性。在 Web 3.0 环境下，用户既是用户，同时也可以是某一学科专业领域的解答咨询人员。通过虚拟的互联网，用户可以随时与同行专家和学者实现研究成果的分享和互动，并可以实现对图书馆已有参考咨询内容的补充和反馈。基于 Web 3.0 的创新参考咨询服务不仅能够为用户搭建即时便捷的参考咨询渠道，还提升了用户开展科学研究和学术研讨的学习能动性。

4.3.1.3　基于 Web 3.0 构建个人图书馆门户

与 Web 1.0 和 Web 2.0 相比，Web 3.0 的一个显著突出特征就是以人为本[8]。基于 Web 3.0 的 IC 根据用户自身特征智能筛选信息，构建精准多样化的专业兴趣模型，用户可以根据自身的学科分类、专业需求、学习特点和阅读偏好从 IC 中定制属于自己的个性化信息服务。而这一过程得以实现，一方面实际上是 IC 利用计算机通过自动有效地利用网络聚合技术实现多源头信息的采集，对采集信息进行数据清洗、筛选、整合、分类和深度挖掘，并设计信息库结构，输入海量的采集数据，最终形成一个庞大的一站式学科数字图书馆，并助力用户以自然语言轻松地实现一站式的专业检索，帮助用户对所需信息进行甄选和评价；另一方面还可以对用户的需求特征进行分析和利用，并助力用户对检索结果进行智能化分析、处理和过滤，有针对性地对检索结果进行反馈、调整和排序。基于 Web 3.0 技术构建的专业学科数字图书馆，不仅实现了用户与网络资源之间的交互，还可以帮助用户创建个性化的个人图书馆门户，提升多元化的参考咨询服务效果，以及获得 RSS 高级信息定制服务，实现定期、主动的信息推送。基于 Web 3.0 的 IC 实现了真正意义上的智能化、人性化的用户服务。

4.3.1.4　基于 Web 3.0 优化移动图书馆服务

随着互联网和移动通信技术的革新、发展以及现代用户阅读习惯和方式的改变，Web 3.0 环境下的 IC 可以兼容各种移动通信技术和终端设备（如 PC 智能手机和 PAD 智能移动平板等），并且可以实现、增强与互联网通信服务的集成，促进用户、通信网络以及互联网之间的无缝链接，帮助用户方便、快捷、高效地利用 IC 中的各种功能和服务。IC 还可以利用 Web 3.0 高端技术优化现有移动网络平台，加强服务功能的开发和利用，最大限度地发挥平台的特性和优势，以达到 IC 的最佳运行效果。同时，基于 Web 3.0 技术的 IC 还能够帮助图书馆实现各类通知、通告的发布、图书馆纸、电媒介资源的同步宣传和推介、多元化阅读活动的推广和互动，以及学科虚拟参考咨询的反馈和实现等服务功能，这不仅有效拓宽了图书馆宣传推广的渠道，还进一步加强了图书馆与用户间的沟通交流。用户还可以通过移动图书馆服务获得学科参考咨询服务的信息定制以及个性化的信息推送服务等，让用户享受更好的智能化、人性化的交互共享服务。另外，基于 Web 3.0 的增强现实技术还能够允许用户使用各种移动终端传感信息和虚拟空间，极大地提高了用户的体验[9]。

4.3.1.5　基于立体阅读推广的服务活动空间

所谓立体阅读推广，是图书馆利用自身的设施条件和人才等综合性优势，融合实物陈列、图片展览、学术研讨和声视频浸入式学习等，组织读者进行相关文献阅读以及读者互动等多种形式为一体，全方位、多层次地宣传推广某一主题内容的一系列活动总称[10]。立体阅读推广以其主题鲜明、内涵丰富、形式多样、效果突出的特点受到越来越多图书馆的关注和青睐。IC 除了具备先进的 Web 3.0 计算机和网络技术以外，还可以作为图书馆进行立体阅读推广非常灵活、有效的服务活动空间，为用户提供多元化的阅读推广功能和服务，主要表现在：

（1）可以为用户提供直观、感性的实物和图片的陈列展览空间，帮助用户以实物和图片的形式了解某一阅读推广内容；

（2）可以为用户提供高品质的声、视频类阅读学习资料，为用户打造浸入式的学习环境；

（3）可以为用户提供基于某一主题的一站式阅读资源，帮助用户快速掌握相关内容；

（4）可以为用户提供进行学术研讨、阅读培训和读书沙龙类的服务空间，有效保障用户间的沟通渠道和互动空间；

（5）可以为用户提供专业性的虚拟参考咨询服务空间，实现了与专业馆员的面对面交流，提高了咨询服务的成效；

（6）还可以为用户提供安静、舒适的阅读空间等。

IC 是图书馆进行立体阅读推广的必要保障条件之一。

4.3.2　信息共享空间的核心服务

4.3.2.1　传统图书馆服务

从服务角度和内容上看，图书馆的传统服务包括纸质图书借还、阅览自习、书目数据检索服务、普通咨询、普通信息服务、信息素养教育、数字资源访问等。随着 IC 的新兴和发展，图书馆的传统服务都在其运行理念中体现，并与其强大的运行功能有机地统一起来。比如在 IC 内不仅可以便捷地通过书目查询系统实现对馆藏纸质图书和电子图书的查询和借阅，还可以帮助用户访问馆藏数字资源，尤其能够帮助用户通过网络查询在线开放存储，获取外部虚拟馆藏的免费电子资源；在 IC 内用户可以舒适地进行自由学习、阅览书刊，甚至有的图书馆为用户提供朗诵以及录音的学习空间；IC 为用户提供软硬件条件优越的小组研讨空间，促进用户间的学术交流；在 IC 内图书馆员帮助提升用户的信息素养水平，结合馆藏数字资源开展相关使用培训，以及对查找论文文献、网络信息检索知识进行普及教育；IC 为用户和馆员的简单咨询和普通信息服务提供有效的人力、空间和资源；IC 基于新技术平台为用户提供视听类学习、影视欣赏等，以多元化的手段和方式满足用户需求。

4.3.2.2　参考咨询服务

参考咨询服务是图书馆开展信息服务的重要组成部分，是用户在利用文献和寻求知识、信息等方面遇到问题和困难时，图书馆员能及时协助检索、解答并向用户提供事实、数据和文献线索[11]。随着海量在线开放存储、网络数据库、联机检索目录等数字化信息资源的不断涌现和发展，传统的参考咨询服务的"守摊"模式已经严重跟不上时代的步伐。当前图书馆为用户所提供的参考咨询服务实际上是一种不受任何环境、条件、系统约束的有效咨询，即可以为有信息需求的用户提供不间断的咨询服务，且不受时间、空间和地域等客观条件限制的网络环境下的参考咨询服务。用户自身对网络信息资源的获取意识也随着时代的变化发生转变，这主要体现在用户信息需求的专业化、精准化和综合化，而且信息获取的难易程度也越来越高，仅凭用户自身的知识范畴和能力水平是远远不够的，因此图书馆员可以利用自身的专业知识，及时帮助用户利用 IC 中的先进网络技术从外部海量的虚拟馆藏资源中查找他们所急需的电子资源。这不仅使 IC 成为为用户提供参考咨询服务的有效场所和实现方式，在一定程度上用户的参考咨询服务需求还促进了当代 IC 的技术革新和发展。因此，图书馆的参考咨询服务需要注入新技术，紧随时代发展的趋势和方向。

4.3.2.3　文献传递服务

广义的文献传递是指以任何形式、从任何信息源中为用户提供信息副本的活动。文献传递服务作为图书馆整体文献资源建设的有效补充，不仅是用户服务工作的重要组成部分，而且是图书馆延伸馆藏资源的信息链，实现资源共享，满足用户需求和提高办馆效益的重要途径[12]。随着 IC 在图书馆的不断发展和应用，文献传递服务也被赋予了新的服务内涵和方式。这主要表现在两个方面。一方面，图书馆在面临着用户信息需求和获取方式改变的同时，还面临着帮助用户有效甄别和筛选海量网络开放获取、商业网站等良莠不齐的信息资源的巨大挑战和困难。这是因为用户整体的信息素养随着网络新技术的普及和发展有所提高，信息获取方式也从被动接受逐渐转变为主动获取，用户获取所需信息的手段不再局限于时效性较差的纸质图书，而是更多地依赖专业性高、时效性强、来源权威的网络数据库，因此在线查询和阅读已成为不可或缺的学习方式，文献传递的信息副本也更多地表现为电子副本，而 IC 正是为用户提供了良好的信息检索的物理条件和技术支持。另一方面，用户虽然具备一定的信息辨别能力，但仍然需要图书馆员的专业指导和帮助，因此，用户迫切需要借助 IC 来获取、评价和利用信息，以满足自身的信息需求。

4.3.2.4 馆际互借服务

馆际互借是基于馆际合作、在不改变文献所有权的情况下，相互利用合作馆的文献资源满足用户需求的服务形式，其服务内容就是对于本馆未收藏的文献。当本馆用户需要时，在遵守馆际互借的制度、协议、办理手续和收费标准等规定的前提下，向合作馆提出申请借入该文献；反之，协助满足合作馆用户的文献信息需求[13]。馆际互借是合作图书馆之间相互出借馆藏文献，是一种返还式的文献提供服务，而文献传递突破了馆际互借的服务范畴，是传统馆际互借服务的延伸和拓展，尤其是在网络环境下图书馆利用 IC 为满足用户对信息资源的实时需求而开展的新探索和新实践，即充分利用在线开放学术存储、大型网络联机数据库等外部资源，将用户所需文献的替代品或电子版直接或间接传递给用户，是一种非返还式的文献提供服务。但对于有馆际互借服务需求的用户，图书馆的 IC 仍然可有效帮助用户方便快捷地与图书馆的咨询馆员或学科馆员沟通联系，并提高本馆与合作馆间馆际互借的工作效率，从而即时满足用户的信息需求。图书馆利用 IC 开展馆际互借服务，不仅可以扩大文献信息资源的获取范围，提高图书馆的文献保障能力，优化文献资源配置，完善图书馆多元化、个性化服务，从而提高信息服务的工作质量和效率。

4.3.2.5 移动图书馆服务

随着网络信息技术的不断发展，移动图书馆由最初的流动借阅车概念逐渐演变为基于国际互联网、无线移动网络以解除时间、空间和地域等限制，用户通过各种移动终端设备实现图书馆信息服务的一种创新方式。归根结底，移动图书馆服务是随着现代网络技术的革新而产生的，它依托和植根于 IC 的尖端硬件设备和信息技术，通过无缝链接的网络帮助用户实现自由查询借还图书、在线阅览、移动咨询、新型空间服务、自主或自助服务、一站式资源发现与获取、数据服务、支撑教学和科研的参考咨询等服务，是图书馆各项传统服务的延伸和扩展。而 IC 的建设、推广、发展和利用不仅实现了以上图书馆传统服务内容的整合和升级，同时还为用户体验和尝试创新移动服务创造了良好的空间环境、技术支持和人力资源保障。基于移动互联网技术的创新移动服务，包括创客及新技术体验、MOOC 教学、数字人文培养、知识情报服务、机构知识库、出版服务等。当手机、笔记本电脑已经成为用户不可或缺的学习和工作工具，移动图书馆服务可以搭建用户与图书馆间信息供求的交互反馈桥梁和渠道，改变了图书馆处于被动服务的局面，在充分了解用户个性化需求的基础上，实现了满足用户个体差异需求的主动服务。

4.3.3　信息共享空间的发展趋势

随着现代信息技术的进步，IC 的服务理念和服务功能在实践中得以不断发展和延伸。针对不同的服务目标和用户群体，IC 正朝着 LC、研究共享空间、知识共享空间的方向发展。LC 除了具备 IC 的服务功能外，更侧重突出为用户提供一站式的信息资源获取平台，并在物理空间上突破了 IC 仅建设在图书馆馆舍内的局限性，将图书馆的服务嵌入用户学习的全过程中。创客空间是 LC 建设的重要组成部分，不仅为用户提供培育创新的孵化空间，还为其提供双创教育体验空间[14]。研究共享空间的建设目标是为科研人员提供全方位、深层次的资源服务，突显图书馆在科学研究中的价值和地位。知识共享空间的建设理念是为用户提供知识服务过程中的各种环境和服务，包括软硬件设施、物理和虚拟服务平台、数字人文环境、知识加工等。在这里图书馆为用户提供的不只是显性知识，还包括隐性知识。此外，IC 还应根据教育目标来建设鼓励和支持文化艺术发展的空间，比如迷你画廊、音乐坊、艺术中心等形式，为学习环境提供视觉和感官的刺激，促进用户的创造性、想象力和知识关联。IC 的未来发展可能正如中山大学图书馆馆长程焕文教授所说，第三代图书馆将会是完全的数字信息资源 + 互联网 + 新的服务模式的形式。

4.4　建设中国特色的信息共享空间

IC 起源于美国大学图书馆。由于中美两国之间的教育理念、目标和体系存在着一定的差异，中美两国图书馆的服务理念和 IC 的服务对象的需求也有不同。建设有中国特色的 IC，核心的问题是应该依据实际情况，提供能满足中国用户需要的特色空间服务。

4.4.1　中国特色信息共享空间的两个阶段

根据发展形态的不同，中国特色 IC 目前可分为两个阶段：一个是综合性基础服务设施服务空间阶段；另一个是基于开放存取背景的社会共有设施阶段[15]。随着探索和实践的不断丰富，IC 的建设可以根据用户需求及时调整实施战略。

这意味着图书馆既可以保持在馆舍内创新开展 IC 服务，也可以全面实施 IC 模式，即根据 IC 的当前建设条件、推广实际和服务方式，来确定其仅仅是一种基于基础性服务设施的创新服务模式，还是最终实现图书馆的 IC 化。

4.4.1.1　综合性基础服务设施服务空间

将 IC 看成是一种综合性基础服务设施服务空间的思想，主要是由美国北卡罗来纳大学图书馆 IC 的前任负责人 Donald Beagle 提出来的。他不仅认为 IC 是图书馆为用户提供的一种综合性服务设施和协作学习环境，同时还指出 IC 是围绕综合的数字环境而特别设计的组织和服务空间。作为一个集空间、软硬件设施和现代技术相融合统一的教育实体空间，IC 实现了从印刷型到数字型信息环境组织的重新调整，以及技术和服务功能的整合[16]。这种思想主张不仅把 IC 模式看作图书馆适应信息技术发展的必然产物和出路，解决了图书馆在新技术条件下出现的服务困难和窘境，并认为这将是图书馆未来发展的一种服务理念和模式，同时还将信息技术作为支撑 IC 运行的必要前提和保障。这种思想对于图书馆来说，具有很强的可实践性和可操作性。目前，国内图书馆建设的 IC 大多数都处于这一发展阶段，建设核心都以融合物理实体空间和网络虚拟空间为一体的主要模式，并围绕虚实整合空间的信息技术为用户提供全方位的信息服务。

4.4.1.2　基于开放存取背景的社会共有设施

主张将 IC 看成是基于开放存取背景下的社会共有设施的观点，是由美国图书馆协会前任主席 Nancy Kranich 倡导并研究的，这意味着社会中的任何人都可以对社会共有设施进行最大限度地自由存取和利用。她认为，IC 确保对理想信念的开放存取和利用，它以价值、法律、组织、通信设施和资源等内容为特征，积极促进社会信息资源的共享、共有和自由存取，鼓励人们广泛地进行民主讨论、学习、思考和实践，是一个社会有效开展民主活动的基础。这种思想实际上是将 IC 看成是一种全新的社会机构，不同于以往图书馆的概念和功能，是一种创新的人类知识资源的阅读和存取的公共机构。与 Donald Beagle 的观点相比，Nancy Kranich 的观点则从社会学角度出发，更富有时代性、前瞻性和社会性，充分解答了在日益发达的信息技术条件下，图书馆如何转型以适应时代的变革，以及何种信息资源存储机构会更符合社会大众的信息需求。因此，这两种观点在国内图书馆 IC 的建设过程中都十分值得借鉴和应用，为国内 IC 的健康、快速发展提供理论依据和实践基础。

4.4.2　特色信息共享空间的基本特性

4.4.2.1　形式上的组织性

形式上的组织性是特色 IC 的基本特性之一。IC 之所以产生于美国，这和其先进的信息技术水平、人文的图书馆服务理念以及旺盛的用户需求都是分不开的。因此，国内图书馆建设 IC 应该更加积极、主动和开放，而不断刺激和增加国内用户的信息需求是提升 IC 建设的决定性因素。国内用户在日常学习和科学研究过程中，缺乏学习和科学研究的动力、创造性思维有待提高、学习和科学研究的方式过于单一，普遍缺乏有效的协作和交流等。基于这样的实际情况，国内图书馆引入 IC 服务模式，必须从国内用户的需求特点出发，逐步引导并使之接收 IC 的创新服务模式。这一过程需要图书馆有组织、有计划地吸引、引导用户适应并使用 IC，帮助用户在服务中体会到技术和空间融合的优势，真正实现 IC 的中国化。采取的引导模式是多元、动态的，包括读书沙龙小组、视听影视小组、学科研究小组、专题研讨小组等方式，通过多种途径组织用户，使其了解、熟悉、接受并离不开 IC 服务。

4.4.2.2　服务上的引导性

服务上的引导性是特色 IC 的基本特性之一。自 IC 由国外引入到国内，其运行理念和服务功能对许多用户来说是陌生的，用户并不能驾轻就熟地充分利用 IC。因此，图书馆对于 IC 的服务首先要做到对 IC 功能的广泛宣传，让用户了解 IC 的作用和优势。其次，图书馆员在 IC 服务的引导上还应该具备"五个能力"，即开展信息服务的专业能力、规划能力、组织能力、沟通能力和技术支持力。IC 的服务馆员能够帮助用户获取专业性的信息情报资源；在用户利用 IC 开展学术交流、科学研究的过程中，服务馆员能够在活动前期引导用户规划研究方向和主题，提供必要的信息准备，在研究过程中能够为用户开展嵌入式的信息素养教育，在研究结束后能够通过新的文献信息线索，为用户获取新的信息资源；服务馆员还应该具备协助用户组织学术活动以及与合作者沟通交流的能力；在软硬件设备的技术支持上，服务馆员也可以引导、助力用户更好地利用信息技术获取所需资源，体验科学技术带来的全新的学习经历和感受。

4.4.2.3　空间上的相对集中性

空间上的相对集中性是特色 IC 的基本特性之一。国外的 IC 无论是在外部建筑基础条件上，还是内部设备配备以及技术支持方面都具备非常高的标准。相比之下，国内图书馆在进行 IC 建设时要充分考虑原有建筑的特点和软硬件条件，打造相对集中化的空间。这主要是因为国内图书馆进行大规模新馆建设，以及进行旧馆改造的浪潮可追溯到 20 世纪 90 年代，建设和改造的完工时间距国内引入 IC 理念的时间相对较短。这在一定程度上意味着图书馆的建筑设施和硬件条件经过此次更新换代后相对先进，且设施设备的智能化水平相对较高。一般情况下，馆舍内都集中铺设有线和无线网络、多媒体阅览室、小型用户学习研讨室、休闲阅览区等。这些已有的设施和空间无疑为建设 IC 打下一定的基础，更重要的是再次对图书馆局部的成型空间进行改建，大大降低了实施改造的难度。因此，在我国建设信息 IC 不能仅拘泥于建筑空间是否完全符合国外的标准和要求，而是应该根据现有的建筑条件，因地制宜地建设符合中国特色的 IC。

4.4.3 信息共享空间建设概况

国内对于 IC 的理论探索和具体实践都起步得较晚。2005 年在上海召开"第三届中美图书馆合作会议"，此次会议推动了国内的理论研究热情和实践应用进展。中国香港和中国台湾地区最早建设了比较成功的高校图书馆 IC，比如香港中文大学图书馆"资讯廊"、香港城市大学图书馆"信息空间"、台湾大学"学习开放空间"等。2006 年，复旦大学上海视觉艺术学院图书馆正式推出"信息共享空间"服务，此后上海师范大学、清华大学、上海交通大学等纷纷开展了此类服务[17]。随着实践的丰富，国内高校图书馆的空间建设和改造不再千篇一律的效仿，而是结合本馆实际和用户需求打造各具特色的空间，并为用户提供多元化、个性化的特色服务。国内 IC 建设的主要特点表现在：以高校图书馆建设为主，能够提供配套的特色化服务，合作构建空间并应用新技术[18]。实践应用同时促进了理论探讨的深入和细化，包括 IC 的功能定位、资源布局、服务模式、资源建设、学科化服务等。目前，虽然大多数高校图书馆没有建立真正意义上的 IC，但都将空间建设和改造放入未来扩建馆室的发展规划中，并在注重提供特色化服务的同时，还关注提升图书馆员的 IC 服务能力。我国高校图书馆 IC 再造情况见表 4-1。

表 4-1　我国高校图书馆 IC 再造情况

时间	高校图书馆名称	信息共享空间改造	信息空间服务内容与模式
1998	香港大学图书馆	KNC 知识导航站	集学习、研究、打印和数字出版为一体
2001	香港教育学院图书馆	E-LC 电子研习中心	研讨室、视听室、多媒体工作站和语言实验室
2003	香港中文大学图书馆	资讯廊	信息服务
2005	香港城市大学图书馆	资讯坊	整合 IT 咨询台技术、多媒体设施、学习服务、搜索帮助、信息素养等
2005	国立台湾师范大学图书馆	SMILE 多元学习区	结合数字学习风潮、传统参考咨询服务、视听多媒体欣赏、信息检索与休闲阅读的"数字学习共享空间"
2005	香港岭南大学图书馆	蒋震信息坊	提供多媒体工作站、总服务台、参考书阅览室、咖啡吧
2006	香港科技大学图书馆	IC 综合信息坊	提供团体研究室、讨论室和讲演室
2006	复旦大学上海视觉艺术学院图书馆	信息共享空间	整合网络、计算机设备和各类型资源，服务以电子教室、小组讨论室、演示教学区和休闲区为主

时间	高校图书馆名称	信息共享空间改造	信息空间服务内容与模式
2006	中国科学院国家科学图书馆	研究生信息交流学习室、学习共享空间	IC 与 LC 的融合，计算机使用、书刊借阅、培训、学科服务、情报分析
2007	上海师范大学图书馆	信息共享空间	参考咨询、信息交流、信息素养、试听教育、学科导航
2011	清华大学图书馆	信息共享空间	一站式服务中心和协同学习环境，音像试听、电子阅览、会议研讨等
2008	上海交通大学图书馆	创新社区	以创新支持＋人文拓展为服务理念，学科服务、知识创新
2009	四川大学图书馆	信息共享空间	场馆建设、资源建设、服务体系建设
2010	沈阳师范大学图书馆	学习共享空间	集阅读空间、学习研讨空间、信息素养教育空间、创客空间、文化展示空间多元功能为一体
2013	上海市图书馆	创·新空间	以"激活创意、知识交流"为主，以文献、数字技术、创新工具为支撑

4.5　信息共享空间的知识产权问题

4.5.1　文献资源传递中版权保护的困境

随着信息共享理念的传播，用户越来越青睐图书馆的数字资源文献传递服务。而网络环境下数字资源的多元化载体和多元化渠道，促使图书馆引发了在提供文献传递服务过程中的数字资源版权保护的思考。

4.5.1.1　著作权合理使用的问题

作为社会信息资源的存储中心和科学文化传播机构，图书馆始终致力于优质文献作品的保存、传播和推广。虽然我国的著作权法已经明确规定，图书馆等公共文化服务机构可以在不经过作者允许的情况下使用其作品，以满足社会公众创造和分享社会财富的需求，但著作权的滥用和版权管理等问题仍然显得十分尖锐和突出。这主要是由于我国法制建设体系的不完善以及相应政策法规的相对滞后，尤其对于网络数字资源"合理使用"的规定更是处于模糊不清的界限[19]。尤其随着现代网络技术的迅猛发展，数字资源的传播渠道和方式日趋丰富，传播内容日趋庞杂，以及能够获取网络数字资源的用户日益增多，这不仅极大激化了作者与利用者间的版权矛盾，也在一定程度上加大了数字资源著作权合理使用界定的难度，因为很多内容实质上已经超过传统图书馆文献合理使用的范畴。此外，通过互联网传播数字化作品，以吸引和获取用户利益的商业行为，也非常难以界定是否属于合理使用的范围内。

4.5.1.2 著作权授权方式的问题

按照我国的著作权法，明确规定在使用他人作品时必须经过著作权人的许可同意，否则不得随便侵犯他人的著作权。因此著作权人为了有效的保障自身的著作权益，可以采取发表公开声明的方式，要求某一个人或者机构付费后方可使用其作品，也可以采取授权中介公司代收并转交著作权收益的方法。然而，由于国内每年出版发行的著作数量繁多，版权利用者以一对一的获得版权人授权同意的方式取得著作权，在实际操作过程中具有相当高的难度。同时，这也需要耗费大量的人力、时间和费用。因此交易和推广效率较高的集体著作权授权模式应运而生，但相比国外，国内的集体著作权授权起步较晚，还存在着很多问题和矛盾，比如缺乏完整的法律法规体系约束机制、完善合理的管理模式、透明规范的中介授权流程、有效畅通的授权渠道以及良好的从业资质等，这就很难满足海量授权过程中的版权保护需求。

4.5.1.3 数据库版权保护的问题

现代信息技术的革新，为广大网络用户利用各种移动终端设备来获取海量网络信息资源提供了便利条件和无限可能。通过互联网，用户可以随时随地访问国内外大型数据库、联机目录库、在线开放存储等，第一时间获取丰富的网络资源。然而如上述所谈，我国在数据库版权保护和管理方面同样也存在着一系列的问题，这给图书馆践行数字资源版权保护带来了极大的阻碍和困难，其主要原因包括以下两个方面。一方面，目前国内对数据库运营商尚未出台统一清晰的运行标准和管理法规，在实际操作过程中流程不规范，尤其未考虑数据库资源中的授权和保护问题；再加之数据库开发和运营成本逐年增高，各家数据库运营商为了节约成本，有意无意地在版权保护的灰色地带钻法律的空子；另外，由于各家数据库运营商缺乏有效的合作和沟通，导致了大量数据资源的重复建设、数据标准不统一等问题，直接影响了用户对信息资源的利用，这实际上也是一种资源浪费。另一方面，国内现行的法规仅规定了对数据库开发者和原创者的利益保护，对于后期数据库中的内容更新和维护者的权益保护缺乏思考。

4.5.2 文献资源传递中版权保护的路径

随着网络信息技术的飞速发展，用户的信息需求日趋即时化、个性化和多元化，这为图书馆开展数字资源的文献传递服务赋予了新的时代要求和使命。针对当前数字资源版权保护面临的尴尬困境和突出矛盾，图书馆应积极从用户需求、信息获取途径、文献传递方式等多方面因素入手，探索合理的数字资源版权保护路径，为实施数字资源文献传递服务提供有效的保障。

4.5.2.1　强化数字资源版权保护法规建设

　　长期以来，我国版权保护相关部门一直在探索建立著作权保护的法律法规，但目前颁布的法规大多适用于纸质文献资源，鲜有涉及数字化资源[20]。由于网络信息资源来源渠道广泛多样、信息动态性变化大，因此亟须建立健全网络数字资源版权保护的相关法律法规来规范数字资源运营商和网络用户的行为。法律法规的缺失不仅会造成网络数字资源的无序和滥用，损害版权所有人利益，还会影响用户对数字资源使用的效率。国家相关管理部门应积极把握网络信息时代发展的脉搏和趋势，尽快建立健全数字资源版权保护法规体系，完善数字资源版权保护的管理机制，明确界定数字资源版权所涉及的范畴和利用条件，确定运营商、用户和版权者各自的权利和义务。图书馆应积极参与版权法的建立，及时反馈版权法的合理性，并根据数字资源传递服务的实际情况，为立法部门从公益性服务的角度提供意见和建议，进而保障网络环境下版权人与使用者之间的利益平衡。

4.5.2.2　完善数字资源授权管理制度

　　面对网络时代纷繁复杂的数字资源开发与利用，为真正切实保障数字资源版权人的利益，避免其著作遭受版权的侵害，以及帮助用户有效鉴别并可利用原版信息，国家应不断完善著作权授权的法律法规和管理制度，使数字资源授权有法可依、有法必依。而图书馆作为数字资源传播的专业机构，应做到：

　　（1）结合文献传递工作的实际情况，充分利用自身的专业优势，为国家出台数字资源版权授权的细化实施方案提供反馈信息。

　　（2）要帮助提升版权人的版权保护意识，指导他们寻找具有权威资质的中介机构，协助选择合适的作品发布渠道，做好数字资源授权管理，并协调版权人与数字出版商之间的关系。

　　（3）与数字出版商建立良好的合作沟通，尤其要做好数字出版商的资质鉴别和审核工作，保障用户在利用数字资源过程中不发生版权纠纷问题。

　　（4）应出台新的网络数字资源文献传递工作规程，明确数字资源复制的使用范围、获取手段和传递方式，为数字资源传递服务的提供专业的行业标准。

4.5.2.3　提高数字资源版权保护技术

　　加强数字资源的版权保护，在制度建设上，可以通过建立健全完整的法律法规政策体系；在技术支持上，可以通过提高数字资源版权保护的技术程度，达到对著作权尊重与保护的目的。提高数字资源版权的保护可以分别体现在数字资源开发与利用的各个环节，最终形成良性闭环，比如版权授权、数字资源存储、文献传递、用户利用等。在版权授权阶段，可以依靠版权加密技术实现对著作版权的保护；在数字资源存储阶段，图书馆可以与数字资源运营商合作，掌握纸质文献的数字化处理技术以及对数字化资源的安全认证；在文献传递阶段，图书馆尤其应强化数字资源传递服务过程中的版权保护，用具有版权保护功能的传输软件为用户提供复制品，另外，由于当前数字资源传递系统容易被黑客入侵、服务器存在漏洞等问题，图书馆需要利用专业技术人才，采取多元化的手段和措施来强化数字资源的安全管理；在用户利用阶段，广泛应用授权管理、信息加密和认证等现代技术，保障数字资源的版权不被滥用和侵权。总之，图书馆应致力于促进数字版权保护技术的创新，不断提升数字版权保护的能力。

IC 建设是图书馆为顺应信息时代潮流，应用现代信息技术，满足当代用户需求的必然选择和未来图书馆服务的发展方向。用户需求驱动是推动 IC 持续不断创新和进步的主要动因，图书馆所具备的专业优势、资源优势、技术优势、空间优势和人才优势都成为 IC 得以迅速、蓬勃发展的重要基础和必要条件，而为用户提供个性化、一站式信息服务，促进用户的能动性学习以及用户间的自由学术交流将是 IC 的最终建设目标。随着国内图情界对 IC 理论研究和实践探索的不断深入和拓展，笔者相信 IC 服务不仅将成为未来图书馆的核心业务工作，而且其发展和建设的丰硕成果还会极大地促进现代图书馆逐步发展成为一个知识图书馆、数字人文图书馆以及智慧图书馆。

参 考 文 献

[1] Beagle D. Conceptualizing an information commons ［J］. The Journal of Academic Librarianship, 1999, 25 (2): 82-89.

[2] 任树怀，孙桂春. 信息共享空间在美国大学图书馆的发展与启示. 大学图书馆学报, 2006 (3): 24-27.

[3] 曾翠，盛小平. 国外信息共享空间研究进展 ［J］. 情报杂志, 2009 (12): 70-73, 109.

[4] Robert A. Seal. The Information Commons: New Pathways to Digital Resources and Knowledge Management ［C］. Preprint for the 3rd China U. S. Conference on Libraries, Shanghai, March 2005.

[5] Byrne A. Promoting the Global Information Commons: A Response to the WSIS Declaration of Principles from the Library and Information Sector ［R］. Cambridge: IFLA, 2005: 1-2.

[6] 王鑫洁. 中国高校图书馆信息共享空间建设进展研究 ［J］. 唐山师范学院学报, 2018 (5): 150-152.

[7] 田梅. 基于 Web 3.0 的信息共享空间构建 ［J］. 现代情报, 2016 (4): 142-144.

[8] 吴一平. 基于 Web 3.0 思想的图书馆 3.0 服务新模式的研究与应用 ［J］. 图书馆, 2011 (1): 90-92.

[9] 王鑫雨. 网络环境下高校图书馆信息共享空间构建研究 ［J］. 科学技术创新, 2018 (31): 69-70.

[10] 郭骧，章回波. 立体阅读——图书馆服务的新形式 ［J］. 图书馆杂志, 2010 (4): 38-39.

[11] 王桂芝. "双一流"背景下高校图书馆参考咨询服务研究 ［J］. 无线互联科技, 2018 (5): 120-121.

［12］陈益君．文献传递服务中多方利益的平衡［J］．图书情报工作，2002（11）：100-106.

［13］孟璇．高校读者对图书馆馆际互借与文献传递服务使用意愿影响因素的实证研究［D］．北京：北京外国语大学，2018.

［14］王宇，孙鹏．高校图书馆创客空间建设与发展趋势展望［J］．图书情报工作，2018（2）：6-11.

［15］蒋志伟．构建中国特色的信息共享空间［J］．情报资料工作，2007（3）：5-8.

［16］Donald Beagle. Conceptualizingan Information Commons ［J］. Journal of Academic Librarianship，1999，25（2）：82-89.

［17］赵晓玲，刘盈盈．发展有特色的信息共享空间服务模式［J］．图书馆学研究，2011（2）：52-56.

［18］胡力．近年国内信息共享空间研究进展评述［J］．图书馆学研究，2012（12）：10-15.

［19］张悦．网络环境下图书馆数字资源传递服务中版权保护研究［J］．图书馆学刊，2019（3）：67-70.

［20］曾丽莹，刘兹恒．图书馆联盟参与数字出版的角色与现状［J］．图书馆，2018（2）：32-36.

5 无缝合作的学习共享空间

随着现代信息技术和人们生活、学习方式的变革，传统图书馆的服务已经不能满足人们的需求，因此 1999 年提出信息共享空间这个概念之后，在欧美的图书馆兴起了一种"以读者为中心"的信息共享空间的新型服务模式，但是当数据逐渐成为新时代的主旋律，图书馆必须重新定位功能和职责。以读者为中心到以服务为目标的学习共享空间（LC，Learning Commons）的出现，正是适应时代发展的产物。LC 是在 IC 基础上发展和演化出来，融合了信息技术、多媒体设施、图书馆资源和图书馆服务为一体，为用户提供多种服务的创新模式，突显了图书馆的核心价值。LC 的出现受到了国内外图书馆界的关注，在美国、加拿大、澳大利亚和英国等一些国家已经有很成熟的 LC 服务实践，中国少数大学图书馆也开始做一些有益的尝试，并收到较好的效果。

5.1 学习共享空间的定义与特征

5.1.1 学习共享空间的定义与内涵

5.1.1.1 学习共享空间的定义

LC 的定义，不同的专家提出了各自不同的看法。国外最早关于 LC 的文章是 Beagle 于 2004 年发表的《From information commons to learning commons》。Beagle 将 LC 定义为由图书馆和高校其他服务部门协同合作，进一步整合各个部门有效资源的一个以用户为中心的资源丰富、技术精良、人员专业的"一站式"服务环境，以促进用户学习成功和学术研究。Beagle 不单是强调在 LC 中可以对计算机、软件和多媒体支持的获取，更加强调一系列项目和服务在学习任务中给予支持。Robert 和 Markus 则认为，LC 是这样一个资源中心，应该提供地点、空间、策略和资源以解决随时产生的问题。他们强调的是 LC 由学习者拥有，而不是教师或者员工、图书馆员。Susan Mc Mullen 提出，LC 是一个从学习的社会和非正式维度设计的充满魅力、吸引人的地方。它提供一个丰富的学习环境支持学生对学术信息的使用，而且帮助他们发展批判式思维和多样化读写技能，像信息、写作、计算和技术等[1]。

国内对于 LC 的定义也众所纷纭，其中具有代表性的观点有：任树怀等基于国外学者的 LC 概念总结出普遍接受的 LC 定义，即 LC 是校园内一个以学生为中心的协同与交互式学习环境，在图书馆员、学科专家、信息技术人员等的共同支持下，帮助学生提高信息技能、信息素养和写作技巧，促进学生学习、研究与知识创造。邹凯等则从整体出发，认为 LC 是指一个社会网络环境下整合所有支持学生学习的资源集合。它是从整体的角度分析学生学习，识别学生的个人发展而不只是学术能力发展，而且其中非正式学习在学术发展上起着关键作用，强调学习是一个社会参与的过程[2]。

综上所述，LC 是以用户的学习为最终目的，在图书馆现有物理空间基础上，打造舒适的环境，提供一流的信息技术和先进的多媒体设备，融入最丰富的资源和服务，为用户提供个性化，互动式的及时服务，以便更好地助力用户解决问题，传递知识，创新应用的一个动态交互合作的学习环境，是一个虚实结合的学习空间。

5.1.1.2 学习共享空间的内涵

LC 是动态交互合作的学习环境，是利用现代设备促成方便人与人之间的协作，对知识进行充分挖掘，实现知识共享和知识创新，最终达到加强学习效果的目的。LC 的内涵主要体现在以下方面：第一，交互式协作学习环境实现知识创新，知识的创新是通过知识的挖掘、传递和共享来实现的。用户通过 LC 相互交流、学习、共享才能得到发展，知识的共享范围越广，其利用、增值的效果越好；第二，LC 是从 IC 发展而来的，LC 更加强调交互式协作，支持群体团队学习、协同合作开展知识创新。LC 的执行为用户和工作人员，彼此找到一个由共享空间中无缝隙的资源和服务集成的统一体，这也是打破传统图书馆主要的不同之处[3]。

基于虚实结合人际网络进行隐性知识挖掘，隐性知识主要是存在于人的头脑中的，是高度个人化的知识，是一种主观的、基于长期经验积累的知识，包括技能、技巧、经验、信念、隐喻、直觉、价值观、思维模式等。隐性知识难以规范化、难以言明和挖掘，但往往很有价值。LC 正是通过虚实结合的方式，达到人与人之间交流的便捷，免去交流的尴尬，创造了一个更利于知识挖掘和流通的环境。LC 通过整合图书馆服务、科技及资源，是一个可以同时配合休闲阅读、自学探索和群组研习等不同需要的理想的知识交流空间。

总之，LC 从 IC 的进化和发展而来，是一个以用户学习和知识创造为中心的协同与交互式学习环境，一个具有吸引力、人性化和现代化的学习空间，整合多种信息资源、学习资源，通过图书馆与其他部门的共同合作，在图书馆员、信息技术人员和其他研究人员的共同支持和参与下，支持、帮助和指导用户利用学术资源、交流经验和分享思想，最终达到学习目标和知识创造的目的。

5.1.2　学习共享空间的特征

5.1.2.1　动态合作环境

LC 是根据用户需求而设计，要想满足不同用户的不同需要，并能保证良好的学习环境，必须在空间设计上考虑设备等设施的可移动性（包括馆内实体空间的家具等），都要根据用户的学习需要，自由组合，临时搭建，多媒体设备的可移动性，网络接口的遍布性等。因此，LC 是一个可移动的，支持小组随意组合的学习环境。在人员的合作上也需要随着问题的产生而随时组建合作团队，以最好的服务，有效地解决用户的问题。资源的整合上同样需要动态的合作环境，由于学科的交叉性，应根据学生学习需求的不同，及时地提供已经整合好的相关资源[4]。

5.1.2.2　强调交互式学习

LC 作为一种新型服务模式，它以知识共享为基础，从而培养用户的发现问题、解决问题、挖掘知识，创新知识的目的是将图书馆、信息技术中心、专业人员与资源系统地整合，构成一个规模庞大的协作与交互式学习环境。这里需要服务合作机构之间的服务同盟，强调对资源的无缝集成，强调对协作学习的支持，是一个合作交互式学习模式，是一种以用户为中心，营造一种协作式和交互式的学习环境，整合人力资源、技术资源、学习资源和信息资源等各种实体的和虚拟相结合的无缝式互动平台。

5.1.2.3　鼓励个性化学习

LC 的设置为用户提供了满足不同需求的学习需要，用户可以根据学习的目标选择所需要的学习工具、学习方式和自由的选择能够帮助自己学习的专家学者。通过 LC 提供的资源和服务，用户可以挖掘自己的潜能，释放自己的天性，创造独特的、新颖的知识产物。因此，LC 是一个支持个性化学习的环境。同时，LC 的设计是以用户需求为中心，以用户心理为中心的。学生对服务方式的偏好不尽相同，因此图书馆 LC 设计了不同形式的辅导供学生选择。比如：维多利亚大学为喜欢私密环境的学生提供了专门、舒适、安全的服务空间，有专门的大学生志愿者为其提供一对一帮助，解决他们学习、压力、社交、情感等问题；女王大学为喜欢群体活动的学生提供一系列的研习会，学习讨论的主题涉及不同学科不同层次，学生可自由选择[5]。

5.1.2.4　支持创造性活动

LC 不仅有舒适的环境，动态的组合，在现代技术的使用上也为用户提供指导和帮助，同时配备包括计算机、打印机、扫描仪、复印机、无线电子接口、一体机等最新的软件和其他数字资源等，并配有各种类型软硬件的使用说明和数据的使用方法，为用户提供学习和创造知识的服务、指导和帮助，培养用户充分利用学习资源的意识。支持小组协作创新性的活动，挖掘隐性知识，实现知识共性与创新[6]。LC 切合我国教学改革和学生学习行为习惯，图书馆 LC 的设计理念是培养学生相互学习和创作的协作式学习模式，与我国创新教育理念培养创新型人才的要求殊途同归。图书馆 LC 的建设有利于校园文化环境的建设，有利于教育改革长期平稳的发展，有利于加快建设创新人才的队伍。

5.1.2.5　更具包容性的空间

LC 是以用户为主体的，它强调两个方面：一是学习方式要从知识传递向知识创造和自主学习转移；二是图书馆要从提供资料的场所向交流思想的场所转移。因此在这空间中，无论是专家学者还是小白，都可以畅所欲言，发表自己的见解，交流自己的想法，助力新的思想、新的知识的产生。每一位用户都是自由平等的，舒适的空间，只要找到共同点就可以一起协作，一起创新。LC 是一个泛在服务的空间，有教无类，服务无类，无论是什么样的用户，只要提出合理的要求，LC 融入的智慧和人都应该尽全力去解决。

5.2　从信息共享空间到学习共享空间的转换

IC 形成初期强调信息技术与信息的整合。面对信息技术、通信技术和信息交流模式的迅速发展，以及网络服务、信息搜集、文献获取与传递模式等信息资源传播利用形式的不断变革，高校图书馆信息用户的需求层次逐步提高，特别是科研人员、教师与学生越来越多地依赖网络资源，使得高校图书馆作为信息资源保存的物理空间存在的不可或缺性越来越弱，同时其作为信息中心的地位也受到严峻挑战。因此，IC 的服务模式受到不同程度的冲击。另外，高校在教学模式上，提倡要以计算机技术支持的协作学习和交互式学习为主导，突出学习社会性，教学过程不再单纯是客观知识的传递过程，而是把增进学生之间的合作交流视为教学的基本任务。所以，为满足学生协作学习的需要，IC 转换为 LC 是必然。从 IC 到 LC 最为突出的转换体现在：

（1）LC 是一个动态的、合作的环境，其主要目的是使学生的学习更容易、更成功；

（2）LC 更多地强调通过各种技术工具而不是技术与信息的整合来促进学生之间的合作、交互式学习；

（3）LC 更多地鼓励学生的个性化学习与小组协作学习，是一个用于支持学习的环境。

因此可以说，从 IC 到 LC，高校图书馆实现了图书馆服务模式的现代转换。当然，LC 是一个更具包容性的术语，也包括了所强调的 IC 的概念[7]。

5.3 学习共享空间的理论原则

5.3.1 学习共享空间的建设理念

5.3.1.1 围绕激发学生学习兴趣和潜能深化服务

教育部出台的《关于加快建设高水平本科教育全面提高人才培养能力的意见》中指出要勇于创新，创造性地开展高水平本科教育建设工作，这给图书馆作为本科教育辅助机构一个很好机会。学习共享空间（LC）的创建正是创新、创造性开展辅助高水平本科教育建设工作的体现。LC 的建设应该紧紧围绕激发学生学习兴趣和潜能，开展以学生为中心的深化服务模式。从约克大学 LC 的建设中可以看到，近距离了解学生需求到以学生为中心建设理念是完全符合大学图书馆作为大学的资源中心、学习中心、研究与交流中心的目标。因此，LC 的建设理念首先要以学生为中心，从了解学生需求、解决学生问题、激发学生潜能出发。

5.3.1.2 推进现代信息技术与教育教学深度融合

信息技术与高等教育教学深度融合是必然趋势，LC 建设的优越性就是现代技术的应用。图书馆丰富的数字资源，要想得以充分利用，必须要与教育教学的目标深度吻合。为用户提供一站式学习服务，LC 的出现就成了必然。在这里学生可以相对集中获得与学习目标相关的全部文献，通过师生之间的互动，达到最好的学习效果。沈阳师范大学图书馆打造的不同类型的 LC，配备了学习相关的资源包括纸质的书籍，电子资源及慕课播放设备等。全方位的方便学生的专业学习和阅读，完全突破了时间上的局限，跨越了空间上的障碍，提高了学习效率和效果，深化了助力人才培养的服务内容。

5.3.1.3 增强学习空间建设力度和提升质量内涵

LC 的建设是传统图书馆向智慧图书馆转变的标志，在空间建设力度和空间建设质量上面都要有更高的要求。增强学习空间建设的力度，首先要保证资金的来源，在国外特别注重开发校友资源，形成长效的资金筹集体系，这是突破空间建设资源障碍的有效途径；其次，要想有一个高质量、受欢迎的 LC 必须要广泛调查，如约克大学斯科特图书馆在决定创建学习共享空间、从本质上改变高校图书馆的运营方式之前经过了几年的集中调查研究，调研对象包括学生、教职员工及其他高校图书馆，还有对图书馆自身情况的调查。

维系 LC 服务长效发展的是质量，保障质量提升的是管理。国外 LC 注重规范化管理，随着实践的深入，管理规则更加细化。例如加拿大奎尔夫大学麦克劳克林图书馆的 LC 制定了详细的建筑使用政策、食品饮料政策和计算机使用政策。此外，LC 在硬件设备的配置、人员的组织和培训、物理空间的建设、信息资源体系的建立、服务质量的评价等方面，都要有相对规范和明确的管理机制。比如设置相应的管理部门，各部门依据严格的规范和协议进行分工合作，以保障管理规章和制度的贯彻和落实[8]。

5.3.1.4　探索出中国标准的图书馆学习共享空间

国外大学图书馆 LC 的成功案例已经非常多，这为我国大学图书馆 LC 的构建提供了很多宝贵的经验。但由于中西文化的差异，教育体制、国情等多方面的不同，我国的 LC 的建设应该符合中国国情特色、教育方针、学生的需求。探索出中国标准的图书馆 LC，这就需要充分调研我国教育目标。教育部部长陈宝生在新时代全国高等学校本科教育工作会议上的讲话，强调要坚持以本为本，推进四个回归，建设中国特色、世界水平的一流本科教育。因此，LC 建设应该以本科生的需求为出发点，围绕所在学校的教学目标和需求来配备资源和服务，邀请专业学者、辅导员共同参与建设，集百家智慧和需求于一体，打造符合学生学习需要，创新需求的有中国特色的图书馆 LC。

5.3.2　学习共享空间的组织原则

5.3.2.1　藏阅一体原则

LC 是集资源、设备、服务于一体的学习、交流和研究的协作式服务环境，LC 所拥有的资源既要包括能为学生提供交流学习的物理设施资源，同时还要整合满足学生研学需求的各种信息与技术资源。因此，在 LC 的建设中要遵守藏阅一体的原则，就是要将图书馆收藏的与学生学习相关的工具书、专业书等相关资源植入空间，便于用户随时翻阅、研读和学习；同时，以手册、展板或者电子设备上揭示收藏的电子资源与空间的某个位置，让学生对资源可以唾手可得。

5.3.2.2　虚实结合的原则

LC 构建的基本要素就是虚拟环境的配备和实体环境的建设。实体环境就是用户学习、交流、协作和活动的实体空间及其相关设备，比如桌椅家具，计算机、打印扫描复印一体机、多媒体制作设备等。实体环境可建成协作学习空间、开放获取空间和社交与休闲空间等。比如香港城市大学的邵逸夫图书馆的 LC 设有综合服务柜台、咨询小间、协同合作区，以及具有家的感觉的休闲区和艺术文化展示区等[9]。LC 虚拟环境是基于互联网构建网络学习、交流、协作及共享思想和知识的虚拟平台，包括了交流社区、在线交流学习系统等。Manitoba 大学图书馆的 LC 的虚拟环境建设就为不同层面的学生提供了不同的在线交流学习社区，并配备专家与学生交流互动。Manitoba 大学图书馆除了提供本馆的资源，同时还整合了学校其他可利用资源与课程紧密结合。

5.3.2.3　泛阅读空间原则

泛阅读是指任何人，可以在任何时刻、任何地方通过任何媒介，获取阅读资源，满足阅读需求。在 LC 的建设中一定要考虑到阅读资源的配备。从物理结构建设要打造方便藏书的家具，方便阅读的桌椅。在虚拟环境的构建上也要考虑到移动阅读资源的配备，无论是用户在学习、交流还是休闲的时候只要有阅读的需要便可随手可得。除了资源的保障外，泛阅读环境中还包括根据学习需要阅读资源的推荐服务、智能导读服务以及阅读社区服务等。泛阅读空间原则为用户创建一个无缝的高效的服务环境[10]。

5.3.2.4 读者公共空间原则

LC 强调的是知识的传递、共享和创造。交流是必要的手段，所以在空间构建除了保障研讨和个人学习的封闭空间外，还要保障用户的公共空间原则，建设报告厅、会议室、多功能活动室、咖啡吧、休闲区以及艺术展示区等，在这里用户可以陶冶情操、放松心情、畅所欲言，更有助于挖掘隐性知识、激发灵感。广州大学城高校图书馆的共享空间就建有报告厅、会议室、团体研讨间和图书漂流站等；广东工业大学图书馆由若干个开放式和封闭式研讨间组成。开放式空间以多种不同的组合方式摆放沙发和小茶几，适合 2～5 人的读者临时讨论问题和交流想法[11]。

5.4 信息共享空间与学习共享空间的区别

5.4.1 资源服务内容不同

LC 是由 IC 发展而来的，所以两者都以资源为基本服务内容，信息社会环境下，资源除了传统的纸质文献资源外，还包括数字资源；除了文章、图书，还包括数据。IC 提供的资源服务是泛泛的满足，但是 LC 则更有针对性、个性化满足，更加贴近用户的学习目标，更加强调是把资源转化成知识。

5.4.2 资源采集侧重不同

IC 服务内容是泛泛的满足，所以在资源的采集上就强调全面性和多元性，各种资源类型都要涉及；而 LC 侧重于满足用户对于知识的需求，在资源的选择方向更明确，紧密配合人才培养目标的需要，既要有专业学科知识，也需要综合类学科知识，与学生读者的所学专业和兴趣爱好相关，注重知识的精细划分和专业特点，个性化因素更加明显[12]。

5.4.3 资源整合深度不同

IC 资源整合强调的是聚合，尽可能把符合读者需求的信息资源整合到一起。其主要包括图书馆的纸质和电子资源，网络中的开放获取资源等收集到一起借助现在设备在空间中呈现给用户；而 LC 资源整合强调的是转化，在 LC 收集到的资源转化成知识，需要对资源进行深度的分析、加工提炼，并结合学习目标形成知识产物。因此 LC 对于资源整合利用主要表现为对资源的深度智力加工。具体说来，LC 的资源整合需要根据学校的人才培养目标和学科建设特点，从专业的角度对资源做进一步分析、组织和筛选，以更加符合用户的学习兴趣和知识需求的特点；注重学科化知识的搜集和推送，隐性知识的挖掘和显性化等方面，为学习者提供更为全面的学习信息资源。

5.4.4　服务目标不同

IC 强调的是信息的共享和获取，而 LC 强调的是知识的获取和转化创新。因此在服务目标上有着明显的不同，前者作为一种信息服务模式，侧重于运用先进技术，将分散的信息资源集中整合起来，从量上最大限度满足用户的需求，助力学习和研究；后者通过对学习的支持和参与，通过开展培训、交流与互动，分享提高学生学习兴趣和能力，促进用户从知识的接收者变成知识的创造者。

5.4.5　空间环境不同

虽然 IC 和 LC 一般都由物理环境和虚拟环境组成。IC 强调的是信息资源的获取，因此更加注重用户在信息查找、获取和利用过程中所用的设备和技术等硬件和软件环境建设；在物理空间建设上硬件配备计算机、打印机、投影仪等信息获取、展示设备以及各种应用软件的安装和使用介绍等。而 LC 在 IC 的建设基础上，更加注重对交互协同环境的创设和对知识传递、分享和转化过程的全面支持，是对实体空间与虚拟空间更加完美的结合。其主要表现在：

（1）在实体空间设计上侧重对个人学习及团队研讨区域的分配，除了划分为参考咨询台、开放资源学习区、小组讨论室、多媒体工作站、休闲服务区等，还增设学习协作室、写作指导室等。

（2）在虚拟空间的构建上，应充分考虑学习者在线学习对于各种便利性需求，更多整合学生学习需要的学科专家、技术专家等，为学生的学习创造充分条件。例如，加拿大皇后大学 Stauffer 图书馆的 LC 就是把学校的应用技术中心、信息技术服务中心、学习策略发展中心、写作中心以及图书馆的服务整合到图书馆的 LC 中，各部门的服务人员在图书馆内的同一空间面向学生提供学习指导和帮助，每个部门又有各自的服务向导和在线帮助，为学生提供灵活多样化的学习支持[13]。

总之，LC 是 IC 的进化和发展，IC 的技术和资源是 LC 深化服务的基础。LC 更强调图书馆与其他部门之间的协作，更加强调人与人之间的协作，更强调对学生学习全过程的指导、支持和帮助，强调对知识的传递、转化和创新。利用 LC 创造一个动态的可交互学习环境，实现知识共享、知识创新和提升学习效果的目的。

5.5 学习共享空间的服务模式

5.5.1 学习共享空间的核心服务

5.5.1.1 以指导学习为目标提供一系列服务

不言而喻，LC 是以学生为中心开展满足学生需求的一系列服务。

（1）学生在入学初、学习过程中和学习结束等三个阶段都有着不同的需求，LC 抓住这样的需求，把握学生的心里有针对性地提供服务。例如，英国哥伦比亚大学针对新生，为其提供记忆方法、学习策略、课程选择的服务。

（2）在学生的研学过程中可以开展学业方面指导服务，可以通过学分课程、培训讲座、研习会、一对一咨询等服务培养写作、读书的能力，充分发挥独立的辅导空间的作用，让学生在轻松的环境中，学习知识解决问题，学会管理时间，自我约束等能力。例如，圭尔夫大学针对不同学科的学生，提供学习科目的辅导。

（3）针对考试可以邀请专业教师加入团队共同指导学生从心理和方法上来从容面对考试。例如，维多利亚大学有针对性地为备考的学生提供考前辅导，为学习过程中想要改进学习方法的学生提供自我测评。

（4）针对即将毕业的学生开展就业指导服务，聘请社会各界的 HR 做专业的面试技巧，工作选择等相关分享和交流，全方位、多角度的以指导学习目标而服务[14]。

5.5.1.2 为促进学生之间的合作和协作服务

LC 体现的是共享和交流，学生只有学会如何来分享自己的所学、所感和所想，才能把知识更好的传递出去，才可以将隐性的知识暴露在需要的用户面前。因此，需要让学生学会如何在大学期间合理安排时间，利用正确的方法自主学习。

（1）通过开展分享会和小组学习活动等引导学生积极思考、积极参与集体讨论，学会彼此的合作，帮助他们在群体活动中学会展现自己、尊重他人、谦虚合作。例如，英属哥伦比亚大学、维多利亚大学、女王大学和圭尔夫大学都从时间管理、学习策略、学习方法、正确思考，以及如何使用信息资源、如何参与小组学习活动等方面，为学生提供了自主学习和协作学习的资源和指导[15]。

（2）开展有关如何合作的培训讲座，辩论赛等让学生从理论学会精诚合作，互相协助的道理，从实践中去感受和体验合作的力量。

5.5.1.3 配备充足的设备及技术数字资源

LC 是由 IC 发展而来的，充足的设备和技术数字资源是开展服务的基础，主要包括硬件设施和软件设施。所谓硬件设施，就是需要有一个物理的空间、相应的设备设施条件。LC 需要划分的研究性小教室、讨论室、多媒体放映室、休闲区等，需要的设备有计算机设备、网络设备、打印设备、网络终端、多媒体设备、综合服务台等，甚至需要自助售卖机、咖啡吧等一些专门的辅助设施。软件设施是指 LC 的计算机网络、各种软件资源、网络资源、虚拟网络论坛、网络化、电子化的文献资源等。软件设施能够提升 LC 的利用效率，软件资源的好坏直接影响读者的关注度和使用率。比如虚拟的论坛，读者大多都很愿意去使用，在这里面读者可以很自由的交流和能够自主地学习到很多自己关注的东西。软件资源还可以使读者的使用不受地方的限制，有网络的地方都可以进行查看和学习，任何地方都可利用 LC 提供的资源。比如女王大学为满足学生对资源不同用途的使用，提供了多种科研学习软件，实现完全无障碍的学习。

5.5.1.4　为识别各种数字资源提供指导帮助

作为 IC 的高级阶段，LC 既是学习的集中营，也是信息的集散地。基于网络和信息技术产生的共享空间，对数字资源的获取变得极其容易。信息爆炸的时代，数字资源种类繁多，获取源多种多样。因此，面对缤纷的数字资源，到底哪个是用户需要的，需要做出准确的判断。LC 不仅仅提供数字资源，还要帮助学生识别数字资源，让学生学会辨别数字资源的真伪，高效地找到对自己有用的资源。在 LC 的各个公共空间中可以开展信息获取的培训讲座，教会学生掌握正规数据库源，学会校园内数据库使用方法；掌握网络搜索引擎的搜索方法，辨别网络信息源的真伪；利用共享空间开展相关的交流讨论和活动，激发学生的学习兴趣，增强学生的信息意识，提高学生的信息技能。圭尔夫大学图书馆的 LC 提供网络视频资源的自主学习信息常识，同时，学生也可以参加研习会，在教师的指导下提升信息素养；也有一对一辅导，解决用户的信息查找和利用的问题。学习共享空间能够提供嵌入课堂，满足任课教师对学生信息素养的要求，还能够通过参与教学作业的布置、学科成绩的测评、小组活动的策划，为教师提供多元的信息素养培养方案；除了提供系列的识别各种数字资源提供指导的课程、讲座和交流活动外，还可以将学习常用资源整理归类后分享给用户。例如提供各类数据库链接（如联合国数据库、统计年鉴、国研网等），为查询数值、统计数据等科研需求提供便利。

5.5.1.5　在物理和虚拟空间里培训读写能力

物理环境和虚拟环境的完美组合使得 LC 更加符合信息社会用户阅读和学习的需要。物理空间除了舒适的桌椅、齐全的电子设备吸引用户外，更应该充分发挥用户对这样环境的依赖开展系列活动，营造更浓厚的学习氛围，发挥图书馆的教育职能。其方法包括：

（1）打造线上线下完善培训模式，帮助用户挑选阅读书籍，掌握阅读技巧，提高阅读能力；

（2）教会用户写作方法，写作的格式等技能。

LC 的服务宗旨是助力学习，所以在服务内容上与专业学习无缝衔接，即：充分了解学校的教学目标，人才培养方案，紧密联系专业设置和要求来开展系列服务；采用请进来、嵌进去的模式，让没有生命的空间活起来，让实体空间充满智慧内容。哈尔滨工业大学威海图书馆，在 LC 中举办课程辅导讲座、"书评"大赛、"征文"大赛等读写活动，并由专业教师和图书馆员工合作推荐教学参考书，大赛评优等活动；并开展学术趋势分析与交流，写作技巧辅导和信息利用等，充分利用 LC 提高学生的阅读与写作能力，促进学习与创新能力的提升[16]。

5.5.1.6 提供多种学习研讨的公共空间

首先，LC 有空间的存在，吸引用户使用，才能谈彼此共享，交流和协作，才能促进学习，激发学习兴趣，提高学习效率，达到良好的学习效果。LC 只有存在开放才能实现共享，否则都封闭在自己世界里如何共享，所以需要设置多个公共空间，方便用户在不同的时候进行接触、交流和探讨。因此，一个完善的LC 应该包括以下几个公共空间。

（1）咨询空间。读者咨询是用户解决问题的一个重要途径，这不仅可以帮助用户、了解 LC 的服务和资源，更要起到一个了解需求，解决问题的作用。咨询空间可以包括现场咨询、虚拟咨询和预约式咨询三种方式。咨询空间采用虚实结合的咨询方式，让用户与馆员充分的互动。咨询空间的服务内容基于传统参考咨询不断向广度和深度发展，包括一般性问题、指向性问题、信息的检索和利用、数据的指导，而且还不断向学科化参考咨询深化，突出了学科化、专业性、研究性和个性化的深层服务。

（2）阅读空间。将所有纸质资源和电子资源分门别类地建立阅读空间，让有共同兴趣爱好的用户能聚集到同一个地方阅读；并通过 APP 或者网页建立同样的电子阅读空间，设置讨论区，可以让有共同爱好的人将阅读所感所想通过虚拟社区进行交流。首都师范大学图书馆的 LC 开展阅读推广活动，通过推荐优秀的书目，开展主题读书活动、社交媒体推广阅读等，丰富 LC 的服务内容，提高学生阅读能力，激发阅读兴趣。

（3）独立空间。独立空间是满足一个人的学习空间，为用户寻找一个属于自己的相对独立安静的学习环境。独立空间也分物理独立空间和虚拟独立空间。在物理独立空间中要提供学习所需的桌椅、电源插座、USB 端口、网络接口等设施，为学习者提供自主、便利的学习条件。虚拟独立空间，利用网络平台开展独立的数字 LC，比如美国华盛顿州，由盖茨基金会资助的一个非营利项目就是在数字 LC 中分为门户、资源、工具及社区等部分，为用户提供学习资料、网络课程、网络工具和虚拟学习等服务。

（4）协作空间。协作学习空间包括封闭式协作学习空间和开放式协作学习空间。在封闭式协作学习空间内，学习者可以自由地、无拘束地对学术问题进行交流、探讨。这种空间的硬件设施的配备要相对灵活，便于学习者按活动需求随时调整，可配有可移动的桌椅、具有交互功能的电子白板、投影仪或显示器。开放式协作学习空间的学习氛围相比封闭式空间应更具有开放性。在开放式协作学习空间内，学习者可以对主题内容可公开的学习活动开展协同学习、交流学习等。它的硬件设施的配备应与封闭式协作学习空间的基本一致。

（5）学术空间。学术服空间应是由图书馆与其他服务部门一起为学习者提供学术服务的区域，这些服务应主要包括开展学术活动需要的设备。有关学术研究需要的资源包括纸质资源和电子资源，其主要目的是为学习者的研究活动提供帮助和指导。沈阳师范大学图书馆与学校的管理学院共同打造的"启智学术空间"，在了解学院学术需求的前提下，无论是从硬件设施还是软件配备完全按照学院的要求构建，促使空间的建设有的放矢的服务于学院的学术研究和活动的需求。

（6）技术空间。随着信息技术的发展，各种电子设备层出不穷，方便了用户对资源的获取，分析和利用。除了各种空间中自带的多媒体设备外，技术空间主要为用户提供最完善的学习过程中需要的各种硬件和软件设备。除了提供多台高性能的计算机设备、打印机、扫描仪等硬件设备和专业的视频、音频、图像、动画等编辑软件，还可以将博客、库客等数据库商出品的学习、阅读和文献查找的电子设备，助力用户提高学习兴趣和效率。星海音乐学院图书馆设立了"留声机吧"，读者可以借助电脑、耳机、库克数字音乐图书馆的终端机享受免费的音乐试听服务。

（7）休闲空间。休闲空间是 LC 中集休闲、娱乐、交流于一体的区域。它应主要为学习者提供书刊、报纸等阅览服务，还可设立咖啡厅、茶吧、小超市等生活服务。目前，休闲空间已成为高校图书馆 LC 建设不可缺少的一部分。在空间布局上，主要选择风景视野较好的位置，方便走动不影响其他人学习的需要；在设施配置上，休息区配有柔软的沙发、茶几、绿植、字画等家具和装饰物以营造轻松舒适的氛围。咖啡厅的设置是休闲空间普遍现象，比如广东药科大学图书馆的淅水咖啡厅常作为书友会、诗歌朗诵会、文学沙龙以及节日欢庆活动的场所，读者可以一边品尝饮料，一边参与话题，使读者在活动中感到舒畅和自由[11]。

5.5.2　学习共享空间的建设案例

5.5.2.1　国外学习共享空间的建设案例

国外 LC 的起步比较早，自 2004 年 Beagle 首次提出 LC 的概念以来，LC 无论是理论还是实践在国外迅速发展。欧美国家大学图书馆的 LC 已成为基础设施和普遍的服务模式。大部分美国大学图书馆都已建设或正在筹建 LC，其中以埃默里大学、杨百翰大学、马萨诸塞大学、俄亥俄大学、南加利福尼亚大学的 LC 为典型案例。在加拿大，已经有 30 余所大学图书馆拥有 LC，其中以皇后大学、圭尔夫大学和萨斯喀彻温大学的 LC 为代表。另外，还有英国的谢菲尔德大学、桑德兰大学以及澳大利亚的维多利亚大学都建设了 LC，并帮助学校图书馆提升了地位，化解了数字阅读对传统图书馆的危机，受到教师、学生和科研者的好评[14]。

调查显示，国外学习空间的构建，以用户为中心，服务重点突出，强调用户的学习成功和对学术研究的支持。比如：加拿大奎尔夫大学麦克劳克林图书馆的 LC，以支持和提高学生的学习、写作、研究、计算以及技术利用水平为使命；多伦多约克大学斯科特图书馆的核心任务是"协同研究、写作和学习技能合作伙伴共同为图书馆用户提供关键的学术支持和服务"；南加州大学提倡尊重每个人的学识与能力。另外，明尼苏达大学 LC 以"驱动发现"为目的，着重培养用户的创新能力和创造意识；美国康涅狄格大学 LC 提供了服务、技术、学习空间一系列服务，以帮助学生顺利完成学业，达到大学能力通识教育要求的熟练程度[7]。

国外学习空间的物理环境建设注重环境的环保、设备的齐全先进。虚拟环境构建作为一项重要项目，为用户提供便捷服务，在虚拟的环境中实现学习共享空间服务，实现技术与资源无缝衔接，为用户提供全方位、一站式的在线学习环境，实现了对物理环境服务的补充和完善。加拿大高校图书馆 LC 非常重视对虚拟环境的设计和开发，对网络环境下资源的利用和服务的推进进行了深度挖掘。英属哥伦比亚大学、维多利亚大学、女王大学和圭尔夫大学的图书馆 LC 虚拟学习共享空间的服务直观、灵活、丰富。参与人数众多，颇受用户的欢迎。这些高校的 LC 网页设计非常美观，服务项目的分类层次清晰，提供多种多样的资源，方便用户查找和利用。学生可以在网上随意选择自己需要的内容和资源在线学习，选择需要的信息资源、软件进行下载，遇到问题时，用户可通过在线留言进行参考咨询，或者通过在线聊天的方式寻求及时帮助，选择适合自己的服务来进行交流和协作。另外，虚拟空间还设有各类网络社交工具，用户可以借助 Facebook、Twitter 等与专家、学者及图书馆员取得及时的联系，寻求帮助解决问题。国外高校图书馆 LC 虚拟环境的设计更是符合现在人阅读、学习的需要，是图书馆服务的主旋律。

5.5.2.2　国内学习共享空间的建设案例

我国 LC 概念的引入是 2005 年，上海图书馆馆长吴建中首次将 IC 的概念介绍到国内，2008 年，一些学者借鉴北美高校的成功案例开始探索和实践 LC。据调查 122 个我国"211 工程"的高校，有 16 所图书馆开展了 LC 或类似服务，占调查总数的 14.28%，清华大学等 9 所高校实现了多方人员整合的 LC 服务；调查的 39 所"985"高校图书馆中,设有协作式学习空间的有 14 所,占总数的 35.9% 。总体来说,我国高校图书馆 LC 的建设并没有普及,大多数还处于简单的 IC 阶段[17]。

我国高校图书馆经费短缺是历史问题,所以很多旧馆无法投入资金来改造传统图书馆的格局,使其成为 LC。即使有的图书馆借助图书馆重建的机会建设了 LC,但是在服务模式上仍然停留在传统服务上,造成了空间就是空间,仅有完善的学习设备,没有丰富的资源和与课程密切相关的服务内容,最终成为舒适的自习室。造成 LC 失去了最终建设的目的。

目前,我国以清华大学、南京航空航天大学、复旦大学等为代表的图书馆,已经比较成功的践行了 LC 服务。国内部分高校图书馆的 LC 实践案例见表 5-1。

表 5-1　比较成功的 LC 实践案例

图书馆名称	设备环境	虚拟环境	咨询服务	休闲服务	技术服务	资源整合	阅读服务
清华大学图书馆	计算机、打印复印、投影及音响	网络全覆盖(有线无线)	参考咨询、计算机专家、教师和学生	有休闲设施,无休闲服务	提供IT技术支持、多媒体创作	分门别类整合纸质、电子多媒体资源	纸质、电子、多媒体阅读
北京大学图书馆	投影及音响	网络全覆盖		休闲学习、视听欣赏	新技术体验	多媒体资源整合	阅读推广
中国人民大学图书馆	计算机、打印复印	网络全覆盖	参考咨询	有休闲设施无休闲服务			电子资源阅读
北京理工大学图书馆		网络全覆盖					阅读推广
中国农业大学图书馆	计算机	网络全覆盖				分门别类整合信息资源	阅读推广
北京师范大学图书馆	计算机、投影及音响					分门别类整合信息资源	电子阅读
上海交通大学图书馆	计算机、打印、复印及音响	网络全覆盖	参考咨询、计算机专家、教师	休闲设置、休闲服务		分门别类整合信息资源	多媒体阅读、电子阅读
上海财经大学		网络全覆盖		休闲设置		分门别类整合信息资源	纸质、电子阅读

图书馆名称	设备环境	虚拟环境	咨询服务	休闲服务	技术服务	资源整合	阅读服务
苏州大学图书馆	计算机、影视及音响					分门别类整合信息资源	电子、多媒体阅读
中国矿业大学图书馆							阅读推广
南京航空航天大学图书馆	计算机、打印、复印、投影及音响	网络全覆盖	参考咨询、计算机专家、教师	休闲设施	IT技术支持	分门别类整合信息资源	纸质、电子、多媒体阅读
南京理工大学图书馆	计算机、打印、复印、投影及音响	网络全覆盖	参考咨询、教师和学生	休闲设施	IT技术支持	分门别类整合信息资源	纸质、电子、多媒体阅读
武汉大学图书馆	计算机、打印复印、投影及音响	网络全覆盖	参考咨询			分门别类整合信息资源	多媒体阅读、电子阅读
电子科技大学图书馆	计算机、投影及音响					分门别类整合信息资源	电子阅读
南京农业大学图书馆	计算机、投影及音响					分门别类整合信息资源	电子阅读
东北大学图书馆	计算机、打印复印及音响	网络全覆盖				分门别类整合信息资源	阅读推广

　　从表 5-1 统计可以看出，清华大学、南京航空航天大学、南京理工大学图书馆的 LC 建设，无论是从资源整合还是服务跟进都符合国外 LC 的建设标准，更重要的是实现了图书馆员、计算机专家、教师和学生在 LC 中协同合作，从而帮助学生解决问题，激发学习兴趣，传递学术知识，创造更大的价值。调查的学校中有 12 所高校图书馆开展协同学习空间服务，在协同学习空间中除了都能实习整合信息资源，但是对人员的整合上却有着很大差距。例如北京大学、中国人民大学、上海财经大学和电子科技大学等高校图书馆的 LC 主要实现教师和学生在 LC 的协同合作，但图书馆员在其中并未发挥较多的作用，这在一定程度上削弱了图书馆在 LC 服务中的核心地位。而上海交通大学、南京理工大学、南京航空航天大学和清华大学等高校图书馆在 LC 中，整合了图书馆馆员、计算机/IT 技

术专家等多方人员为用户提供支持。大多数图书馆在 LC 的物理环境配备很齐全，有 6 所高校图书馆都配有电脑、打印、复印、投影仪以及音响设备等多媒体设施，也有 6 所学校图书馆没有实现所有空间的全网覆盖。但是从调查中发现，LC的虚拟环境构建非常薄弱，除了提供数字资源整合，实现数字阅读服务外，未见构建虚拟讨论社区等服务。有 4 所高校提供了技术服务、IT 支持、新技术体验等服务，让用户充分体验信息技术给学习带来的便捷。

对比国内外图书馆 LC 的建设，LC 从物理环境建设上已经能够跟上国外的步伐。但是虚拟环境的建设还有待提高，尤其是要明确 LC 建设服务的重点，不能只有空间没有服务，有服务没有方向。虽然有不足，但是也有进步，无论是建设者和使用者都能充分感到对 LC 的依赖性，将物理空间、图书馆资源、优质的服务和人充分的融合，来助力用户实现学习愿望，知识共享和创新是未来 LC 的发展方向。

LC 远比 IC 的服务更高级，它以物理环境和虚拟环境的完美结合，将图书馆的资源与服务充分融合，为用户提供最全面、最专业化的服务；将图书馆员、专家学者和教师的智慧集中起来，在现代技术的支持下，为用户提供最及时、高质量、高效率的服务，实现一条完整的服务链。LC 强调的是动态交互式合作，用户在这里可以随意地阐述自己的观点和想法，与有着同样需求的用户一起交流探讨，实现自主能动性的知识传递与创新。在这里为用户提供的是一种具有个性化、人文性和创新性的服务。用户的潜能和学习兴趣都将在这里被激发，所有隐性知识挖掘的实现在 LC 成为可能。LC 是未来图书馆建设和服务发展的方向，是改变传统服务的关键，是保证传统图书馆不消失的可持续发展计划。支持学习是图书馆核心价值的体现，是图书馆人为图书馆事业奋斗的目标。

参 考 文 献

[1] 卢志国，马国栋. 学习共享空间：图书馆创造大学的无缝学习环境 [J]. 现代情报，2009（3）：201-204.

[2] 杜少霞. 国内学习共享空间研究综述 [J]. 农业图书情报学刊，2012，24（4）：164-167.

[3] 赵国忠. 高校图书馆建设学习共享空间的理性思考——以西北民族大学图书馆为例 [J]. 农业网络信息，2013（7）：49-54.

[4] 邹凯，李颖，蒋知义. 学习共享空间的理念与构建 [J]. 图书馆学研究，2009（1）：13-17.

[5] 王瑜. 加拿大高校图书馆学习共享空间服务经验探析 [J]. 图书馆界，2015（6）：30-34.

[6] 邵广盛，杨光茂. 高校图书馆学习共享空间的构建与服务探究 [J]. 内蒙古科技与经济，2017（14）：70-71.

［7］张义龙，田也壮．学习共享空间研究与实践——以加拿大约克大学斯科特图书馆为例［J］．图书馆建设，2011（1）：81-84．

［8］兰艳花．国外大学图书馆学习共享空间的实践特征分析——以美国、加拿大、澳大利亚、英国为例［C］//福建省图书馆学会2013年学术年会．中国福建龙岩，2013，5．

［9］陈雯，韩骥．高校图书馆学习共享空间的构建［J］．湖北第二师范学院学报，2017，34（3）：128-132．

［10］兰艳花．泛在知识环境下大学图书馆学习共享空间的构建研究［D］．福州：福建师范大学，2012．

［11］黄耀东，高波，伍玉伟．高校图书馆空间服务现状与分析——以广州大学城高校图书馆为例［J］．图书情报工作，2018（21）：24-33．

［12］张亚萍．信息共享空间与学习共享空间的差异性比较［J］．图书馆工作与研究，2016（8）：97-100．

［13］孙媛媛．师范院校图书馆学习共享空间建设策略研究［J］．图书馆工作与研究，2016（3）：55-60．

［14］严贝妮，王运．中外高校图书馆学习共享空间：资源、服务、建设视角的阐释［J］．图书馆，2015（7）：70-75．

［15］王瑜．加拿大高校图书馆学习共享空间服务经验探析［J］．图书馆界，2015（6）：30-34．

［16］刘然，杨建国．我国高校图书馆学习共享空间建设问题探析［J］．图书情报工作，2017（S1）：38-41．

［17］刘惠欣，曹健．我国学习共享空间研究现状的统计分析［J］．科技情报开发与经济，2015（10）：155-156．

6 灵活通用的创客空间

近年来，创客运动和创客空间在全球兴起，它与我国政府倡导的"大众创业、万众创新"国策神奇契合，并迅速转向教育，推动"双创"教育的发展。创客空间（MC，Maker Space）的引入，为图书馆转型发展与服务创新提供了契机，指明了方向。图书馆开展以"实践、分享、创新"为核心的 MC 服务是当前环境下图书馆核心使命的内在要求，它为图书馆提供动手制作、分享知识和进行知识创造的新型图书馆知识服务方式，能够提升图书馆的核心竞争力。因此，改变原来空间布局以适应"双创"教育发展需要便成为图书馆理论与实践研究的最新发展。

各国高校图书馆在为谋求创新发展而如火如荼地打造 MC 之际，我国高校图书馆的 MC 再造则处于方兴未艾时期。作为一个新鲜事物，其构建模式、运营方式、管理机制以及一系列保障制度还未健全，因此必须清醒地认识到，研究图书馆提供 MC 服务的问题，并不是多设几个空间、多买一些设备、多办一些活动的问题，而是重新组织图书馆服务模式的问题。在重视 MC 打造的同时，不可忽略对服务问题的探索，应从图书馆自身优势出发，探究图书馆为什么要建立 MC，图书馆建立 MC 有哪些优势，图书馆如何提供具体的创客服务，采取哪些措施保障图书馆创客服务开展等一系列问题。

6.1 创客空间的定义及其特点

6.1.1 创客空间的含义

创客一词译自英文单词"Maker"，源于美国麻省理工学院微观装配实验室的实验课题。此课题以创新为理念，以客户为中心，以个人设计、个人制造为核心内容，参与实验课题的学生即创客[1]。创客们出于共同的兴趣爱好聚在一起开展发明创造活动，努力把各种创意转变为现实的人，由此产生了 MC。

创客空间出自"MakeMagazine"，英文是"HackerSpace"，所以直译过来是黑客空间。为了避免有歧义，国内普遍翻译为创客空间。MC 是一个聚合创客，分享技术，创意并开展合作、动手创造的实际场所。它是一个实体（相对于线上虚拟）空间，在这里的人们有相同的兴趣，一般是在科学、技术、数码或电子艺术，人们在这里聚会，活动与合作。MC 可以看作是开放交流的实验室、工作室和机械加工室，是一种技术实验"合作社"。这里的人们有着不同的经验和技能，可以聚会来共享资料和知识，为了制作或创作他们想要的东西。从发展趋势看，MC 必将成为技术创新活动开展和交流的场所，也是技术积累的场所，必将成为创意产生和实现以及交易的场所，从而成为创业集散地。

在互联网的背景下，创客又有了新的定义，他们可以利用开源硬件和互联网，把更多的创意转变为产品，是创客教育的主要学习环境，但现有实践中单一实体模式的 MC 不能完全满足学习者的期望。将 MC 视作线上虚拟空间与线下实体空间相互融合形成的个人与集体交互学习空间，实体空间负责项目实践，而虚拟空间围绕实体空间提供各种支持服务。

6.1.2 创客空间的特点

MC 在全球不断涌现，它是蓬勃发展的创客运动的一部分，鼓励人们创新。MC 的特点在于以下几个方面。

（1）创客空间是技术创新的平台。创客之所以需要 MC，是因为 MC 具有物理、数码和社交等多种功能，能为人们创新实验提供设备平台、新人和新工具。MC 具备各种数字、数码和实体等新工具（如3D 打印机或其他），使创作变得轻松、容易，在这样的空间中聚集发明创造的氛围和乐趣，适合创客们研讨、交流、协作和共享。

（2）创客空间是体验感知的场所。兴趣爱好相同的人聚集在一起，通过空间活动进行观察思考、交流经验、深度沟通与思想碰撞，分享知识和创意，同时还有业界资深人士、专家的建议和指导。因此，创客空间是一个聚合创客，分享技术，创意并开展合作、动手创造的实际场所。

（3）创客空间是聚合创造的空间。相聚在这个空间的创客，能找到志同道合的合作人和投资人，可以分享技术，动手探索和生产成果作品，将创意变成现实。求职者可以找到工作，创业者可以找到人才。

6.2 创客空间的发端与功能

6.2.1 再造创客空间的发端

6.2.1.1 国际创客运动浪潮的推进

随着互联网技术的成熟和无所不在，一种基于设计、分享、交流、协作、创造、开源等文化理念指导下的创客运动正在世界范围内迅速蔓延。早在2009年，奥巴马的竞选演讲中就提到："要鼓励年轻人去创造和发明，要做事物的创建者，而不仅是消费者。"2012年，美国政府推出一个重点项目，计划四年内将在1000所中小学建设"创客空间"，从基础教育入手推动教育改革与创新能力的培养[2]。高等教育阶段，学生将通过各种实践或创造来学习，逐渐由消费者转变为创造者，亲自动手的体验式学习已成为美国高等教育和人才培养的最新模式。为此，图书馆的 MC 改造势在必行，促使图书馆形成一股空间改造的浪潮。各校图书馆纷纷改造建设学术性 MC 和制造类实验室，配备开源硬件、3D 打印设备、激光切割机等，为学生创客精神和创新能力的培育提供保障。同时，在英国、德国、日本等国家，创客运动也在如火如荼地开展，特别是以创新著称的日本，创客理念更是深入人心，更加注重"匠人精神"的融入与创新。汹涌澎湃的国际创客运动浪潮正席卷中国。

6.2.1.2 国家创新创业国策的落实

创客运动在中国发展迅速，这对我国创新创业的基本国策起到了助推作用。2011 年，国内开始启动 MC 建设，以 MC 为基地推动民众创新创业能力的提升以及对创新创业公司的扶持。2014 年 9 月，李克强总理首次提出了"大众创业、万众创新"的号召；2015 年 1 月，李克强总理亲赴深圳柴火创客空间，让更多人认识创客，扩大其对经济社会发展的影响和贡献；2015 年 2 月，国务院常务会议明确制定支持 MC 发展的系列政策，在国家层面为创新创业提供了良好的政策环境和发展平台；2015 年 3 月，"大众创业、万众创新"被写入政府工作报告。在国家宏观政策指导下，各类 MC 如雨后春笋般涌现，并呈现百花齐放的发展态势，例如北京创客空间、深圳柴火创客空间等，在引领创新与扶持创业方面起到了积极的推动作用。2016 年，教育部下发《教育信息化"十三五"规划》，对高校的创新创业教育也提出了明确的要求和规划。图书馆作为高校的文化中心有责任担当重任，"双创"教育正是图书馆义不容辞的责任和使命。

6.2.1.3 助力培养创新人才的需要

随着创客运动的不断高涨，发展 MC、深化创客教育已成为高等教育改革创新、助力创新型人才培养的时代选择[3]，并力求培养模式与社会期望趋于统一。

（1）MC 通过创新理论与创业实践的结合、互补，能够推动高等教育模式的不断创新。

（2）MC 所培育的创新协作、分享创造的精神，能够促进大学生群体对创新科技的学习及创新逻辑思维的塑造。

（3）MC 作为技术创新活动开展与升华的场所，有助于跨学科、跨领域的新产品、新技术和新应用的出现。

图书馆打造 MC，既能充分释放图书馆作为宿主的潜能，又能有效发挥图书馆在创新人才培养体系中的支撑作用。未来的图书馆将更加注重社群成效，强调对读者创新能力和社群活力的激发，将着力打造创意工作者创新的第三空间[4]。未来图书馆的功能定位与 MC 的精神在价值体系方面具有高度的一致性，以 MC 为基地培育学生的创新创业实践能力，彰显着图书馆的价值、责任和使命。

6.2.1.4 图书馆具有信息资源优势

高校图书馆 MC 要比其他 MC 更方便、更优质、更有优势。

（1）高校图书馆具备充足的资源和优质的服务。高校图书馆是高教辅助机构，虚拟资源和实体资源丰富，专业信息人才比较充足，空间环境整洁时尚，读者层次高。

（2）图书馆 MC 可实现多学科交叉、融合与互补。借助于高校强势的科研能力与技术，图书馆 MC 可实现多学科的交叉、融合、互补合作，实现不同领域创客们的交流与合作。

（3）学生创客的综合能力可在图书馆得到提升。学生创客不仅需要学习能力，更需要创意创新的能力，图书馆 MC 为他们提供了聚集、交流、讨论、创意和展示的场地与平台。

（4）高校图书馆拥有强大的社会关系网络。图书馆不仅有信息情报方面的专家，还与学科专家、学术团队、学校职能部门以及企业、社会团体和社区具有广泛的合作关系，这些关系网络也会成为创客进入社会创业的重要基础资本。

6.2.1.5 图书馆转型创新的驱动

图书馆是一个生长着的有机体，在时代的驱动下必须转型和创新，在管理模式与运作机制上实行颠覆性变革，唯此才能与时俱进，永葆图书馆在科研创新中不可替代的支撑作用与存在价值。空间、资源和服务是现代图书馆的三大主要元素，任何转型创新都要以这三个元素为根基进行衍生[5]。MC 便是这样一种需求侧驱动的产物，是图书馆供给侧结构性改革的成果之一，它超越图书馆传统功能的创新，不仅是一系列充满科技创造感的物理空间，更多是以空间为载体，融入资源、文化和服务的集成化、智慧化解决方案。MC 可以通过多种类型、多个维度的信息解析，向用户提供跨学科、跨领域的知识服务，全面支持科研嵌入与创客素养的培育，重构图书馆的核心竞争力。MC 作为高校图书馆转型与创新的重要解决方案，正迅速成为图书馆界关注的焦点，也是图书馆实施创新创业发展战略的重要突破口。

6.2.2 再造创客空间的功能

6.2.2.1 知识聚合传播的功能

高校图书馆 MC 不仅仅是为读者提供工作空间、社交空间和资源共享空间，更重要的是为他们提供创新创业资讯、团队、项目、投资等资源或信息的融合平台，为草根创业者提供低成本、全方位、专业化服务的成长环境，促进创业者之间的交流与圈子的形成，建设全方位、立体化的互助式创新创业服务生态体系。MC 不仅包括作为场所的空间资源，更重要的是聚合了为创客服务的设备资源、知识资源。设备资源通常包括 iMac、iPad、3D Printers、电钢琴、留声机、自动阅读器以及电脑电视一体机等。知识资源则包括纸质资源和各种电子资源，通过高速 WiFi 接入，为用户提供电子图书、电子期刊、音视频资源、公开课等的使用，并建设创新创业专题资源区，再通过专业教师的辅导、创客大家的亲临指导，给予用户从理论到实践的指导和引领。基础资源是双创平台的保障，协同互动、合理调配才能充分发挥资源的作用，推动双创不断创新。

6.2.2.2　科研创新与探究学习的功能

助力科研创新、深化探究学习同样是 MC 的重要功能，包括从国家层面到地方政府甚至到基层机构发布的研究型创新创业训练项目，以及与创客活动相关的经验、技能、方法和政策等信息的深入学习，最终提升创客的科研创新能力以及对创客领域相关知识的驾驭能力。

（1）助力科研创新。以 MC 为背景依托，积极推动创业项目的申请和研究，并引入第三方资源，为校园创客提供实践机会。

（2）促进深化探究学习。帮助创客正确解读各级方针政策，向他们提供政策咨询与支持，营造积极的创业生态环境；将创业经验、创业技能等进行收集、存储、分类、建库、共享，为创业者提供便利，促进创客知识流通，激发创客群体活力。

6.2.2.3　创业能力教育的功能

MC 更重要的功能是依托空间的场所优势，有针对性地开展创新创业教育活动，以促进用户创新素养与创业能力的提升。高校图书馆通过制定创业专题、举办创业活动来实现理论与实践教育模式的结合，强化创客多元化创新素养的沉淀与创业能力的提升，针对具体的问题，创客可以与创业导师直接连线，进行咨询或协同研讨，激发创业灵感与创新活力。图书馆可以充分发挥在创客社群中的核心作用，灵活调配创业资源，举办创业活动：利用校园内部的创业资源，举办创客大讲堂，让创业导师与创客爱好者互动起来；邀请校外创业大咖，举办创业真人秀，分享他们的创业成果；组建创业圈子，图书馆在其中发挥主导作用，激发社群活力，整合一个更加真实的、有支撑和服务作用的创客平台。

6.2.2.4　项目成果孵化的功能

创意项目成果孵化以 MC 为依托，在图书馆的主导与推动下，通过学校扶持或社会资本注入的方式，帮助创客完成从创意培育到成果孵化的转换，提供必备的资金支持和社会保障条件。

（1）继续发挥核心地位作用，图书馆作为学校创客运动的推动者，能够集结众多的优势和资源于一身，以政策为指导、以资本为动力、以人脉为优势，帮助用户建立与企业之间的对接，全面推动创意成果转化，进入商业化运营模式；

（2）设立创业投资引导基金，在校内联合相关职能部门，成立以图书馆为主导的基金管理体系，同时引导社会资本流入并作为基金主体，基金的使用形式通常包括创业实训实习基金、创业种子孵化基金和风险投资基金，目的是以高校大学生创业企业作为重点投资对象，重点倾向于科技含量高、创新性强、成长性好、处于创业初期的企业，共同为成果孵化提供持续、可靠的资金支持；

（3）建立多元化的市场营销渠道，从学校层面为创客创造提供环境、开拓营销渠道，要充分依托校友的力量以及学校的社会声誉等开拓市场，但主要还是与区域实体公司、风投公司、天使投资等合作，搭建平台，保障项目成果的持续化商业运营。

6.2.2.5　创业信息分享的功能

创业信息是围绕创业系列活动产生的，贯穿于创业的每个环节，目的是向创客提供有价值的信息、情报和知识服务，以支持创新、点亮创意和助推创业为目标。创业信息的收集通常包括前期的创业理念和初衷、中期的感悟和校正、后期的经验和体会等内容，也包括一些与创业相关的专业类信息，是从创业初期到成功或失败的一系列案例信息，主要是为创业群体提供综合性的信息服务。创业信息的内容主要有两类：一类是专业理论类，学科专业性较强，具有一定的创新性和教育性，以学科专业数据库及各类政策、公告、信息、课题、项目等自建类信息为主体；另一类是创业实践类，具有较强的现实指导意义，主要是真人分享、创业体验等实践类信息，还可以是一些模拟创业的经验与感悟等。创业信息的分享形式主要分为两种：一种是线上，以混搭技术为基础，提供跨服务商、跨平台的信息共建共享服务，是图书馆基于"互联网＋"搭建的云服务体系，能够实现创业信息的自动采集、智能分类、分布存储、智慧推送等功能；另一种是线下，主要是专题书架、真人图书馆、创业大讲堂、创业真人秀等，引领用户认识创业、走进创业世界。通过创业内容的聚类管理、创业形式的融合补充，构建创业信息生态化运行机制，促进创业信息资源整合和动态协同服务。

6.2.2.6　文化素养培育的功能

高校图书馆在依托 MC 开展创新创业服务的同时，还可以实现对读者的创客素养和创客文化培育的功能。创客文化是基于特定时代产生的最活跃、最富生命力且能够改变人们思想与行为的软实力，是一种易于点燃创意甚至燎原创业的"火花文化"。用户的创客素养培育，是图书馆在开展创客服务过程中，对学生用户在创客意识、创客道德、创客能力、创客技术和创客精神等方面发挥的潜移默化的教育功能。创客意识是指培养创客在实践中产生创意的思维方式；创客道德是指创客在生产过程中所坚守的道德标准和底线；创客能力是指创客在发现问题、分析问题和解决问题时所具备的专业学科知识和跨学科综合知识储备；创客技术是指创客在实施创新生产时所采取的各种科学技术手段和方法；创客精神是指创客在创造生产时所表现出来的内在驱动力、生产价值观以及分享态度等，创客素养是创客实施创新活动的不竭源泉和动力。创客文化和创客精神的核心元素都是创新，图书馆在创客服务中具有创客素养培育和创客精神重塑的功能。

6.3　国内外高校创客空间建设演进

6.3.1　国外高校图书馆创客空间再造举例

MC 缘于美国，经过多年的探索发展，美国图书馆界 MC 构建已集聚了实践经验。2013 年，Kohn. J. Do 提出总结高校图书馆打造创客空间的步骤建议，研究形成了比较成熟且操作性很强的准备期、起步期和实施期三个阶段的建设步骤。其建设经费来源广泛，主要为政府支持：2012 年，美国政府直接向 1000 所高校拨款资助 MC 建设；2016 年 6 月，奥巴马宣布将有 11 个政府部门每年投入 25 亿美元用于支持创客研究与实践[6]。第二种为部门协会支持。2014 年的白宫嘉年华上，美国博物馆和图书馆协会宣布大力支持创新和创造活动，为新项目提供资金支持。第三种为众筹众创模式：世界知名众筹平台 Kickstarter 在 2011 年当年成功完成了 12000 个创客项目的募集，金额达到 1 亿美元[7]；还有创客联盟、联手社区、馆企合作、社会捐赠、校友捐赠等多种渠道。高校图书馆 MC 打造形式，则根据本校本馆的实际，空间大小不限，设备多少各异，空间服务各有特点，见表 6-1。截止到 2015 年 6 月，在全球 1929 家知名 MC 中，美国占据其中的38.4%，高校图书馆占了绝大多数，美国已将 MC 纳入高校图书馆的服务体系[8]。

表 6-1　国外高校图书馆 MC 再造部分案例

序号	图书馆名称	空间名称	建造模式	空间功能
1	美国卡耐基梅隆大学图书馆	学习中介空间	改造重塑	3D 打印、制造、实验、媒体黑箱、设计等
2	美国玛丽华盛顿大学辛普森图书馆	创客空间	校内外合作	3D 打印、复制、晒相、机器人、开放获取等
3	美国密歇根州立大学图书馆	Make@ State	校内合作	3D 打印、快速成型、动态捕捉、内容扫描等
4	美国斯坦福大学图书馆	FabLab 实验室	改造构建	激光切割、3D 打印、设计、工程等
5	美国北卡罗来纳州立大学图书馆	创客空间	翻修改造	3D 打印和扫描、切割、铣削，制衣等
6	韦尔斯利学院克纳普玛格丽特克纳普图书馆	媒体和技术中心	改造建设	3D 打印、3D 扫描、激光切割、体感控制器等
7	美国得克萨斯州立大学阿灵顿分校图书馆	创客空间	拨款改造	3D 打印、3D 扫描、切割、纺织等

序号	图书馆名称	空间名称	建造模式	空间功能
8	南新罕布什尔大学夏皮罗图书馆	创新实验室	翻修改造	3D 打印、设计、数字扫描等
9	美国哥伦比亚大学图书馆	创客空间	改造建设	3D 打印、3D 扫描、创意、设计、快速成型等
10	美国瓦尔多斯塔州立大学奥达姆图书馆	创意中心	翻修改造	3D 打印、机器人、电路设计、视频编辑、展示
11	美国圣马特奥学院图书馆	创客空间	翻修改造	3D 打印、三聚氰胺印刷、装订、模具制造等
12	纽约州立大学奥斯威戈分校彭菲尔德图书馆	创客空间	合作改建	3D 打印、创意实践、手工、设计等
13	美国内华达州立大学雷诺分校图书馆	创客空间	校外合作	3D 打印、工程设计、动态实验、开锁空间等
14	美国肯特州立大学塔斯卡拉沃斯图书馆	创客空间	翻修改造	技术空间制作、Tolloty 孵化器、创意盒子集
15	美国阿拉巴马大学罗杰斯图书馆	3D 工作室	翻修改造	3D 打印、设计软件、FAQ 服务平台、制造书籍
16	美国迈阿密大学加德纳 - 哈维图书馆	TheTEC 实验室	改造建设	3D 打印、3D 编辑、电子刀、玻璃容器制造等
17	美国中田纳西州立大学图书馆	创客空间	翻修改造	3D 打印、蜂鸟机器人等
18	美国田纳西大学查塔努加分校图书馆	创客空间	翻修改造	3D 打印等各种技术服务
19	南伊利诺伊大学爱德华兹洛夫乔伊图书馆	创客实验室	改造整合	3D 打印、3D 扫描、长丝多卷
20	德国德累斯顿工大图书馆	SLUB resden	合作建立	3D 打印、建模、原型制作等

6.3.2 国内高校图书馆创客空间再造案例

MC 再造已成为国内高校图书馆转型创新发展的标志之一。许多高校正在举全校之力建设创新创业教育中心或双创实践平台，受此驱动，图书馆的 MC 改造也取得了一定进展。我国高校图书馆 MC 建设缺乏政府投入，只能在谋求学校资金投入、校企合作、校内联建、社会捐赠、内部整合等方式筹措改造。其中校企合作为最佳模式，例如，上海交通大学图书馆与京东集团合作建立的"交大－京东创客空间"[9]；天津大学北洋园校区图书馆与天津长荣健豪印刷科技公司共同设立的"长荣健豪文化创客空间"等[10]，是实现产学研一体化、学以致用的双赢模式。此外，校内联建也不失为一种好办法，例如，图书馆与校内各部门的联合建设，分别出空闲房间、出钱和出设备，整合资源，协同建设。目前，筹备改造和正在建设 MC 的图书馆日益增多，见表6-2。确定 MC 构建的目标与使命不是总结一句空洞口号，而是要在筹划过程中不断解决问题、克服困难，将目标落在实处。

表6-2 国内高校图书馆 MC 再造部分案例

序号	图书馆名称	空间名称	建造模式	空间功能
1	天津大学图书馆	长荣健豪文化创客空间	馆企合作	自助式快印、体验云印刷、创业实训、竞赛等
2	中国科学院图书馆	海尔中科创业基地	合作建设	为入驻客户提供资源、设备、空间等
3	武汉大学图书馆	创客空间	合作建设	3D 打印、乐造创客、创 e 培训、创业路演等
4	上海交通大学图书馆	交大－京东创客空间	馆企合作	3D 打印、无人机、智能手环、机器人等协同创造平台
5	重庆大学图书馆	创客空间	改造构建	3D 打印、机器人、智能车、数据谷等实践
6	西南交通大学图书馆	交大创客空间	改造建设	3D 打印、激光切割与雕刻、电子制作、开源硬件培训等
7	北京大学图书馆	创客空间	改造构建	Java、单片机、3D 打印等
8	清华大学图书馆	创客空间	改造建设	技能培训、头脑风暴、嘉宾分享、创客马拉松等
9	沈阳师范大学图书馆	创客空间	学校投资改造	创意分享、创新创业指导、创客大讲堂、创业真人秀等
10	南京师范大学图书馆	信息共享空间	翻修改造	3D 打印、电钢琴、高清电子书等
11	浙江大学图书馆	信息共享空间	内部改造	多媒体制作、视听、学科服务、信息素养教育
12	四川大学图书馆	信息共享空间	翻修改造	研讨、MAC 和 DELL 创新体验、创意展示
13	西安交通大学图书馆	iLibrary Space	合作改造	新技术体验、数字阅读、学术交流、学习分享等

序号	图书馆名称	空间名称	建造模式	空间功能
14	南开大学图书馆	IC空间	翻修改造	研讨、交流互动、产品展览等
15	中国海洋大学图书馆	信息共享空间	改造构建	技术体验、创新学习、小组研讨、影音欣赏等
16	哈尔滨工业大学图书馆	创意工厂	改造建设	创意设计制造、创意成品展示、小组讨论区等
17	西安邮电大学图书馆	Code & cafe 众创空间	校企合建	3D打印、开源硬件、设计创新、展示作品等
18	南京工业大学图书馆	创客空间	改造建设	专利信息分析、数据挖掘、用户体验等
19	河北工程大学图书馆	红点创客空间	改造建设	3D打印行、工业4.0科普展、各种设计、作品展
20	三峡大学图书馆	大学生创客空间	资源整合	培植创新文化、知识转化、能力培养、创业平台等

6.3.3 图书馆空间改造的困境与出路

6.3.3.1 创客空间再造的困境

高校图书馆MC建设比社会MC建设相对滞后,对MC的构建显得动力不足、意愿不强,其中除了认知理念问题,改造资金成为转型创新的瓶颈。高校图书馆创客空间再造的困境包括:

(1)高校图书馆MC建设与否没有具体政策要求,只在于领导的认知理念与积极性;

(2)图书馆MC改造缺乏政府专项资金支持,资金与设备完全自己筹措;

(3)学校层面、院系层面及图书馆层面的MC建设缺乏整体规划,导致图书馆无所适从;

(4)图书馆构建MC专业服务团队不足,技术实力不够;

(5)学校层面已建创客服务中心,没有更多的精力和财力在图书馆另行构建。诸多问题导致大部分高校图书馆无动于衷,处于困境之中。

6.3.3.2 创客空间再造的出路

无论多大困难也不应阻碍图书馆转型创新发展的步伐,辅助"双创"教育义不容辞,服务培育学生创客刻不容缓,责任要担当,使命要履行,要积极寻求转型发展的出路。具体做法包括:

(1)积极与校方协调理顺关系,处理好构建模式,避免重复建设,资源浪费;

（2）加强校内外合作与互动，多渠道筹集资金，争取合作联建，双赢互惠；

（3）改造图书馆现有结构，整合传统布局，聚合经典资源，再造多功能空间；

（4）组建精英服务团队，加大人力资源培训力度，提高认知水平，提升技术能力；

（5）完善服务管理机制，加强审查监管与考核评估相结合，最大限度地推广策划，提高效率。

伴随社会发展进入新常态，高校图书馆的转型创新之路也更加艰难，需要在策略性、可操作性及前瞻性等方面进行综合考量与动态平衡。

6.4　图书馆创客空间服务实践

图书馆空间改造不是一种摆设，更不是追时尚图虚名。MC 再造是一种服务创新理念、一种事业心教育，其本质是开拓技能教育；不仅是从事业心出发设计改造空间，重要的是如何开发利用空间服务功能，科学设计各种创客活动，为学校开拓技能教育做出贡献。本节结合沈阳师范大学图书馆创客空间服务实践进行阐述。

6.4.1　嵌入双创教育，培育双创素养

6.4.1.1　信息素养训练

科学与信息素养培育是图书馆读者服务的核心任务之一。沈阳师范大学图书馆为了引导读者信息素养能力的提升，挖空心思设计各种活动，用以实现信息素养训练。例如设计的"科学与信息素养精英训练营"活动，其程序为：

（1）寻找科研人——训练营营员招募，自愿报名；

（2）科研起航梦——训练营开营仪式；

（3）实力大摸底——入营考试与问卷调查；

（4）科研加油站——全谱段递进式营员培训；

（5）开场报告会——校文学院院长为营员做首场报告；

（6）科研面对面——校学报编辑部主编为营员做"编辑规范与论文写作"专题报告；

（7）学者分享会——校内青年教师学者与营员互动交流学习、科研的经历与经验；

（8）写作培训课——学科馆员为营员做信息检索与论文写作相关培训；

（9）参观体验课——带领营员走读辽宁省图书馆和沈阳市科学技术馆；

（10）参与者感受——参加活动的营员纷纷与大家交流各自的感受。

参与活动的营员们有意犹未尽的感觉，大家一致认为"训练营"活动是一次既实用又华丽的活动，为营员们解除学习中的迷途，开辟了学习创造的"阳光大道"，启发了营员努力追求梦想，向着奋斗目标开启航程。

6.4.1.2 人文素养提升

沈阳师范大学图书馆在提升创客信息素养的同时注重兼顾人文素养的培育，将创客人文素养教育贯穿各种服务之中。比如"创青春·享阅读"读书文化节活动。2016 年，沈阳师范大学第七届读书文化节以"创青春·享阅读"为主题，在"创青春"板块，围绕创新创业共开展创业大讲堂、创业真人秀、创业小课堂、走读创业园、创新初体验、创意征集令等 6 个栏目，10 余项活动，营造浓厚的校园创新创业氛围。又比如沈阳师范大学举办的"守咫尺匠心，习为师之道"主题阅读活动。为了更好解读李克强总理在 2016 年《政府工作报告》中提出的"工匠精神"，深入贯彻习近平总书记提出的"弘扬工匠精神"的要求，必须让学生理解精业、敬业是智慧工匠精神的核心，工匠精神实质上强调的是一种爱岗敬业、精益求精、追求卓越的精神品质和价值导向，图书馆通过策划"守咫尺匠心，习为师之道"主题阅读活动，在大学生读者中弘扬"工匠精神"，倡导爱岗敬业、严谨细致、专注精准、推陈出新的职业精神。该活动由读书、观影、分享三个板块组成：一是读书，包括："工匠精神"主题书展，"极之道——我读《工匠精神》"读书沙龙；二是观影，包括："一日一影，一匠一心"主题影展，播放《我在故宫修文物》等七部影片，征集篇中语录。三是分享，包括：真人图书馆活动由本校国家级大创项目卜月玩教具团队分享剪纸技巧，向忧讲坛活动由退休老教授作"独具匠心，为师之道：我的'教书匠'生涯"专题报告。该图书馆在各种创客服务活动中，无不将信息素养与人文素养蕴含其中。

6.4.1.3 职业技能培训

学生的职业技能培训也是沈阳师范大学图书馆创客服务的核心内容与职责。相关活动均以职业精神与职业技能培育为出发点，根据师范类的不同专业、不同学科来开展各项创客服务。

（1）举办编辑制作技能培训。编辑制作技能培训一种普及型技能培训，通过微电影大赛，鼓励读者全程体验视频编辑与制作；举办摄影课堂、摄影大赛，提高创客的拍摄技能。

（2）嵌入双创课程。2016 年，图书馆 6 名馆员成为《创新创业基础》课程教师，共为 500 余名读者讲解了双创教育培训课程，结合观摩教学，将双创技能培训嵌入到文检课程中。

（3）参与大创项目。沈阳师范大学图书馆组建了大创项目团队，参加各级大学生双创项目竞赛，图书馆参与指导国家级项目 2 项，省级项目 9 项，校级项目 40 余项，其中由馆员指导的创业实践类"青年梦想家基地"项目获得 2016 年

"创青春"辽宁省大学生创业大赛铜奖。

（4）"特色技艺"系列培训。沈阳师范大学先后开展了古籍保护、摄影、剪纸、茶艺、调酒、书法、服装设计、建模等特色技艺系列培训活动，培养大学生多门技艺与创新意识。

6.4.2 分享创新理念，引领创业方向

2016 年以来，沈阳师范大学图书馆通过"创客大讲堂"开展了丰富多彩的创新创业服务。相继邀请双创名师与创业达人做客"创业大讲堂"，他们以不同的身份、经历、行业，以不同的感触、体会、经验，与大学生面对面交流创新理念与创业感悟，指导引领大学生的创新创业思路和方向。

6.4.2.1 新工业革命的机遇与挑战

2016 年 4 月 21 日，沈阳师范大学第七届读书文化节"创·青春"创新创业主题活动——"创业大讲堂"首场报告震撼开讲。加拿大 PQI 工业科技有限公司总裁、搜拼网联合创始人、著名企业家刘奇应邀来到沈阳师范大学图书馆，为师生做题为《新工业革命的机遇与挑战》的精彩报告。报告以工业 1.0 到工业 4.0 的变迁为线索，结合自身的创业经历和人生感悟，讲解了新时代的创业观。并与学生开展互动，在谈到"北漂"问题时，他指出在哪里"漂"不重要，只要志存高远，并努力造好自己这艘小船，到哪里都能扬帆远航。刘奇董事长的精彩演讲使在场师生深受震撼与启发，他的广博见识与谆谆教诲为大学生的学习生活及职业规划提供了有益建议。

6.4.2.2 认知自我，创新未来

适逢第七届读书文化节"创·青春"系列活动期间，"创业大讲堂"活动邀请了全国高校创业指导师、全球职业规划师、辽宁省创新创业教育指导委员会委员王学颖教授为学生们做《认知自我，创新未来》专题报告，讲述新时代的创业观及创业理念。王学颖教授在报告中精辟指出："生活是创造之源，问题是发现之母，学习是解决之道，论证是实现之路，创新是人生之道。""创新的根本是要认知自我，了解自己的兴趣、特长。"为学生将来的就业、择业提供中肯建议。该报告让学生受益匪浅，将文化节"创·青春"系列活动推向高潮。

6.4.2.3 务实创新，靠谱创业

为提高大学生创新创业意识与能力，2016 年 10 月 20 日，沈阳师范大学图书馆邀请中国社会科学院研究员、拥有 20 余年直接投资和基金运营管理经验的元志中先生来到图书馆创客报告厅，为大学生做题为《务实创新，靠谱创业》的精彩报告，为创客们讲述新时代的创业观及创业理念。元志中先生讲授了投融资、创业和孵化、务实创新方法、风险管控等内容，以深厚的理论基础，引用了大量的案例，通俗易懂的告诫学生们"创新要务实、创业要靠谱"，具有很

强的教育启发和指导意义，对提升大学生双创素养、引领创业方向起到积极的作用。

6.4.2.4 创业就是让生命绽放

为了让学生能够开放视野，分享更多的创业理念与智慧，沈阳师范大学图书馆邀请北京陶冶正和旅游文化有限公司董事长吴大圣作《创业就是让生命绽放》的报告，吴总从户外旅游的发展过程为切入点，与同学们分享了他的创业历程。他舍弃高薪工作选择了创业，连续三次创业失败并没有将他打败，最后终于成功。他用自己的创业经历告诫同学们要勤于自我批评，勇于承认自己的错误并不犯同样的错误，时刻准备好迎接机遇。并建议同学们在创业时，要从模式、产品、用人和运营四个方面做好充分的调研和准备。吴总的现身说法饱含人生哲理，诠释新一代企业家精神，赢得了在场师生的积极回应。

6.4.2.5 青年创业者的百味书屋

沈阳师范大学图书馆为"创业大讲堂"活动邀请的报告人都有深刻用意，曾邀请90后学生创业代表——北京浩恒征途航空科技有限公司CEO初征，为大学生带来《青年创业者的百味书屋》的创业真人秀。他以自己求学、支教、创业等经历为线索，向同学们讲述与其做一个空想者，不如做一个实干家。他与现场同学倾情分享自己的创业哲学："不信统计学，只信微积分"，创业从不是靠运气，而是依靠长期的积淀。初征认为，青年创业者可从积累基础技能、掌握快速学习能力、培养团队性、责任性和自控力五个方面激活创业基因。他的一句"所有的创业都应该被尊重"更是引起现场同学们的强烈共鸣。

6.4.3 依托创客空间，搭建双创平台

6.4.3.1 双创教学服务平台

MC是图书馆为辅助"双创"教育必备的一个真实存在的物理空间，一个功能齐全且开放交流的学习室、研讨室、工作室、实验室、作品加工室和成果展示空间。沈阳师范大学图书馆依托MC的多种功能，先营造创新创业教育的氛围，让创新创业思维无处不在，无时不有；让创新教学活动无人不做，无处不能，实现搭建教学科研创新创业服务的大平台。这个平台以"双创"为核心，承载面向全校师生教学与科研信息服务与管理模块等功能，包括：文献资源、慕课资源、创客信息等资源服务；提供学习研讨、交流互动、合作分享的社交空间；实现新技术培训、新工具体验、动手制作、新创意发生等实践过程。比如图书馆开展的创客素养培训、技能培训、创意指导、大创项目、创业训练营等各种活动，促进固有知识结构深化，进而产生许多新知识，并升华知识内涵，学以致用。

6.4.3.2 创客素养培育平台

创客运动起源于高等学府，美国百余所高校都已开设创客素养教育课，而无论是早期的信息素养教育还是正在发展中的创客素养教育都是在大学里进行。创客素养包括创客意识、创客道德、创客能力、创客技术和创客精神等方面，它不是与生俱来的，而是需要培育。沈阳师范大学图书馆将创客素养培育贯穿于创客服务的全过程，培养学生在实践中产生创意的思维方式；在生产过程中坚守的道德标准和底线；在发现分析和解决问题时所具备的综合知识储备；在实施创新生产时采取的科学技术手段和工具使用方法；在创造生产时表现出来的内在驱动力、生产价值观以及分享态度等素养。例如沈阳师范大学图书馆开展的"科学与信息素养精英训练营"活动，"模拟法庭"活动都是专门例证，将基本技能运用于实践，对提高创客的专业素养和综合素质意义重大。

6.4.3.3 基础技能训练平台

沈阳师范大学图书馆的 MC 同时又是基础技能训练平台，可促进创客走进、掌握和驾驭现代化新工具，采用教学、实践、竞赛相结合的方式提升学生的基础技能。比如：3D 打印、扫描、IOS 系统使用、小米产品等技术体验；视频编辑空间的非线性编辑系统、摄像机、打印机、扫描仪、刻录机等设备，读者可以学习实践图像处理、音频视频编辑、网页制作、统计分析、各编程语言等技能；针对旅游学院酒店管理专业学生特设的"鸡尾酒调制"训练活动；服装设计作品展、慕课制作大赛等许多活动都在基础技能训练方面发挥了重要作用。又比如沈阳师范大学图书馆开展的"创新商业工作坊"活动，利用创客活动坊，将现实中的项目投资搬到现场，配合大量案例授课和实时互动，让师生对商业模式有更深入的了解，培养读者商业创造性思维和实践胆量。

6.4.3.4 众创路演服务平台

沈阳师范大学图书馆的 MC 为师生创客提供教学改革、科研创新与作品成果演说、宣传、展示、研究、推介等活动平台。通过一个空间的宣传、陈列，把作品或成果信息传递给更多的人，这是一个完整的空间传播系统，是传统图书馆所没有的空间，是双创教育时代的创造教育路演平台。该图书馆与院系合作开展的"书法作品展""美术作品展""摄影作品展"以及"创品大赛"等，通过惟妙惟肖的作品展览，在有真功夫基础上，把作品宣传出去，让更多的人知道，不仅是对创作者本身的完善、鞭策和促进，更是提供有共同兴趣创客们学习、研究并启发，进而广泛进行社会宣传、交流与推广。沈阳师范大学图书馆创客展示空间的作用，既是推动师生双创活动发展的原动力，也成为图书馆 MC 辅助双创教育的中流砥柱。

6.4.3.5 第二课堂服务平台

MC 代表图书馆现代化服务的新模式，为图书馆辅助教学、第二课堂功能革新注入创新元素。MC 形式与传统形式的第二课堂不能相提并论，创客形式的第二课堂服务在文献资源、活动空间、现代设备以及服务手段等多方面都是传统式第二课堂所不能比拟。通过 MC 的多种平台，沈阳师范大学图书馆实现了创客理念下的纸质信息服务与数字信息服务、线上服务与线下服务、知识服务与创新创业育人相结合的服务新形态；学生创客实现了专业知识学习与实践体验、人文素养与综合技能、新生创新意识与毕业生创业理念相结合的人才培养模式；教师创客实现了提升创新科研能力，掌握创客教育即 "引导教育"，积极实践创新创业教育，真正成为双创教育的 "引导者"，踏上创客教育之路。

6.5　创客素养教育与馆员能力提升

6.5.1　创客能动型学习素养的培育

6.5.1.1　建设 MC，提供创客信息交流和资源分享平台

为有效贯彻落实创新创业的基本国策，作为人才培养基地的高校图书馆也不能等闲视之，应转变传统服务观念，因地制宜进行 MC 建设，这是创客时代的需要，是培养创新型人才的需要，也是我国创新创业国策的需要，更是万众创业的需要。丹麦奥尔胡斯图书馆馆长罗尔夫·哈佩尔在《图书馆作为网络社会中开放的非正式学习中心》报告中指出，图书馆存在的意义已经从工业时代的教育和文化机构变成了一个开放的非正式学习中心。以丹麦图书馆为例，当代的图书馆应是一个灵感空间、学习空间、表演空间和聚会空间，并强调通过用户参与构建一个面向全社会的服务平台。国内的同济大学图书馆、清华大学图书馆、武汉大学图书馆、上海交通大学图书馆等也相继在高等学府的图书馆里建立了创客空间与创客社团。创客空间与网络平台的建设，改变了人才培养和传授科学的方式，促使科学技术不断发展与创新；践行了读者创客素养教育的理念，并以时尚创新的形式有效发挥了高校图书馆第二课堂的辅助教育功能；为创客们提供了实践所必需的物理作业环境、先进设备以及开源软件，通过网络空间实现创客们的在线沟通交流和成果分享，形成线上线下相结合的学习教育创新形式，为培育读者创客素养奠定了必要的物质基础。

6.5.1.2　渲染空间范式，全方位满足创客群体的创新需求

高校图书馆在渲染 MC 范式方面，图书馆员应利用下院系走访调研、图书馆网站 BBS 公告栏、微信微博公众号推送信息等方式，向师生创客群体推广不同主题的 MC 和活动，提高 MC 的实际利用率，宣传推广校园创客精神。例如，新加坡国家资讯管理局在图书馆设立创客实验室，用户第一次上课可以免费，但必须承诺此后自己也将作为培训导师，为其他创客提供辅导。根据 MC 的不同特点和侧重，策划并设计灵活多样的 MC 推广活动，利用制作实验空间为理科院系创

客群体开展物理、化学创意实验，推出创意试验田等试验性创客活动；利用创意工作坊为文科院系创客群体开展主题研讨、真人图书馆等启发性创客活动；同时在网络创客社区同步进行展示、评估、交流等创客活动，加强对创客信息技术等的获取与指导，深入培养创客的创造技能。高校图书馆开展创客服务的核心工作中应贯穿对读者的创客素养教育，积极灵活地采用立体化活动形式，使得创客活动无时不有，无处不在，倾力营造创客气氛，广泛吸引读者参与。

6.5.1.3 培育创客意识，推进专业与创客实践的有机融合

面对创客时代的汹涌浪潮，读者的创客素养教育已然成为高校图书馆教育的核心与关键。因此，高校图书馆需要转变传统思维观念，适时更新读者信息素养教育内容，完善系统培育框架，将信息素养教育转向创客素养教育。国内注重培养创客意识比较成功的案例是来自青少年科技教育公司的"火星派实践"工作坊，主要培养学生的科学兴趣、创新意识以及创客思维，激发学习兴趣。而作为高校图书馆，首先应树立创客素养教育的核心理念，专注培养学生创客的创新思维、探究能力和协同能力。例如，沈阳师范大学图书馆除通过信息课课内教育外，积极嵌入专业课培养学生的创客理念与创客意识，借助新空间新设备，策划"创·青春"等系列主题创客活动，营造创客氛围，传授创客知识和创造技能，激发创意并积极开展实践，将原先的课堂传授转变为 MC 实践的试验田和训练场，强调学生自主能动地开展创客活动，在实践中创新创造，借助信息技术与创造实践相融合的方式推进专业知识的传授，促进学以致用。

6.5.1.4 挖掘潜在资源，保障创客立德树人品质的培育

高校图书馆可以结合不同的创客元素和主题，设计并开展 DIY 动手制作体验、主题创意竞赛、学习心得交流和名人示范报告等创客活动，为学生提供校园第二课堂非正式性的人文创客学习氛围和环境，让学生们不知不觉地浸入到学习创造环境中。同时，高校图书馆应积极挖掘身边一切可利用的优质资源和正确导向，邀请各个领域尤其是在创新创业领域取得突出成绩的"活教材、活样板"人物来馆为学生做系列性的专家专题讲座或开展真人图书馆活动。沈阳师范大学图书馆对此已有多次实践，先后邀请双创名师与创业达人做客创业大讲堂，比如辽宁省民营科技企业家协会秘书长刘奇的《新工业革命的机遇与挑战》、中国社会科学院研究员元志中的《务实创新，靠谱创业》等共 10 余场报告，他们以不同的身份、经历、行业，以不同的感触、体会、经验，与大学生面对面交流正确的创新理念与创业感悟，指导并引领大学生的创新创业思路和方向。

6.5.1.5 训练创客技能，适时提升创客群体的创造能力

高校图书馆应依据不同的创客群体，因地制宜，因材施教，培育其敢于开拓创新的创客意识，提升开放型信息获取的创客能力。其包括对学生创客群体创客 DNA 的培育，将重点放在提升其创客意识、网络设备利用和信息开放获取能力

上，通过定期开展 MC 相关的设备和开源软件的普及培训，使其及时了解并掌握先进数字设备和开源软件的实际操作和应用，不断提升其开放信息获取能力。图书馆应利用馆内 MC，举办各种双创教育培训，形成高校图书馆创客活动工作常态。一方面将 MC 办成知识的实验室，智慧的加工场；另一方面，通过活动强化读者的创客意识、活跃读者的创意思维、锻炼读者的创客技能。同时，高校图书馆员不仅要扮演创客活动的指导教师角色，馆员自身也是参与创客活动的创客，这就要求图书馆员的专业素养和职业标准也要不断提升，进而更好地催化创客的创意灵感，更有效地培育创客能力。

6.5.1.6　疏导项目转化，提升创客和创客团队的技术力量

我国的创客运动仍处于起步阶段，社会上存在公共馆与高校馆之间、校企之间、高校之间以及高校内部缺乏有效沟通和交流平台，导致研发领域散乱无序，创新技术和成果难以转化等乱象，这些问题需要国家政府出台各项政策与制度来系统规划与监督完善。加强创客和创客团队的技术力量建设更是缺乏关注和深入研究，而这正是创客素养教育中不容忽视的关键问题。例如，同济大学设计的中国第一个 Fablab 实验室，不仅促进了开放教育系统开发，还推进了创新创意项目孵化[11]。鉴于此，图书馆应有条不紊地把握创客运动的发展态势，正确疏导本馆的创客活动，并开展提升创客技术力量的创客素养教育，真正担当起指导校园创客活动、开展学生双创素养教育、推动校园创新成果社会转化等责任。此外，高校图书馆应全力与校学生处、团委等相关部门协作，组织建立诸如"创客社团""创客俱乐部""创客联合会"等进行创客项目研发的组织机构，构建校园创客核心组织，促进传承与发扬校园创客文化。

6.5.1.7　树立创客理念，着力培植勇于创新的创客精神

高校图书馆对创客进行素养教育的核心是提升其创造生产的技术和能力，培植勇于创新的创客精神，这势必要求高校图书馆致力于创客文化环境和氛围的构建与渲染。主要包括：

（1）接受新事物，积极接受"大众创业、万众创新"的方针政策，建设符合创客活动需求的 MC，搭建满足创客活动需求的沟通交流平台；

（2）研究新问题，图书馆建立专门部门，根据创客们的专业与实际需求，科学策划创客主题，打造多元化的创客活动和培训课程，嵌入创客们的专业学习和课程，实现创客活动常态化；

（3）树立创客理念，通过策划多种创业励志讲座以及创意、竞赛、作品参展等活动，积极倡导进而吸引创客群体愿意走进图书馆，走进 MC，关注创客活动；

（4）培育创客精神，高校图书馆在确保为广大师生做好信息知识服务的同时，应着力开展丰富多彩的创客服务，让读者饱尝创客文化大餐，吸引创客们对

高校图书馆的向往以至于依赖，并在创客服务过程中培育读者勇于创新、不畏失败的创客精神。

6.5.1.8　建立激励机制，构建创客素养教育的评价体系

激励是指激发人的行为的心理过程，创客素养教育同样需要激励，需要构建系统的创客素养教育评估体系，这不仅可以提升创客群体的创客素养水平，还可以审视现行的创客素养教育模式的科学性和可行性。主要包含两个层面：一是创客团队工作与创客项目成果本身的评估，一个优秀的创客成果往往需要创客们投入高强度的时间和精力，而对团体中每个创客的付出与价值做出精准的评价显得尤为困难，亟待构建创客素养教育评估体系；二是开展创客素养教育的高校图书馆和图书馆员也需要绩效评价，活动的策划、组织、实施、总结等各环节工作，每个馆员的工作态度、能力大小、贡献多少等均需要基于正确的评估。对创客素养教育的评价应采取质性和量性评价，根据项目需要采取过程性评价和结果性评价相结合的方式，并建立起完善有效的创客项目激励机制。

6.5.2　图书馆员服务能力的提升路径

6.5.2.1　技能培训与研发探索

创客时代，图书馆员仅仅固守基础图情知识根本无法向用户提供满意的服务。创客环境下的馆员就像"全科医生"一样，需要对信息技术、网络技术、前沿科技、知识产权保护法律知识、管理学等多个学科知识有所了解。针对馆员所需掌握的技能、技术以及在服务过程中遇到的问题，可邀请专家学者进行专题培训，这一方式具有较强的专业性和针对性，能够目标明确地帮助馆员快速掌握相关知识，解决问题。

6.5.2.2　探访观摩临境体验

MC用户利用新技术新工具实现创意转化的场所，对这些高科技含量的新产品，近距离的接触才能够增加直观感受，对这些新技术新工具有进一步的了解。因此，可为MC的指导馆员多提供走出去的机会，比如参加新技术发布会、新产品展示会、到商业性MC或其他高校的MC参观学习，体验MC服务特点，以开阔馆员视界，接触更广泛的技术和理念，提升馆员的创新服务思路。

6.5.2.3　触摸技术领悟原理

图书馆针对MC服务馆员技能提升的内容与目标设立研究项目，激励馆员以实践带动理论学习。项目研究就是确立研究目标，分析研究和解决问题的过程，在研究解决实际问题的过程中能够深入理解、领悟核心原理，体会关键技术的应用，从中积累经验，付诸实践。基于实践的理论探索无疑能够促进馆员对新知识的消化吸收，进而掌握新技能。

6.5.2.4　自主学习聚焦前沿

图书馆在重视组织学习技术的同时更应注重鼓励馆员自主学习。为此，图书

馆可以制定相应的激励机制，鼓励馆员利用业余时间参加短期培训，参与慕课课程学习，关注 MC 网站、相关技术论坛、博客、微信平台等信息资讯，通过多方渠道、多种手段了解最新技术资讯，掌握创客服务信息技术的发展动态，不断更新自身的知识储备，为图书馆 MC 服务献计献策。

6.5.2.5 团队协同切磋探究

图书馆可根据馆员的兴趣爱好组建不同兴趣小组或团队，在策划开展创客服务项目和活动中，小组成员集思广益，分工协作，各显身手，共同参与活动，协作解决各种难题。此法能够有效调动团队成员的积极性，激发创新服务热情，为团队成员个性服务能力发挥提供机会。同时，馆员团队成员间的研讨、沙龙、头脑风暴等活动所产生的学习效果也远远超越个人学习效果。

6.5.2.6 服务提升相得益彰

图书馆员参与实际活动案例服务的方式，是快速提升创新服务能力的有效途径之一。真正面向用户的服务过程是对图书馆员专业技能学习效果的检验，也是在创客活动服务中各项业务技能综合运用能力的考验。MC 服务案例可以说是实境训练，只有面对读者、面对创客的需求才会更为清晰地检验到馆员的专业技能在读者需求中的作用和满意度，明确自身在专业知识、服务技能上的欠缺与提升的方向，从而实现自我历练与提升。

6.6　图书馆创客空间服务策略

6.6.1　增强创客空间建设理念

MC 建设已成为我国高等教育变革的新生力量，以 MC 为基础开展创新创业教育正成为一种趋势和时代所需，为高校创新人才的培养提供新的思路。在我国高校图书馆界，MC 建设正呈现百花齐放的发展态势，是高校图书馆寻求功能扩展与服务创新的主要途径和重要载体[12]。在这样一种积极的需求驱动和政策推动下，MC 迎来了前所未有的发展机遇，然而，高校图书馆在发展 MC 建设的进程中，只追求形式和数量将会导致互相模仿、千篇一律，同质化、空心化现象严重，要注重内涵、侧重实效、因地制宜、量力而行，要根据本校的学科优势、学生特点和人才培养规划等，建设适合本校情的 MC，要始终以推动创新教育、提升创业能力为宗旨，这样才能充分嵌入本校的人才培养体系。

6.6.2　组建专司创客服务部门

MC 从建设到管理、从运营到服务是一套完整的服务链条和体系，不同于高校图书馆其他的业务类型，要始终注重用户个体创造能力的探索与发挥，而且不以经济利益为主要诉求，因此需要设立专属部门对 MC 进行管理、运营和维护，才能充分发挥其作用。MC 的管理涉及场所、环境、设备、人员、活动、培训以及成果等，具体的管理内容包括环境装修与装饰、设备管理与维护、活动策划与组织、课程设计与培训、能力塑造与培养以及成果发布与展示等，还包括与本校其他创新机构的合作和跨学校的创客联动。通过设立专属部门，可以实现对 MC 的优化管理和高效运营，促进创客社群建立及关系优化，帮助创客对接学校、对接政府、对接企业，完成从理想到现实的转化，发挥 MC 作为孵化器和产业园的优势和作用，让创客服务有效果、可持续、生态化[13]。

6.6.3 找准职能与服务平衡点

高校图书馆 MC 的建立是为用户提供一个将创意变为现实的场所，为此图书馆创客空间的电脑、多媒体投影设备、3D 打印机等配备齐全，当然空间和设备在创新创造活动中是必须的，但并不是图书馆 MC 服务的核心所在。图书馆的资金有限，为了使 MC 更具有竞争优势，在其发展过程中应该突出自身文献信息保障的核心功能。例如，沈阳师范大学图书馆结合自身优势建立了 MC，由经典阅读空间、数字化媒体空间、创客工作坊、学习讨论区、多媒体制作七大功能区域组成，旨在解决创客在创新过程中信息挖掘的通畅与保障等问题。在这个 MC 中，不同的创客可以根据不同的文献资源分析事物未来发展的态势，提出创意，共同分享，这种环境下产生的认识才更加全面。不论移动互联网技术如何发展，图书馆保护人类文化遗产、开展社会教育、传递文献信息和开发智力资源的基本职能不会消亡。换而言之，图书馆大张旗鼓地建立 MC 不能以削弱其基本职能为代价，只有平衡好文献资源建设、用户服务与 MC 之间的关系，高校图书馆的MC 才能长久的发展下去。

6.6.4 构建创客空间教育体系

依托 MC，构建开放、多元的 MC 教育体系，能够让 MC 充分发挥创客文化沉淀、创客精神培育、创新能力提升和创业项目孵化的作用。MC 教育体系的构建要以学校的人才培养规划为出发点，注重结合当地经济社会发展对人才创新能力的需要，在活动的具体设计上，要强化对大学生创意的激发和实践指导，多与创业典范、校友、指导教师等互动交流，同时与创客公司建立良性的联运机制，让他们不断开阔眼界、敢于探索未知；活动的形式要也要灵活、有新意，可以开设创客小聚区、创客分享会、创意工作坊、创想时空、创意教育和创业实践等[14]。总之，MC 教育体系要能够为大学生创新创业、社会实践、文化交流和成果展示等提供必要的软环境支持服务（如创意引领、政策解读、情报咨询和商业转化等），通过参与活动，切实提升大学生创新创业能力，助力当地经济社会发展。

6.6.5 健全创客活动管理机制

管理机制是指管理系统内部各要素之间的联系及运行原理，是决定管理功效的核心和关键。创客活动管理机制主要是指对活动项目的策划和创业导师的遴选，以及他们之间的社群建立、创意激发等。创客活动由于具有多态性、丰富性和精准性特点，对管理机制也提出了更高的标准和要求，从而实现对创客要素的有效管控和优化协调等。创客活动管理机制主要包括运行机制、动力机制和约束机制，运行机制是指对项目方案的设计、预期效果的检验、导师库的建设、运行指数的审查以及他们之间的协同促进等；动力机制是指驱动创客活动开展的推动力量或启动因素等，这种动力可能源自主管部门的主观意识，也可能源自外界环境的客观需要；约束机制是指对创客活动的限定或修正，保证创客活动能够达到预期效果，保证创客能够实现基于创新与创造的学习和实践，激发活力、提升能力。

6.6.6 实行相关部门协同合作

MC 由图书馆负责管理和运营，基于 MC 开展的培训、活动、实践、宣传、展示等需要集合众多部门或机构的力量来完成，要以多部门的协同合作为机制，这样才更容易创新，获得 MC 发展所需要的人才、设备、技术、资金等方面的保障。在与相关部门协同合作的过程中，要注重内外兼修、深化协作。在校内，可以与教务处、学生处、团委、研究生院（处）、大学生创新中心等部门合作，融入"互联网＋"、众筹等理念，做实双创服务；在校外，加强与各类 MC 之间的交流和合作，共建共享双创的资源与服务，还要做好与政府相关部门及创业公司之间的沟通，助推创业项目的商业转化。

综上所述，图书馆各种空间新形态正在延伸和发展，并不能涵盖未来图书馆空间发生的所有变革，创新变革已成为主旋律。北京大学图书馆馆长朱强教授提出，图书馆创客空间应该是"知识的实验室""智慧的加工车间"，要让知识更好地被充实、分享和实验，助力学生能力的提升[15]。中山大学图书馆馆长程焕文教授曾说："第三代图书馆给了人们广阔的想象空间，也许纯粹的第三代图书馆将会是完全的数字信息资源＋互联网＋新的服务模式的形式。"[16]上海图书馆前馆长吴建中先生认为："到 2025 年，图书馆将成为知识中心、学习中心和交流中心，其主要功能不只是提供图书和信息，而是要充分发挥自身的专业技能和资源优势，向支持人类学习和创造知识环境的方向发展。"[17]作者认为，面对目前创客运动发展的数字时代，"创客空间"即是创新、创意、创客实践活动的"代言人"，是未来图书馆服务的新形态，其品牌形象值得深入推广。

参 考 文 献

[1] 百度. 创客 [EB/OL]. 2016, 12, 14.

[2] 钟相昌. 学校创客空间如何从理想走进现实 [J]. 电化教育研究, 2015, 36 (6): 73-79, 86.

[3] 秦峰, 孙文远. 基于创客空间的高校创新人才培养析议 [J]. 理论导刊, 2016 (5): 99-101.

[4] 吴建中. 走向第三代图书馆 [J]. 图书馆杂志, 2016 (6): 4-9.

[5] 王晓湘. 面向科研服务的高校和研究机构图书馆转型发展的战略地图 [J]. 现代情报, 2017 (4): 108-113.

[6] 丁永健. 美国图书馆创客空间的实践特色与建设经验 [J]. 图书馆工作与研究, 2016 (6): 104-107.

[7] 王玮. 我国创客空间研究热点可视化分析 [J]. 现代情报, 2015 (12): 92-98.

[8] 雒亮, 祝智庭. 创客空间2.0: 基于O2O架构的设计研究 [J]. 开放教育研究, 2015 (4): 35-43.

[9] 黄勇凯. 图书馆创客空间建设实践 [CD]//武汉大学图书馆. 信息技术与教育国际学术研讨会论文集. 武汉大学图书馆, 2016-11-23.

[10] 文化教育研究网. 天津大学北洋园校区图书馆内 "长荣健豪文化创客空间" 落成 [EB/OL]. 2017, 04, 02.

[11] 百度. "创客空间: 图书馆里的创造力—人人参与的创客空间" 国际学术研讨会在广州图书馆成功举办 [EB/OL]. 2016. 11. 30.

[12] 王明朕, 张久珍. 国外图书馆创客空间运营服务策略研究 [J]. 图书馆建设, 2016 (7): 39-45.

[13] 梁荣贤. 创客空间——未来图书馆转型发展的新空间 [J]. 情报探索, 2016 (12): 103-106.

[14] 刁羽, 杨群. 高校图书馆嵌入式创客服务研究 [J]. 图书馆工作与研究, 2017 (2): 107-110.

[15] 北京大学信息管理系, 听大师谈图书馆创客空间 [EB/OL]. 2017, 4, 2.

[16] 科学网. 关于第三代图书馆的几点思考 [EB/OL]. 2017, 4, 2.

[17] 吴建中. 走向第三代图书馆 [J]. 图书馆杂志, 2016, 36 (6): 4-9.

[18] 孙鹏, 胡万德. 高校图书馆创客空间核心功能及其服务建议 [J]. 图书情报工作, 2018, 62 (2): 18-23.

[19] 王宇, 孙鹏. 高校图书馆创客空间建设与发展趋势展望 [J]. 图书情报工作, 2018, 62 (2): 6-11.

[20] 王宇, 车宝晶. 图书馆创客空间构建及其适切性探求 [J]. 大学图书馆学报, 2018, 36 (4): 24-28.

7 多元智能的智慧空间

在图书馆的发展史上,如果算上藏书楼,我国的图书馆已经实现了从古代藏书楼到近代图书馆再到现代图书馆的两次转型。从服务方式上大致可分为三个时代:第一代图书馆以藏书为主体;第二代图书馆强调开放借阅;第三代图书馆以用户为中心,追求提升用户体验,注重图书馆资源和环境的融合,实现以藏书为主体向以用户为主体转变[1]。而智慧空间是在移动网络、物联网、大数据和云计算技术广泛应用的环境下,物理空间、虚拟空间和社会空间的深度融合,是第三代图书馆的新形态和升级版。随着创客运动的兴起,2016 年,教育部下发《教育信息化"十三五"规划》,对高校的创新创业教育提出了明确的要求和规划。高校图书馆作为高校的信息资源中心,有责任和义务将智慧空间的需求、体验和设计逐渐纳入图书馆的发展规划中,使得图书馆智慧空间的价值日益显现,为高校的双创教育提供助力。同时,智慧空间也拓展了图书馆空间的内涵,形成以用户为中心的服务模式,实现了图书馆空间系统的自我优化,顺应了大数据时代的趋势,将各种新技术内核嵌入到空间中,完成整个图书馆空间系统的升级,实现图书馆的可持续发展[2]。

7.1 智慧空间的定义与特征

7.1.1 智慧空间的定义

7.1.1.1 交互说

交互说的核心是人机交互(Human-Computer Interaction)。智慧空间的交互强调应用虚拟现实、传感器、RFID(Radio Frequency Identification,无线射频识别)和智能机器人技术等为用户提供个性化服务。用户在智慧空间中可参与到学习、讨论、演讲、展示等场景中,由过去的被动接受知识转为主动学习知识,从而在智慧空间中完成角色的转变。用户可以通过智慧空间提供的智能设备获取知识,并进行感知、交流和应用,激发创造性思维,提高学习效率。例如,用户可以使用智慧空间中的虚拟现实设备,进入虚拟讲座现场或话题讨论群组,拥有交流的场景体验,实时与不同地区甚至不同国家、不同文化背景、不同思维想法的用户进行话题讨论。智慧空间的最终目标是用户与智能设备进行交互,为用户提供高质量的个性化服务。

7.1.1.2 感知说

物联网、云计算和人工智能技术飞速发展，并逐步应用于智慧空间中，使得智慧空间的感知能力不断提升，更好地为用户提供精准服务。例如：智慧空间门禁系统通过人脸识别技术感知用户体貌特征，判定用户是否可以进入空间；用户进入后，空间通过无线定位技术完成对用户位置信息的感知，为用户导航，提供精准服务；智慧空间应用 RFID 技术定位图书，用户通过扫描图书信息即可准确获知图书所在位置；利用大数据技术可对用户的借阅信息行为进行量化分析，辨识用户兴趣和阅读倾向，进而为用户推荐相关图书信息。智慧空间还可以通过传感设备，三维立体显示地图指引、自助借还等，以期实现全空间的感知[3]。

7.1.1.3 自创新说

图书馆是个生长着的有机体，围绕着用户需求的变化，在管理模式与运作机制上不断转型和创新，在科研创新中具有不可替代的支撑作用与存在价值。图书馆的创新从空间、资源和服务三大元素为根基进行扩展。图书馆智慧空间需要拥有自主创新能力的知识体系，实现从内容到链接的自我革新，是一个具有不断创新、能够满足用户各种需求的空间[3]。智慧空间的自创新能够超越图书馆传统功能的创新，以空间为载体，融入资源、文化和服务，以提供集成化和智慧化的解决方案。

7.1.1.4 融合说

智慧空间注重信息、用户和空间等资源的有机融合。智慧空间融合实体信息和数字信息的特征，例如通过投影技术对实体文献信息进行数字化处理，在终端扫描的信息能被识别转化为数字信息利用。智慧空间高度融合实体空间与虚拟空间，促进图书馆空间与学习环境和研究环境的感知互联，不仅实现知识获取、交流、共享和创造的功能，而且能更迅速有效地提供图书馆的知识服务和学科化服务。

7.1.2 智慧空间的特征

7.1.2.1 开放互联

智慧空间中的信息是泛在和立体互联的，是图书馆与用户的互联，是用户与用户的互联、资源与资源的互联。智慧空间的资源利用物联网技术，在感知层中自动组网，汇聚和转换各种数据，实现数据泛在的深度互联。在管理和服务的层面，智能、泛在、协同的网络服务将成为图书馆典藏、借阅、学科服务、阅读推广和读者活动功能的集中体现。智慧空间借助物联网技术实现跨时空的物物相联，借助云计算技术在大数据环境下提供泛在便捷的网络访问和个性化服务。除了书与人的互联要素外，智慧空间将图书馆、网络、数据库、物体以及广大用户统一在智能的网格中，成为联为一体的互动要素[5]。

7.1.2.2 高效便利

智慧空间的服务已经由传统人工服务向智能服务转变。智能设备的出现体现了图书馆以服务为中心的功能转变，它具有不受时间限制、节约人员成本、提高服务效率、保护用户隐私等特点。智能服务包括自助借还和自助打印、扫描识别定位馆藏资源、图书超期自助支付、座位预约和学习空间预约等，还包括对图书馆建筑中的灯光、温度、湿度、电梯、门禁和安保摄像头等物理环境的日常维护和管理。通过对门禁系统、借还系统、书目查询系统、数据库访问记录、网站浏览记录、座位及空间预约和读者调查问卷等用户行为进行数据挖掘，根据数据分析结果辅助领导决策，并为用户提供针对性服务。智慧空间的开放互联，不仅实现物物相联、物人相联，更为图书馆提供深层次的智慧管理和服务。所以说高效的智慧管理是智慧空间的优势之一。

7.1.2.3 拓展范畴

智慧空间从范围上拓展了图书馆空间的范畴。在云存储背景下，图书馆的信息资源存储方式由本地化向网络化转变，再由网络化向云存储转变。云存储的无限容纳性，使智慧空间用户利用图书馆在云端储存的信息资源不受时空限制。用户通过合法身份验证，就可以从云端下载、上传和分享图书馆的信息资源。

智慧空间拓展了图书馆空间的内涵。智慧空间是高度开放互联的空间系统，所有的人或物都可以在其中进行互动，用户可以在浩如烟海的知识海洋中方便快捷的获取所需，图书馆的空间也不再局限于物理空间，而是向实体空间、虚拟空间、网络空间、感知空间和地理信息空间拓展。

大数据技术在智慧空间的应用，使得图书馆用户信息与行为均能被准确感知、记录和分析，从而实现图书馆服务的精准化。整个图书馆网络的全面覆盖，用户需求的个性差异，下一代通信网络、物联网、大数据、云计算、传感联动、数字孪生等技术在图书馆的进一步应用，能够实时采集用户行为数据，更好地挖掘用户兴趣点，提升图书馆的服务效率和效益。

传统图书馆用户群体相对集中，用户主体局限于某一地区、某一机构、某一组织成员或某一类型人群等。而智慧空间使得人机交互和人人交互更为紧密，任何使用空间的人都是用户，所以它面向的用户群体更加庞大。高校图书馆和科研机构图书馆的用户也不仅仅局限于学生、教师和科研人员。智慧空间面向的大用户群体更能适应社会发展的需要[2]。

7.1.2.4 全面感知

智慧空间的全面感知基于传感器、物联网、云计算和人工智能技术的普及，新技术的应用加强智慧空间对用户信息的感知度，更好地为用户提供个性化服务。例如：门禁系统通过人脸识别技术完成对用户生物特征的感知；用户进入后，通过无线定位技术完成对用户位置信息的感知；用户找书时，空间应用 RFID 技术定位图书，为用户快速定位到图书；馆藏清点时，通过感知书本的实时信息，对用户的借阅行为进行分析，掌握用户信息需求，及时调整采购政策等。通过高度感知，智慧空间才能从数据获取的环节就实现以用户为中心的自组织，形成真正的用户大数据；才能让资源网络与外部网络融合，文献网络与用户网络融合[4]。通过对图书馆实体资源、网络资源、图书馆建筑状态及用户需求进行深度感知、测量、捕获和传递，根据智能分析结果采取相应应对措施。

7.1.2.5 节能低碳

节能低碳是智慧空间可持续发展的基础，需要管理者、用户与馆员转变管理、阅读与工作方式，用节能低碳的理念付诸行动。智慧空间设计思想应以富有特色的绿色生态为设计理念，使图书馆与城市和谐、图书馆与自然和谐、读者与环境和谐，将节能低碳的理念融入新馆建筑的整体设计和具体细节中[6]。智慧图书馆的节能低碳主要包括硬件建设和软件建设两个方面。硬件设施建设主要指图书馆节能环保的建筑、和谐优美的内外环境建设及技术先进的低能耗、无污染的硬件设备；软件建设主要指图书馆倡导科学发展观、可持续发展观、和谐发展观、人文精神等绿色理念，并在工作中树立以及贯彻落实[7]。图书馆建筑本身，强调智能化系统设计与建筑结构的配合和协调，比如综合布线系统、火灾报警系统和建筑设备管理系统等，在技术应用方面以数字化信息集成为平台，涉及监控技术和自动化技术等。建筑设备管理系统对整个建筑的所有公用机电设备，包括建筑的中央空调系统、给排水系统、供配电系统、照明系统和电梯系统等，进行集中监测和遥控来提高图书馆建筑的管理水平，降低设备故障率，减少维护及营运成本，实现节能低碳的目标。

7.2 智慧空间建设原则与架构

7.2.1 智慧空间的建设原则

7.2.1.1 标准和规范化

智慧空间的建设需要充分利用物联网、云平台、大数据等新兴信息化技术进行建设，需要在全国范围内的形成统一可互通互联图书馆事业体系，甚至要在全球范围内进行智慧空间的共建共享，所以说统一的标准和建设规范是必不可少的。智慧空间建设结果是否符合"智慧"的要求，这需要制定相关标准和规范，便于对于建设成果按照标准进行客观评价。例如，国际上通用的数据格式标准规范，统一的网络通信协议，符合行业标准规范的设备等，统一的标准、规范、协议，以及在智慧空间系统建设、技术平台构建、信息服务系统开发、图书馆系统与其他系统跨域互联的智慧化建设中，发挥着不可替代的作用。

7.2.1.2 集成和开放性

移动互联网和物联网技术的应用是智慧空间实现服务集成化的技术基础。通过移动互联网和物联网技术能够实现各个文献信息机构之间、不同类型文献之间的跨系统应用集成、跨部门信息共享、跨媒体深度融合、文献感知服务和集群管理。智慧空间将图书馆资源、空间、服务、人员和设备等要素整合起来，形成了一个互联互通的图书馆集成系统，实现了图书馆空间、资源、服务和管理等要素的虚实结合，使得用户与图书馆物理空间、图书馆管理系统和图书等的多向单边服务变为多向网状服务，让用户可以在复杂多样的服务过程中实现各服务过程的快速自由关联和切换，从而保证用户在最短的时间内能够通过最小的成本获得所需要的资源和服务[8]。同时，图书馆员也不再是唯一的信息制造者和发布者，用户也将成为信息数据的创造者和传播者，使得信息的扩散更加广泛，信息的流动更加快捷。

7.2.1.3 共建和共享性

智慧图书馆体系的建设，单凭一个图书馆的力量在短时间内很难完成智慧资源建设。该体系需要图书馆加入集群图书馆或图书馆联盟，利用其他图书馆的馆藏资源对本馆馆藏进行有效补充，构建基于共享的虚实结合的馆藏体系；借助原文传递、馆际互借、开放获取等资源共享方式，满足用户信息需求，减少信息资源浪费。图书馆联盟资源共建共享节约购置经费，不仅节省资源，也可扩大资源利用率，满足和保障用户对文献资源的需求[9]。联盟内各图书馆之间可以共享技术、平台资源等，在智慧化建设过程中，避免资源重复开发、节约成本，还能有更多的资源用于读者服务，促进图书馆的智慧化建设。

7.2.1.4 智慧和泛在性

智慧空间的智慧化、泛在化主要体现在以下几个方面。

（1）服务场所泛在化。无线网络技术和智能的自动化服务系统，使得用户在网络覆盖的区域都能体验到的图书馆服务，实现了馆与馆、人与人、人与书、书与书之间的关联，图书馆服务在空间上得到了极大的拓展。

（2）服务模式泛在化。移动通信技术的发展，使得图书馆为所有远程接入图书馆网络的用户主动推送资源和服务，远程用户与到馆用户一样，都能获取所需资源和服务。

（3）服务内容泛在化。图书馆联盟资源的共建共享，使得图书馆用户可获得联盟内不同平台的资源服务。

在时代进步和技术更新的背景下，智慧图书馆的建设必须遵循智慧化、泛在化的原则，才能使用户在任何时间、任何地点都可以便利地获取自己的资源需求，真正体现智慧图书馆的社会价值。

7.2.2　智慧空间建设的架构

7.2.2.1　感知识别层

感知识别层是智慧空间的构建基础，主要由各种传感器终端及近场通信技术组成。传感器是一种检测装置，能感受到被测量的信息，并将感受到的信息按一定规律变换成为电信号或其他所需形式的信息输出，以满足信息的传输、处理、存储、显示、记录和控制等要求。智慧空间中的传感器包括温度传感器、位移传感器和视觉传感器等。通过对各种感知技术的应用，实现对图书、设备、环境、用户、位置和情景等的感知。感知识别层是信息获取的来源，为数据汇聚层提供数据支持，是智慧图书馆实时进行物体识别、信息采集的基础。

7.2.2.2　数据汇聚层

数据汇聚层是智慧空间建设的重要环节。数据汇聚层向下通过无线传感器网络采集感知层的监测数据、设备数据和业务数据，或者一些专网的异构数据，完成与应用终端的信息交互；向上通过互联网为应用层客户提供统一的数据输出服务和指令调用服务。利用数据汇聚技术将感知设备采集的数据或信息进行处理，组合出更有效、更符合用户需求的数据，减少传输过程的数据量，节约无线传感器网络的能量。同时，感知设备获取的各种数据，要经过传感器中间件等技术的处理，才能更好地进入下一环节[4]。

7.2.2.3　网络传输层

网络传输层是智慧空间建设的关键支撑，功能是"传送和通信"，即通过通信网络进行信息传输。网络传输层作为纽带连接着感知识别层、数据汇聚层和支持应用层，由各种私有网络、互联网、有线和无线通信网等组成。它相当于人的神经中枢系统和大脑，负责将感知层获取的信息，安全可靠地传输到应用层，然后根据不同的应用需求进行信息处理。智慧空间通过网络传输层将各传感器采集的信息，及时上传给图书馆技术中心，通过系统智能分析，实现环境、任务的智慧获取和处理。

7.2.2.4　支持应用层

支持应用层位于智慧空间架构的最顶层，功能是"处理"，即通过云计算平台进行信息处理。支持应用层主要基于数据挖掘技术、主动推送技术、机器人技术、空间重构技术和云计算技术等，对感知识别层采集的数据进行计算、处理和知识挖掘，为读者提供个性化的智慧服务，实现对工作的智能管理。例如，Zig-Bee（短距低功耗的无线通信协议标准）在图书馆实体空间设备控制的应用。图书馆提供许多设备、空间供用户使用，其包括计算机设备、视听欣赏设备和学习空间等，而这些设备本身并没有嵌入感应联结等机制，即可通过外加 ZigBee 传感器实现对设备开、关电源控制。例如，用户预约座位和空间时，在用户通过账号认证后，传感器可开启设备电源供用户使用。

7.3 智慧空间建设技术与内容

7.3.1 智慧空间建设的技术

智慧空间建设的发展轨迹是沿着科学技术的发展轨迹不断前进的。智慧空间下的终端不仅仅是传统意义的计算机，而是嵌入式计算机系统及其配套的传感器，形态呈现多样化，比如穿戴设备、环境监控设备、虚拟现实设备等。与之相关联的技术有分布式计算、移动计算、人机交互、人工智能、嵌入式系统、感知网络以及信息融合等。

7.3.1.1 感知识别技术

A 传感器技术

传感器是指将被测量目标的变化转化为可感知或定量认识的信号，感受被测量，并按一定规律将其转化为同种或别种性质的输出信号的装置。当前传感器技术的研究与发展，特别是基于光电通信和生物学原理的新型传感器技术的发展，已成为推动国家乃至世界信息化产业进步的重要标志与动力。在物联网环境下，传感器主要用于对人、物、环境和设备的感知，不但能够执行信息处理和信息存储，而且还能够进行逻辑思考和结论判断。可通过数字式通信接口直接与其所属计算机进行通信联络和交换信息。

B 射频识别技术

射频识别（RFID，Radio Frequency Identification）是一种无线通信技术，可以通过无线电讯号识别特定目标并读写相关数据，而无须识别系统与特定目标之间建立机械或者光学接触。射频标签是产品电子代码（EPC）的物理载体，附着于可跟踪的物品上，可全球流通并对其进行识别和读写。RFID 技术是构建"物联网"的关键技术。RFID 类似于条码扫描，对于条码技术而言，它是将已编码的条形码附着于目标物并使用专用的扫描读写器利用光信号将信息由条形磁传送到扫描读写器。而 RFID 使用专用的 RFID 读写器及专门的可附着于目标物的RFID 标签，利用频率信号将信息由 RFID 标签传送至 RFID 读写器。

C 无线定位技术

利用无线定位技术在智慧空间的室内环境中实现位置定位，采用无线通信、基站定位等多种技术集成形成一套室内位置定位体系，从而实现用户、设备等在室内空间中的位置监控。无线定位技术包括蓝牙室内技术、室内 Wi-Fi 定位技术、RFID 室内定位、Zigbee 室内定位。感知识别技术是智慧空间的关键技术基础，应用非常广泛，使得智慧空间能够无所不在、无时不在地实现书书相联，书人相联，人人相联。

7.3.1.2　数据汇集技术

A　数据汇聚技术

智慧空间感知识别层的传感器，通过无线通信方式形成的一个多跳自组织网络。无线传感器网络（WSN，Wireless Sensor Networks）是一种分布式传感网络，它的末梢是可以感知和检查外部世界的传感器。WSN 中的传感器通过无线方式通信，因此网络设置灵活，设备位置可以随时更改，还可以跟互联网进行有线或无线方式的连接。通过无线传感网络，对空间内的环境、监测对象进行实时监测、感知以及相关数据采集，获取信息，进而为用户提供智慧服务。由于存在局限，无线传感器网络需要运用数据汇聚技术来减少能量消耗，消除数据冗余，延长网络寿命。

B　AdHoc 技术

AdHoc 网是一种多跳的、无中心的、自组织无线网络，又称为多跳网、无基础设施网或自组织网。整个网络没有固定的基础设施，每个节点都是移动的，并且都能以任意方式动态地保持与其他节点的联系。在这种网络中，由于终端无线覆盖取值范围的有限性，两个距离较近、无法直接进行通信的用户终端需要借助其他节点进行分组转发。AdHoc 网络中每一个节点同时是一个路由器，它们能完成发现以及维持到其他节点路由的功能[10]。AdHoc 网络可以在任何时刻、任何地点，不需要现有网络通信设施的支撑，快速构建起一个移动通信网络，因此这种网络有很强的独立性，它可以单独存在，因此应用广泛而且简单。智慧空间中的传感器网络，由于体积、节能等因素限制，传感器的发射功率一般较小，无法与控制中心进行通信。而分散各处的传感器作为结点，可以组成 AdHoc 网络实现多跳通信。

C　传感器中间件技术

中间件（Middleware）是于操作系统（包括通用服务和具有标准的程序接口和协议）和应用程序之间的软件层。中间件提供的程序接口定义了一个相对稳定的高层应用环境。中间件软件的下层支撑各种不同类型的硬件节点和操作系统，能够屏蔽网络底层的异构性，上层是各类应用，它还需要为各类上层应用提供统一的可扩展的接口。因此，中间件技术的应用可以大大减少在应用软件开发和维护中的成本。基于感知识别层的应用特征，中间件提供一种开发平台，主要用于隔离物理网络和上层应用。智慧空间的设备由于来源于不同的制造商，造成通信协议、数据格式不同，可通过传感器中间件技术，提供统一的数据处理、网络监视，以及服务传送接口[11]。

RFID 中间件扮演 RFID 标签和应用程序之间的中介角色，从应用程序端使用中间件所提供一组通用的应用程序接口（API），即能连到 RFID 读写器，读取 RFID 标签数据。这样一来，即使存储 RFID 标签情报的数据库软件或后端应用程序增加或改由其他软件取代，或者读写 RFID 读写器种类增加等情况发生时，应用端不需修改也能处理，省去多对多连接的维护复杂性问题。

7.3.1.3 网络传输技术

A 移动通信技术

物联网的移动通信技术很多，主要分为两类：一类是 Zigbee、WiFi、蓝牙、Z-wave 等短距离通信技术；另一类是 LPWAN（low-Power Wide-Area Network，低功耗广域网），即广域网通信技术。目前在这些通话技术中，高速率的传输是 5G、4G、3G、WiFi 这些耳熟能详的技术；中速率的就是以前 2G、GPRS；低速率的就是 NB-IoT、SigFox 等。物联网的芯片必须低功耗、高穿透、免维护。NB-IoT 的最大特点是低成本、广覆盖、低功率、大连接，适合物联网应用。超宽带（Ultra Wideband，UWB）技术不同于带宽较窄的传统无线系统（如蓝牙、WiFi 等），UWB 能在宽频上发送低功率脉冲，因此具有较强的抗干扰性，并且在室内无线环境应用中能够实现高精度定位，同时还具有较高的传输速率，较大的系统容量等特点。其传输距离界于蓝牙和 WiFi 之间，适用于室内密集环境下的精准定位。

B 异构网融合技术

随着技术的不断发展，移动通信网络和宽带无线接入网络正在不断朝着独特的方向发展。新兴的无线接入技术和现有技术互相协助共同进步和发展，移动化、宽带化、IP 化技术已成为无线通信技术的发展趋势。同样，通过一定的方式共存和融合不同类型的网络也是移动通信未来发展的必然趋势。未来宽带无线通信技术的发展趋势是无处不在、协作性和异构集成。未来的移动通信网络要完全兼容无线设备的各种基本的结构，并且要有很高的灵活性。无线网络的融合应包括很多方面，比如业务、系统和覆盖。在异构无线网络中，WLAN 提供热点地区的高速业务，蜂窝网络提供在所需要大范围里的移动业务，在同一时间包含了办公室局域的网络。因此，基于 IP 的核心网络能更大程度地利用网络的异构性，利用新的异构无线网络的融合结构，解决用户无缝移动的问题[12]。

C 数据管理与存储技术

数据是智慧空间中最重要的内容之一，以数据管理为基础，构建智慧图书馆的信息服务，能够解决智慧图书馆的最根本问题，从而形成各类创新和特色服务。智慧图书馆中的数据流包括三个重要部分，分别是环境数据、用户数据和资源数据。环境数据主要包括图书馆中的各项监控数据、人口密集程度数据、场馆内外温度、湿度和空气参数等基础数据；用户数据则包括用户的各项行为数据、兴趣和偏好数据；资源数据代表的是整体图书馆中电子书籍、影像、期刊、图片和音频等各种形式的数字化资源[13]。对于海量智慧数据的管理，需要基于语义网的内容管理、元数据存储和检索技术，以实现数据资源的智慧化。语义网是一种智能网络，是万维网智能化发展的趋势，信息存取方式的改变引发了知识组织对象向语义化、多层次、细粒度的转变。语义网打破了信息资源知识组织传统的、平面的、单维的链接模式，形成了立体的、异构的、多维的语义链接。语义网的智能化、内容可获取、可扩展等特性，促成了知识组织对象的多层次和细粒度发展。知识组织对象已经从一本书、一篇文献、一个网页，转向书中的某一章节、文献中的某一段落、网页中的某一词汇。语义网使得文献内部的信息得到更科学、更广泛的组织。同时，语义链接带来的智能推理，使知识组织可以产生更多的知识增值[14]。元数据（Meta Data）是关于数据仓库的数据，是指在数据仓库建设过程中所产生的有关数据源定义、目标定义、转换规则等相关的关键数据。元数据的优点是：

（1）为各种形态的数字化信息单元和资源集合提供规范、普遍的描述方法和检索工具；

（2）为分布的、由多种数字化资源有机构成的信息体系（如数字图书馆）提供整合的工具与纽带。

元数据在智慧空间的应用目的主要是确认和检索资源、著录描述、资源管理和资源保护与长期保存。

7.3.1.4　应用服务技术

A　云计算技术

云计算是基于互联网相关服务的增加、使用和交互模式，通常涉及通过互联网来提供动态易扩展且经常是虚拟化的资源。云计算是通过使计算分布在大量分布式计算机上，而非本地计算机或远程服务器中。这使得智慧空间能够将资源切换到需要的应用上，根据需求访问计算机和存储系统。云计算最基本的特性是虚拟化、整合化和安全化。大规模的数据存储需要海量信息处理能力，智慧空间利用云计算技术，可以轻松地进行智慧信息处理，灵活建立跨单位的语义关联，对用户终端发出的需求，进行智能化回复，用户可以方便快捷地利用资源。利用云计算可将数字图书资源存放于云端，形成一个数字资源的"虚拟资源池"，用户借助云计算，在虚拟资源池中进行检索。云计算和云存储技术的应用，为智慧空间实现方便、快捷、高效的智能化服务提供技术支持[15]。

B　数据挖掘技术

数据挖掘（DM）是指从数据库中大量的数据中揭示出隐含的、先前未知的并有潜在价值的信息的非平凡过程。这个定义包含：

（1）数据源必须是大量的、真实的、含有噪声的；

（2）发现的是用户感兴趣的知识；

（3）发现的知识是先前未知的、可理解、可接受的；

（4）得到的知识只要能支持特定的发现问题即可[16]。

智慧图书馆环境下，不仅有知识资源，还有用户的身份信息、借阅记录等，这些都属于结构化的信息；另外，还有用户的行为痕迹，比如检索方式、存储行为等，这些属于半结构化或非结构化信息。但无论是结构化、半结构化，还是非结构化数据，都是静态存在的资源，要实现智慧化、泛在化，就要通过数据挖掘技术，将各种数据动态串联，以挖掘其深层次的价值。例如，运用数据挖掘技术，综合分析用户的学历、年龄，以及检索历史、借阅情况信息，可以判断用户的阅读偏好，可主动为其推送满足用户喜好的信息，提供个性化服务。

C 机器人技术

机器人是靠自身动力和控制能力来实现各种功能的一种机器，也是一种可编程和多功能的操作机，或是为了执行不同的任务而具有可用电脑改变和可编程动作的专门系统。它是高级整合控制论、机械电子、计算机、材料和仿生学的产物，广泛应用于工业、医学、农业、建筑业、军事等领域。例如，菜鸟网络在南京启用的物联网机器人分拨中心，上百台机器人在分拨中心内快速移动，将去往南京60多个配送网点的包裹分类，方便快递员配送。2017年6月18日，京东配送机器人在中国人民大学顺利完成全球首单配送任务。配送机器人的有发达的感知系统，拥有基于认知的智能决策规划技术，装有激光雷达、GPS定位、全景视觉监控系统、前后的防撞系统以及超声波感应系统，以便配送机器人能准确感触周边的环境变化，能安全通过红绿灯路口，能自主规划安全借道行驶，能向来车和行人避让，安全避道行驶，精准停车等。同时，工业机器人、神经外科手术机器人在现实生活中也得到了应用等。智慧空间虽然尚未有较成熟的机器人技术应用，但机器人技术的引入，必将提高图书馆的智慧化程度。例如，上海图书馆"上岗"的第一台机器人馆员图小灵，只是图书馆在技术驱动下走向智慧图书馆的一个缩影。湖北省图书馆、成都理工大学图书馆、南京大学图书馆、杭州新华书店、北京图书大厦也纷纷引进机器人，试水人工智能服务文化领域[17]。

7.3.2 智慧空间建设的内容

7.3.2.1 图书馆 RFID 标签管理系统

图书馆 RFID 标签管理系统的核心是采用 RFID 电子标签技术实现数据自动采集功能，结合数据库及软件管理系统实现图书馆自助借还、图书盘点、图书上架、图书检索、图书防盗、借阅证管理、图书证发放、馆藏信息统计等功能。RFID 标签在图书馆中应用，具有以下优点：

（1）简化借还书流程，提高流通效率；

（2）兼容复合磁条和永久磁条；

（3）大幅降低图书盘点和查找工作量；

（4）改变图书馆的服务模式，可以实现无人图书馆，可以实现真正意义上的 7×24 小时开放。

图书馆 RFID 标签管理系统实现了一站式管理和全面智能化管理，包括馆藏智能化管理，读者借阅，图书结构智能化分析等。

7.3.2.2   图书馆自助系统

图书馆自助借还机是一种可对粘贴有 RFID 标签的流通资料进行扫描、识别和借还处理的设备系统，用于读者自助进行资料的借还操作，自助借还机配备触摸显示屏，提供简单易操作的人机交互界面、图形界面，可以通过 SIP2 协议与应用系统无缝连接，快速准确地完成借阅和归还，可同时借还多本图书，还可24 小时连续服务。自助借还设备的使用，不仅方便读者，减少馆内工作量，更提高了图书的流通效率。图书馆自助打印复印设备通过校园一卡通进行身份认证和收费，做到使用者、使用时间、内容、费用的精确可控，在所有接入校园网的电脑上，为用户提供方便快捷的打印复印服务。打印和复印完全实现自助式无人化管理。图书馆自助服务系统完全架构在学校现有的校园网上，各模块间采用TCP/IP 协议通信，无须另外布线和额外的软硬件支持。图书馆自助系统还包括电子书借阅机、自助阅读机、朗读亭等。

7.3.2.3   智能管理与安全系统

随着感应卡技术和生物识别技术的发展，门禁系统进入了成熟期，出现了感应卡式门禁系统、指纹门禁系统、虹膜门禁系统、面部识别门禁系统、乱序键盘门禁系统等各种技术的系统。图书馆门禁系统由硬件和软件两部分组成。软件分两部分：一部分是闸机监控软件，它安装在闸机监控电脑上，主要用来设置闸机的工作参数，控制闸机的运行、停顿、监控进入人员等；另一部分是用于更新数据库信息及进行统计报表的软件，它主要是用来更新数据库中的读者信息包括添加、修改、删除记录，以及生成、打印报表、图表等。所有门禁闸机均可与图书馆自动化管理系统联网连接。数据由门禁管理机集中管理，并及时反馈到图书馆自动化管理系统上。

图书馆防盗报警系统是一套基于 GSM 无线通信技术和计算机通信技术的安全防盗报警系统。该套系统由探测器、报警主机（即各个报警子系统）和监控中心组成。探测器监测到非正常情况后会向报警主机传递报警信息，报警主机接收信号后进行过滤处理，经过分析判断再发送给监控报警中心处理。监控报警中心的作用是接收、处理和管理各个报警主机发来的报警信息，并对报警信息进行存储和记录。当图书馆发生火灾等紧急情况时，防盗报警系统会发出报警信息来提醒图书馆管理人员。

7.3.2.4   移动服务建设

随着互联网技术和移动通信技术的发展，移动图书馆逐渐成为图书馆提供服务一种重要形式。移动图书馆服务是指在无线网络环境下，利用移动终端设备，为用户提供图书馆服务，是"移动设备＋移动技术＋图书馆资源"有机结合产生的一种新的移动服务方式。移动图书馆服务具有以下特征：

（1）移动性，主要表现在用户可以随时随地获取图书馆服务，服务不受时空的限制；

（2）互动性，用户与图书馆之间具有互动性，二者可以随时交流；

（3）个性化，图书馆可以根据用户的不同需求，提供个性化的服务；

（4）主动性，用户根据自己的需求主动检索所需资源。

智慧图书馆的移动服务，为用户提供书目查询、图书续借、预约和到期提醒服务，读者荐购、个性化定制、移动阅读以及获取图书馆的公告信息和讲座预告信息等。

7.3.2.5 智慧服务建设

智慧服务是智慧图书馆贯穿始终的主线。智慧服务包括无所不在、形式多样的主动服务、个性化服务、泛在化服务及人性化服务。智慧图书馆能够将用户在虚拟环境下的信息行为和在图书馆实体环境下的信息行为相结合，将馆藏文献基本信息与用户档案信息相结合，构筑能全面、真实反映用户个性特征和需求特征的用户模型，并自动识别和感知用户的位置及其当前所从事的学习、研究、工作内容，主动地为其推送关联信息并提供真正的、全方位的、立体的、适合的个性化服务。此外，智慧服务还包括如影随形的三维实景地图导航服务、语义智能搜索、嵌入式图书馆员服务、机器人服务等[7]。

7.3.2.6 泛在智慧服务建设

泛在化服务包括服务时间的泛在化、服务空间的泛在化和服务内容的泛在化。也就是说，用户在任何时间、任何地点都可以便利地满足自己任何内容的需求，就图书馆而言，主要是资源的获取。智慧空间借助物联网技术，高度感知用户信息与用户需求，利用云计算与人工智能，提供泛在化服务。图书馆智慧空间与外界的空间也是联通的，理论上也可以建立流动的智慧空间，以满足不同地域的人们的需要。

7.3.2.7 智慧机器人建设

智慧空间的机器人建设就是为用户提供无人化服务。智慧空间的智能化设备可以自动与用户"交流"，采集用户信息，获取用户的具体需求；用户很方便地就可以自行获取自己想要的资料，无须馆员干预。比如图书智能传送系统、馆际互借无人驾驶汽车、咨询机器人等，给图书馆带来外在环境的改变和用户研究环境、学习环境的改变。借助 RFID 技术，用户通过手机扫书架，以确定书本的位置；通过 GPS 技术，用手机导航，引导用户找到路径；聊天机器人、盘点机器人、服务机器人也可以在图书馆的业务流程中逐渐取代馆员的工作，代替馆员进行资源建设和用户服务等。机器人的应用可有效提高工作效率，如盘点机器人实现了三维导航功能，把需上架的图书放在机器人的智能书架上，机器人就可自动识别并规划出最优上架路径，快速将图书放到准确位置，节约时间成本的同时还能有效降低人工失误率。但智慧空间时代，图书馆更需要馆员。技术不能完全代替馆员的作用，仍需要图书馆馆员以他们的智慧运用现代化技术，设计、规划出更多能够实现图书馆核心价值的智慧服务。

7.4 构建智慧空间服务体系

7.4.1 以服务用户为中心

智慧空间的核心是用户体验。服务是图书馆最重要的社会职能，根据用户的需求进行人文服务是图书馆的立身之本。"智慧"方法应用的目的就是通过技术、设备使用户更聪明，享受到更好的空间服务。因此，无论从图书馆发展的根基来看，还是从"智慧"的内核来看，智慧空间都必须以用户为中心。

良好的用户体验主要凝结在用户与智慧空间的互动中。一方面，智慧空间"主动"与用户互动，形成高度感知用户、强效分析用户、精准服务用户，形成空间记忆的良性循环。通过人脸识别、RFID、无线定位、语音识别、计算机视觉等技术，空间能明确地对用户信息和需求进行感知，机器人等智能设备可以识别用户语音信息，甚至是面部表情。用户随意性的行为形成大数据传输到云端，通过云计算分析，深度挖掘数据，得出用户自己都未曾意识到的兴趣点。不同用户在不同地点、不同时刻的需求都能实时得到反映，空间设备会自动提供用户所需要的信息，实现更高效的服务。最简单的空间记忆是图书馆资源的元数据和用户借阅数据；而在智慧空间里，对于人类活动的记忆是重中之重。每个记忆信息都有一个空间地址，用户用自己的身体就可以直接检索和获取这些信息。在整个过程中，空间还能够激发、引导用户与用户之间的交互。另一方面，用户能够轻易与空间进行交互。智慧服务系统良好的交互性，使用户无需复杂的操作即可方便、顺畅地完成与空间的交流，满足自己的需要。空间的"智慧化"是为了更灵敏地捕捉用户信息，更好地满足用户需要。

7.4.2 以协作分享为要旨

人工智能技术的飞速发展，为智慧空间应用提供了坚实的技术支撑。但是，依据单体图书馆的人力资源和资金投入规模，单体图书馆依靠自身现有条件来构建一个智慧图书馆的目标是很难实现的。多数图书馆都不具备全方位构建智慧图书馆的条件和能力，因此有必要开展行业间的横向联合和多行业的跨界合作，利用图书馆联盟的优势，通过协作分享来构建智慧空间。

7.4.3 开发创造思维能力

智慧空间有利于培养用户的创新协作、分享创造的精神,促进大学生群体对创新科技的学习及创新逻辑思维的塑造,有助于跨学科、跨领域的新产品、新技术和新应用的出现。智慧空间能够充分释放图书馆作为宿主的潜能,又能有效发挥图书馆在创新人才培养体系中的支撑作用。智慧空间更加注重社群成效,强调对用户创新能力和社群活力的激发,着力打造创意工作者创新的第三空间。

7.4.4 提供专业化服务团队

智慧空间建设必须建立与智慧空间发展架构和智慧服务相适应的专业化服务团队。服务内容和业务体系的变化,必然对馆员队伍的建设提出更高的要求,业务内容的拓展和升级将需要更加多样化的复合型人才。馆员的智慧对智慧图书馆建设至关重要,只有智能技术和智能设备,没有掌握并运用这些技术进行服务的图书馆员,图书馆无法实现真正的技术对接,图书馆就不能实现真正意义上的智慧化,也就难以转变为智慧图书馆。图书馆应重视馆员的技术能力,通过设置馆员准入机制、制定培训制度和设置培训课程及讲座、论坛和建立激励制度鼓励馆员自学习等途径,进一步培养和提升馆员利用智能技术为用户提供服务的能力[8]。

7.4.5 智慧空间的精准服务

智慧空间精准服务坚持以用户为中心的服务理念。用户是数据生产者和运用者,是服务循环系统的出发点和落脚点。通过信息搜集和分析,对用户行为进行分析和评价,利用大数据分析结果,围绕用户行为特点和内在需求,为用户提供精准服务。培养掌握现代技术的智慧馆员,为用户提供精准化服务。智慧空间是超越传统图书馆的,现代技术是实现这种超越的必要手段,在智慧空间中每一项服务的提供,都离不开现代技术的支撑。因此,智慧馆员要不断学习先进的技术,并将其运用到具体工作中,为用户提供精准化服务。物联网技术的发展,使获取数据变得更加方便和快捷,图书馆能够精准掌握用户行为数据;人工智能技术的发展,有助于提升图书馆与用户的互动效率;数字图书馆云服务平台的建设和应用,可以整合图书馆的海量信息资源,为用户提供一站式服务[18]。

7.4.6 为创一流本科教育服务

构建智慧空间服务体系,推进现代信息技术与教育教学深度融合。发挥第二课堂的作用,为打造多元协同、内容丰富、应用广泛、服务及时的高等教育云服务体系,打造适应学生自主学习、自主管理、自主服务需求的智慧空间。推动互联网、大数据、人工智能、虚拟现实等现代技术在教学和管理中的应用，为实施网络化、数字化、智能化、个性化的教育提供支撑，推动形成"互联网＋高等教育"新形态，以现代信息技术推动高等教育质量提升。

7.5　智慧空间建设问题与对策

7.5.1　智慧空间建设的问题

7.5.1.1　配套政策法规监管

智慧空间的建设需要处理海量的文献信息资源和用户行为信息数据，用户个人隐私成为数据内容的一部分，加上数据的高速交换与沟通，扩大了信息的开放程度，增大用户隐私泄漏的风险，而且敏感数据规模巨大，很难进行实质性补救。如果没有具体而统一的标准规范出台，将会出现智慧空间建设良莠不齐的现象，最终导致信息无法互联互通，使彼此成为一个个的信息孤岛，阻碍智慧空间的持续性发展。因此，用户隐私安全、知识产权保护以及图书馆资源安全问题，影响着智慧空间的长远发展，亟须配套的政策与规范的支持[4]。

7.5.1.2　数据应用的安全性

大数据技术极大地促进了智慧空间的建设。但在享受大数据应用程序便利性的同时，不可避免地存在一些影响当前大数据应用和开发的问题，比如存在个人信息滥采滥用现象，存在泄露用户隐私、网络攻击、信息过度挖掘等行为。大数据技术从数据收集、存储到集成，改进和分析是一个完整的链条，在这一链条中任何环节出现问题都可能造成数据泄漏、丢失、篡改等问题。当数据产生从到用户应用，面临着数据技术本身的风险。亟须提高信息保护技术，迫切需要完善信息安全管理体系。

7.5.1.3　互操作性与标准化

在现有的物联网应用中，终端厂家通常都采用私有化协议，数据也仅存储在专用系统内，形成数据孤岛，不公开、不互联。如果上层应用需要连接多个行业或者多个终端厂家，就必须适配很多的私有协议、依次跟不同的厂家沟通对接，一旦某个环节沟通不畅，整个应用都将搁浅。要实现物联网的万物互联，首先需要做到不同终端的协议互通和数据开放。传统的三层物联网体系架构已经不能适应物联网得发展需求，需要在传输层和应用层之间增加一个服务层，实现对感知层终端的汇聚和整合，比如数据汇聚、终端管理、连接管理等，为上层应用提供标准化服务。

7.5.1.4　支撑平台与维护技术

智慧空间建设需要智慧化平台和软硬件环境的支撑。硬件环境需要馆舍的重新布局和智能化的物理设备；软件环境需要信息管理系统和信息服务系统等，以及具有现代技术能力的智慧馆员，以达到智慧空间构建的要求。虚拟现实技术、物联网技术、数据挖掘技术等的运用，实现现有图书馆系统平台与智慧化设施的整合。目前，相关研究多处于理论构建阶段，全国范围内统一应用的、成熟的图书馆智慧化支撑平台，还有待研究和开发。

7.5.1.5 馆员队伍素质滞后

智慧空间建设在移动网络、物联网、大数据和云计算技术广泛应用的环境下得到了空前的大发展，这对图书馆员的能力和素质提出更高的要求，技术能力成为图书馆员的基本能力。馆员是图书馆的核心，没有智慧的图书馆员就没有智慧图书馆。如果把馆员比作图书馆的软实力，只有智能技术和智能设备等硬实力，没有能够利用这些技术进行服务的图书馆员，图书馆就无法实现真正的技术对接，也无法实现真正意义上的智慧化，智慧图书馆建设将出现软硬件发展不平衡的问题。图书馆服务的智慧化离不开智慧馆员，但目前，我国图书馆建设多将智能馆舍建设、数字资源建设、信息空间建设、先进设备补充等作为建设重点，智慧馆员队伍建设相对滞后，馆员配置结构与空间发展智慧建设不相匹配，馆员的能力及素质不能同步于智慧空间的建设发展，这是我国智慧图书馆建设亟须解决的问题。

7.5.2 智慧空间建设的对策

5G 环境下智慧图书馆建设框架主要由大数据分析决策系统、智慧采访、智慧流通、智慧服务、智慧办公和智慧馆员等多部分组成。

7.5.2.1 积极探索智慧图书馆建设的有效机制

A 大数据分析决策系统

大数据分析决策系统是指通过对图书馆各类资源和服务以及运营信息等大数据进行分析，并依托于数字媒体播放系统进行信息发布，同时进行关系链实时分析，形成一张高价值记忆网。大数据分析决策系统是 5G 时代智慧图书馆建设的基础，具体应包括中央知识库、本馆数据可视化、读者行为分析。

B 智慧采访

智慧图书馆建立纸、电一体化智能采选平台，实现图书采选与出版社数据对接，具备管理馆配商、管理员用户、数据导入、征订目录管理、分配采访任务、审核订单及查看本馆的采选情况等多项功能。

C 智慧流通

智慧流通包括智能书库、智能书架和智能盘点。

D 智慧服务

智慧服务包括阅读推广、智慧空间、机器人等。图书馆机器人的功能越来越强大，所提供的服务也越来越多样，包括语音咨询、借还书、扫码找书、读者引路等服务，它们成为图书馆提高服务质量和水平，实现转型升级的有力帮手，机器人技术的发展为智慧图书馆建设带来了新的机遇。

　　E　智慧办公

　　智慧办公是一种利用云计算技术对办公业务所需的软硬件设备进行智能化管理，是通过智能中枢的建立，实现人与设备，设备与设备之间的连接，让智能中枢实现无感协同地连接办公室里的任何设备，相互协调、相互协同，提高效率。

　　F　智慧馆员

　　智慧图书馆时代馆员的工作将发生根本的改变，将不再需要做新书接收、编目、流通等简单重复性工作。智慧馆员需要具备数据挖掘与信息分析能力、协作与沟通能力、自我发展与提升能力，能力的提高不仅需要智慧馆员，更需要智慧的管理者来优化人员配置。

7.5.2.2　制定相关法律与政策

　　智慧图书馆环境下，泛在网络的存在，图书馆海量的数字化信息资源的开放存取、信息安全、网络安全、用户隐私安全保以及知识产权等的保障，都需要成文的法律法规来指导。因此应出台相应的政策、法规，为智慧图书馆发展，营造良好的政策环境。从国家层面，积极推动智慧空间建设，从宏观环境分析，在核心技术上有飞跃性发展，数字建设环境、智慧技术的广泛应用，将会催生越来越多的新需求；制定相关法律和政策，使智慧空间建设迎来新的发展机遇。

7.5.2.3　建立资源共建共享联盟

　　目前人工智能的研究，包括语音识别、图像识别、语义分析、位置定位等都是非常关键的技术，极具应用价值。智慧图书馆的建构需要物联网、云计算等技术的辅助与支持，需要专业的馆员进行信息的筛选与处理，向用户提供专业性的知识服务。依据单体图书馆的规模、人力资源、资金投入，各个图书馆单打独斗构建一个智慧图书馆是不现实的。多数图书馆是不具备全方位智慧图书馆的构建条件和能力[19]，因此需要开展行业间的联合和多行业的跨界合作，建立区域内的图书馆联盟，由省级中心图书馆向下级图书馆辐射，带动区域联盟内图书馆资源及人员的共享。图书馆也可以引入服务外包模式，在联盟内部聚集最优的技术，实现区域内用户群体服务需求的专业性满足，为图书馆的馆际交流与合作奠定基础。区域内的图书馆联盟的搭建使信息传播及学习不再受时间与空间的限制，读者借助移动终端就可以自主选择文献资料[20]。

7.5.2.4　技术设施标准化规范化

　　图书馆作为知识服务中心，而非技术研发中心，没有足够的能力专门用于新技术研发，只是技术的利用者。图书馆要充分结合图书馆的学科特点，利用自身技术能力与技术外包，进行技术的创新应用研究，提高技术的适用性。智慧图书馆的发展对新技术的应用也要有所考量和选择。如果过度地强调技术的简单应用，过多关注图书馆工作的简单技术转换，而不考虑图书馆整体的功能价值提升和用户体验与服务效果，就会偏离智慧图书馆的核心价值和意义。因此，智慧图书馆的发展要考虑图书馆当前现状，比如经济实力和信息化水平、馆员素质和服务能力、用户对服务的利用能力和水平等，建立与图书馆的当前需求和长远发展相匹配技术设施标准化规范化，让技术在图书馆新的功能定位和智慧图书馆建设需求的指导下，更好地服务和支撑智慧图书馆的发展。

7.5.2.5　协同技术创新与开发

科技是有价值智慧形成的重要保障，是推动社会发展的关键力量。向智慧图书馆转型是随着智能技术的升级不断发展和演变的，智能技术是智慧图书馆产生和发展的基础。图书馆要积极适应快速变化的技术环境和需求环境，尽可能地感知、发现并及时引入智能技术，加快图书馆智慧化建设的进程。要建立研究团队、技术研发团队、应用推广团队，加强技术的预警判断和在图书馆中的应用转化，学习和借鉴国内外先进的智慧图书馆建设经验，与技术公司开展有效的合作，融入智慧城市、智慧校园的规划与建设过程之中，增强建设智慧图书馆的主观能动性，占据智慧图书馆建设与发展的主动权，加快从传统图书馆、数字图书馆向智慧图书馆转型变革的进程，增强图书馆的竞争力和生存能力[8]。

图书馆需要培养专门的数据馆员以支持数据管理服务的发展。数据馆员能够利用一定的软件分析研究数据，掌握统计分析及可视化软件 SPSS、SAS、Stata等，熟悉 DSpace、EPrints、Fedora 等开源软件，懂得多种计算机语言，具有学术资源发现方面的元数据知识，具有科学本体、开放关联数据和文献计量知识，具有数字资源保存标准知识，具有机构知识库平台建设技术等知识要求[21]。同时，数据馆员应采取融入科研环境、嵌入科研团队的服务方式，重视跨部门人员间的合作，将计算机技术人员、数据馆员、学科馆员等相结合，从而更好地满足科研人员的多样化需求。

7.5.2.6　提升馆员技术素质

智慧空间建设对馆员的能力和素质提出更高的要求，技术能力将成为图书馆员的基本能力。只有能够理解技术、理解技术与服务之间的关联的图书馆员，才能设计出更具智慧的服务。因此，图书馆应重视馆员的技术能力，通过设置馆员准入机制、制定培训制度和设置培训课程及讲座、论坛和建立激励制度鼓励馆员自学习等途径，进一步培养和提升馆员利用智能技术为用户提供服务的能力。

将先进的智能技术同馆员的学科专长和情报能力结合起来，重新布局和构建新型能力体系，建立包括学科馆员、数据馆员、交流馆员、OA 馆员、出版馆员、智库专家和智慧馆员等专业人才在内的新型人才队伍，在此基础上构建以文献服务和学科服务为基础，数字图书馆和移动图书馆服务为核心，数据管理服务、出版服务、智库服务为新能力的全谱段服务体系，并不断向智慧服务拓展和延伸，为用户提供从发现问题到解决问题的全过程服务，将知识和智慧成果通过更加人性化的服务方式呈现给用户[8]。

随着图书馆空间建设的不断发展，智慧空间成为未来高校图书馆空间的建设趋势，人们将越来越重视智慧空间的长远发展，其相关的理论与实践也会得到更多的关注。伴随 5G 技术的落地、虚拟技术的提升以及人工智能的发展，图书馆打造"沉浸式互动体验"将是数字阅读行业未来的发展趋势。如今的数字阅读、有声阅读、可视化阅读已超越传统阅读体验，图文、音频、视频及 AR/VR 技术的加入使阅读变得生动立体，未来的阅读将变成融合各种感官体验的沉浸式阅读，阅读方式的变革也使给图书馆发展带来了新的机遇和挑战。那么，阅读空间的打造也必须适应 5G 领域新技术的应用，朝着 5G 领域新技术方向装备。智慧空间是图书馆发展的必由之路，图书馆空间改造要面向未来，适应需求，引领发展，理念先进，保障有力的一流服务。

参 考 文 献

[1] 吴建中. 走向第三代图书馆 [J]. 图书馆杂志, 2016 (6)：4-9.

[2] 单轸, 邵波. 图书馆智慧空间：内涵、要素、价值 [J]. 图书馆学研究, 2018 (11)：2-8.

[3] 刘宝瑞, 马院利. 基于智慧理念的智慧图书馆空间样貌探究 [J]. 图书馆学研究, 2015 (11)：26-29.

[4] 郭晓柯. 我国智慧图书馆建设研究 [D]. 郑州：郑州大学, 2016.

[5] 王世伟. 再论智慧图书馆 [J]. 图书馆杂志, 2012 (11)：2-7.

[6] 王世伟. 全球大都市图书馆空间设计的发展特点与读者服务 [J]. 图书馆建设, 2019 (1)：67-74.

[7] 刘丽斌. 智慧图书馆探析 [J]. 图书馆建设, 2013 (3)：87-94.

[8] 初景利, 段美珍. 智慧图书馆与智慧服务 [J]. 图书馆建设, 2018 (4)：85-90, 95.

[9] 林晓莉. 图书馆能耗增长的影响因素与应对措施 [J]. 图书馆论坛, 2017 (3)：9-14.

[10] 汪泽浩, 于基睿. 一种基于 Zigbee 与 Adhoc 网络模式的无线振动检测系统 [J]. 物理测试, 2015 (4)：27-31.

[11] 王汝传, 孙力娟. 无线传感器网络中间件技术 [J]. 南京邮电大学学报, 2010, 30 (4)：36-40.

[12] 司强毅. 异构无线网络融合关键问题和发展趋势 [J]. 信息与电脑（理论版）, 2017 (17)：196-197.

[13] 伍舜璎. 基于信息服务的智慧图书馆数据管理框架设计研究 [J]. 图书馆学刊, 2018 (11)：111-115.

[14] 张娟, 陈人语. 语义网背景下基于单元信息的知识组织框架研究 [J]. 国家图书馆学刊, 2018, 27 (6)：54-59.

[15] 耿丽丽, 周鹏, 宋晓丹. 云计算环境下的图书馆发展战略研究 [J]. 图书馆, 2012 (6)：42-46.

［16］胡万德. 知识发现在书目检索系统中的应用研究［D］. 长春：东北师范大学，2010.

［17］柯平，邹金汇. 后知识服务时代的图书馆转型［J］. 中国图书馆学报，2019（1）：4-17.

［18］张幸格. 智慧图书馆实现精准服务的路径探析［J］. 河南图书馆学刊，2018，38（9）：94-96.

［19］常青，杨武健. 智慧图书馆建设误区与建设策略［J］. 图书情报工作，2018，62（19）：13-18.

［20］吕珂. 智慧图书馆服务模式分析［J］. 河南图书馆学刊，2018，38（8）：111-112.

［21］陈远方. 智慧图书馆知识服务延伸情境建构研究［D］. 长春：吉林大学，2018.

8　立德树人的文化空间

　　文化空间也称为文化场所，是一个特定的概念，是联合国教科文组织在保护非物质文化遗产时使用的一个专有名词。文化空间主要用来指人类口头和非物质遗产代表作的心态和样式，可分为三个方面：一是特指按照民间约定俗成的传统习惯，在固定的时间内举行各种民俗文化活动及仪式的特定场所，兼具时间性和空间性；二是泛指传统文化从产生到发展都离不开的具体自然环境与人文环境，这个环境就是文化空间；三是作为一种表述遗产传承空间的特殊概念，可以用于任何一种遗产类型所处规定空间范围、结构、环境、变迁、保护等方面的，因而具有更为广泛的学术内涵[1]。

　　虽然文化空间作为一种特定的非物质文化遗产现象，核心是指一个具有文化意义和性质的物理空间、场所和地点。图书馆作为世界文化遗产的保护和传播的场所，完全具备文化空间的特质和内涵，因此也是一个地道的文化空间。高校图书馆早已不再是传统意义的藏书楼，而是一个集学习交流、创意研讨为目标的知识中心、文化中心。图书馆空间兼具空间性、时间性特征，具有教育文化双重属性，对其建设的研究具有时代意义。教育部关于加快建设高水平本科教育全面提高人才培养能力的意见中，建设高水平本科教育的基本原则第一条就是"坚持立德树人，德育为先"，把立德树人内化到大学建设和管理各领域、各方面、各环节[2]。因此，高校图书馆文化空间的建设必须围绕立德树人根本目标，与时俱进，改变传统的服务理念和服务方式，规划并打造更多围绕学校发展战略，满足学生学习、科研、交流、娱乐的公共文化空间。

8.1　文化空间的概念与原则

8.1.1　文化空间的定义与内涵

8.1.1.1　文化空间的定义

　　列斐伏尔在《空间的生产》一书中最早使用了文化空间的概念，但作者并没有对文化空间进行进一步阐释。联合国教科文组织颁布的《宣布人类口头和非物质遗产代表作条例（1998）》中将人类口头和非物质文化遗产划分"各种民间传统文化表现形式"和"文化空间"两类。文化空间被指定为非物质文化遗产的重要形态[3]。此后，教科文组织对文化空间也有多种表述和不同解释。

（1）表述一，定义为一个集中举行流行和传统文化活动的场所，也可定义为一段通常定期举行特定活动的时间。这一时间和自然空间是因空间中传统文化表现形式的存在而存在的。

（2）表述二，联合国教科文组织驻北京办事处的文化官员爱德蒙·木卡拉对文化空间做了如下解说："文化空间指的是某个民间传统文化活动集中的地区，或某种特定的文化事件所选的时间。"

（3）表述三，《人类口头及非物质遗产代表作宣言》中文化空间一词，被解释成为"具有特殊价值的非物质文化遗产的集中表现"。

评选"规则"中规定，文化空间是文化人类学的概念，定义为"一个集中举行民间传统文化活动的场所"[4]。

众多学者从人类学视角、文化学、社会学视角、文化地理学视角、都市研究视角等多角度对文化空间的概念和内涵进行研究。有的学者主张文化空间是指具有文化意义的物理空间、场所、地点，它既有一定的物化形式，也有人类周期性的行为、聚会、演示及其扮演和重复。有的学者将其看作文化在一定区域的空间表现以及在这个区域进行文化交往的表达方式或是一种由意义符号、价值载体构成的体现意义、价值的场所、场景和景观，其关键意旨是具有核心象征性。有的学者将文化空间定义为"与人们的活动、行为、空间原型及其周围特征相关的城市空间"。综合这些学者的论述，目前仍不能得出一个关于文化空间的精确定义，但至少可以从以下几个方面对其加以解释和限定：

（1）文化空间应该包含物质空间、精神空间和社会空间三个层面；

（2）文化空间具有时间属性和活态传承性；

（3）文化空间不应该局限于非物质文化遗产或都市研究领域；

（4）文化空间不能被简单理解为"文化的空间"，既要承认这一术语的宽泛性和包容性，也要反对那种认为一切文化现象都是文化空间的"泛文化空间"论[5]。

8.1.1.2　文化空间的内涵

文化空间有广义、狭义之分，是多层次、多维度、不断发展之中的立体化存在。文化空间包含一定的人文意义、历史记忆或社会功能，组成要素主要包括人、空间、地理环境、活动内容与价值呈现，并具有多重可塑性、历史变动性、意义开放性、文化累积性、时间控制性等特点。图书馆自向社会公众开放以来，承载着人类社会各阶段发展的文化内容和形式。作为文化空间的图书馆不仅仅是单纯地借阅图书或获取知识资源的场所，更重要的是知识交流的公共场所。其具备的平等性、公益性、开放性、人文性等文化特质，以及伦理性、社会性、人文性的价值理性，是公共文化空间的重要组成部分[6]。

国内不同的学者分别将图书馆文化空间称之为第三空间、公共空间、文化空间（或公共文化空间）。杭州图书馆馆长褚树青在雷·奥登伯格社会生活的第三空间理论基础上，与时俱进地提出了更能表达图书馆时代性文化特质的第三文化空间概念：未来的公共图书馆应该可以融入人类的一切文化元素，具有文化综合体的特征而不是一个单纯获取信息的场所。在褚树青看来，第三文化空间概念无疑更具多元性、公共性和文化属性[7]。而无论哪种定义，图书馆作为文化空间的重要组成部分，也应随着时代的发展而不断发展变化，图书馆的空间功能及布局设计需与时俱进。北京大学图书馆副馆长肖珑曾对未来图书馆的功能提出了大胆的设想，她认为未来的图书馆空间应以文化服务和空间服务为中心，具备公共书房、起居室、交流室等功能。在具体的空间功能上，一方面应保留图书馆的"书文化"核心服务功能；另一方面要超越、延伸历史功能，新增学习空间、创意空间、休闲空间、交流空间、体验空间等大量单纯用于服务的空间，为读者创造一个精神家园般的文化环境[8]。上海交通大学图书馆于 2008 年提出信息共享空间创新服务模式，将空间分为服务空间、学习空间、教育空间和社会空间，具体包括开放式学习空间、休闲交流区域、协同工作平台、展览导读区域、主题学研社区、创新实验社区、个性定制社区、情景学习社区，共 8 大类区域。对高校图书馆文化空间布局起到良好借鉴意义。

8.1.2 文化空间设计的原则

8.1.2.1 读者导向

读者导向是指以读者为中心的服务方向。第一代和第二代图书馆的空间布局，从本质上讲都是把藏书放在首位，最主要的空间和最好的位置都被用来保存文献资源。第三代图书馆则是以读者为中心，强调空间为读者而设计，从"以书为本"转变为"以人为本"。因此，第三代图书馆文化空间设计应结合自身属性和社会职能，以读者需求为导向，明确服务对象，细化服务需求，设计空间功能区域，进行空间组合和布局，最大限度发挥空间的功能性作用。设计要坚持坚持"内外分开"和"动静分开"原则，并按尽可能将读者流量大、文献使用率高的部门安排在最方便的底层馆舍，让读者在尽量短的时间到达。例如，赫尔辛基市图书馆新馆把大众共享区设置在一楼，将社群分享区（如各类专题空间）设置在二楼的做法值得借鉴。广州大学城高校图书馆将参考咨询、借阅服务、自助服务设备及读者经常利用的设施集中安置在首层，方便读者使用。同时，也有必要参考超市和商场的做法，在主层留出新服务空间，将一些虽使用少、但潜在价值大，需要推介的服务布置在这里，引导读者使用。在考虑功能性需求外，文化空间的设计还要关注读者精神层面的需求，以读者的行为模式和感知体验为核心，唤起读者认同感和归属感。台湾大学医学院图书分馆的"阅读新乐园"，不仅有丰富的图书资料，也有明亮舒适的讨论室、符合人体工学及不同需求的阅览桌椅，还有樱花树、秋千、摇椅与充满禅意的雅致园艺，不仅让读者徜徉在自然美景中，也能舒压解闷，激发行云流水的学习灵感和源源不绝的研究创意。瑞士苏黎世大学法学院图书馆流线型的规划带给读者生动活泼的空间感受，改变了传统图书馆刻板的形象。虚拟空间的建设同样值得重视，清华大学图书馆网站上设有"体验实验室"栏目，栏目内包括聊天机器人、社交网络、图书馆工具条、RSS订阅等，特别是聊天机器人——小图的应用，在方便读者的同时，让读者在枯燥的借阅活动中添加了情趣体验，使图书馆服务显得灵动有趣[9]。

8.1.2.2 开放性

开放性是指敞开，允许入内。从图书馆空间变革的发展历史来看，不论是使用功能，还是空间形态，开放性已成为现代图书馆的重要特征，也是影响读者体验的重要因素。澳大利亚迪肯大学开启的图书馆空间价值评估 TEALS（Tool for Evaluation of Academic Library Space，高校馆空间评估工具）项目，明确图书馆空间使用 CoQ10 条标准，其中就包括要创建开放、舒适、引人注目的入口空间，空间设计布局要灵活，要具有较强的适应性[10]。荷兰建筑师库哈斯设计西雅图公共图书馆新馆时，面临的最大挑战是如何说服当地人接受一个完全开放的建筑。库哈斯强调要尽可能扩大室内空间，并采用错层方式让空间延续，主张把围墙打开，让读者从内部感受外景特征和日光变化。加州大学伯克利分校图书馆的学习空间拥有宽敞明亮的落地窗，良好的自然光线可以透过玻璃窗照射进屋内，屋外绿色植物鲜翠欲滴，为人们在学习休息之余带来清爽与舒适[11]。2018 年 12 月，芬兰赫尔辛基中央图书馆隆重开幕。整个建筑内部呈大空间格局，内广场与外广场呈开放状态，将图书馆与花园广场有机地连接在一起。我国国家图书馆新馆为代表的多个公共图书馆都采用了退台中庭方式，给人一种通透宽阔的空间感；东莞漫画图书馆不同功能空间的衔接借用书架陈设、地面起伏、灯光色彩、动漫装置等虚拟隔断方式进行区分，既保证空间视野的通透性，又便于空间重组和形态变化，以适应图书馆在使用过程中的变化和未来发展的需要。这种通透、自然、灵活的开放式空间让读者拥抱自然，放松心情，进而提高学习效率。

8.1.2.3 包容性

包容性通常指社会个体或某个社会主体能够包容客体的特性。中国图书馆学会《图书馆服务宣言》指出，图书馆要"向读者提供平等服务"，"保障全体社会成员普遍均等地享有图书馆服务"。在服务与管理中体现人文关怀，致力于消除弱势群体利用图书馆的困难，为全体读者提供人性化、便利化的服务。遵照《宣言》，图书馆界做出了许多有益的尝试。例如，广州图书馆开设了视障人士服务区、亲子绘本阅读馆、分级阅读悦读馆、信息技能学习区和阅读体验区，图书馆的服务惠及各个层面的用户需求。广州大学城 10 所高校图书馆都为读者设立了许多类型的空间，比如个人研修室、多人研讨室、报告厅、展览厅、咖啡吧、音乐欣赏室等。越来越多的高校图书馆也开始逐渐接纳各类社会读者，不同年龄、不同文化背景、不同身份、不同习性的读者聚集在图书馆里，促进他们之间的和谐相处，相互学习、尊重、谅解、熟悉、交往。在针对特殊群体开展的特色服务中，公共图书馆一直做的比较突出。例如：辽宁省图书馆开展的"对面朗读"活动已成为其一张亮丽名片；苏州图书馆的盲人阅读室设有每月一次的盲人聚会；上海浦东图书馆自 2001 年起面向盲人提供公益性服务，并常年免费开设"普通电脑盲人无障碍应用学习班"；杭州市图书馆始终秉承着"平等、免费、无障碍"的服务原则，允许乞丐进馆阅读[12]。由此可见，消除图书馆设立的门槛是开放，开放之后便是包容。空间设计的包容性，不仅要做到物质环境的无障碍、也要做到网络环境的便捷化、通用化，让每个人感受到社会的重视和认可。

8.1.2.4 创新性

创新是指以现有的思维模式提出有别于常规或常人思路的见解为导向，利用现有的知识和物质，在特定的环境中，本着理想化需要或为满足社会需求，而改进或创造新的事物、方法、元素、路径、环境，并能获得一定有益效果的行为。创新性是以新思维、新发明和新描述为特征的一种概念化过程。2015 和 2017 年的地平线报告中都提及了"图书馆空间的反思"，反映出图书馆传统的空间布局已经不能适应新技术的发展和用户需求的变化。要保持健康发展，就要激发创新活力，而高校图书馆是激发创新活力的重要平台。为此，无论公共图书馆或高校图书馆都需要面向服务对象、结合自身特点，在文化空间设计上寻求突破、敢于创新、挖掘图书馆"新空间"的功能与服务。例如，依托大学的优势学科，同济大学图书馆打造了创意设计特色空间、工程工业特色空间等集学科文献阅览、科研交流、教学培训、成果展示于一体的特色空间，实现学科教育与环境文化的融合，潜移默化促进多元育人的新途径[13]。沈阳师范大学图书馆针对不同专业读者历时 7 年，创造了服务学前专业人才培养的绘本馆、经典阅读的明德讲堂、支持朗诵、慕课制作的诵读空间以及支持学生创新创业的创客空间等 20 余个文化空间。此外，西安交通大学图书馆打造了新空间 iLibrary Space，宁波工程学院图书馆新馆创建的数字媒体创客体验中心，吉林动画学院建设的动画设计 VR 全景演示馆，东北大学图书馆建设了阅读体验馆、光影播放室等，均体现了创新性。

8.1.3 文化空间与其他空间的不同

武汉大学肖希明定义公共文化空间为"具有意义阐释和价能生产功能的文化空间，在公共性内涵不断增加和体现的过程中所形成的新的空间内容与形式，它不仅强调空间具有公共性，而且突出空间的文化性。"[14] 可以看出文化空间不同于一般的空间，因为它不是指自然地理或物理学意义上的空间，是一个具有"文化"含义的独特概念。文化空间包含空间、文化活动、人、交流互动等基本要素，其中人是文化空间的活动主体和需求主体，文化活动是表现形式，空间则是文化现象、文化需求和历史记忆展示以及交流互动的具体物质载体和平台。从具象意义上讲，文化空间是为公共生活提供场所的各类文化设施；而从抽象意义上讲，文化空间是公共空间的文化建构，即一种建成环境意义上公共空间的表达方式[6]。然而文化空间又绝不是单纯的"文化"与"空间"的结合体，它既可以是一种艺术形式、一种传统节日，也可以是一种宗教信仰形式。它包括某种特殊文化形式存在或传承的时间与空间、与该文化相关的群体、连续性的文化习俗和传统、民居建筑、具有一定特色的节日和庆典活动、民俗礼仪活动等[5]。同时，文化空间具有区位性、形象性（相貌、形状上表现出来的特性）、经济性、社区性、人文性、符号性、市民性等特征。城市文化形态和文化空间是一个有机体的观念。它以经济为基础，以城市形貌为外观，以社区为机体，以文化为环境，以人和人格精神为主体，从而构成了一个城市生态机制[15]。

图书馆的藏书是人类所拥有的共同财产，是社会共享的文化资源。作为一种公共资源，图书馆是为读者提供交流与学习的场所，提供知识的获取与传播的空间，显然具备了公共文化空间的内涵。在新的时代背景下，应该结合国内外多学科的研究成果来探讨图书馆文化空间的多重概念和内涵，用发展的眼光对图书馆文化空间进行规划或重塑，以此进一步发挥图书馆在传播人类文明成果、满足公众的精神和文化的需求、繁荣发展社会主义先进文化、提升国家文化软实力中发挥更大的价值。

8.2 国外图书馆文化空间的启示

根据切雷斯·施耐德等学者的公共空间理论，公共空间包括物理的、社会的、精神的公共空间等几个层次。公共文化空间从本质上讲是一个社会空间和精神空间。然而，社会的、精神的活动往往需要有一个物理空间作为活动的平台和载体。当从公共文化空间的角度来理解图书馆的时候，图书馆就不仅仅是人们获取知识信息的工具，而是社会文化运作的一部分。不同职业、不同背景、不同身份的社会公众相聚到图书馆这一公共文化空间，接受文化熏陶，讨论公共话题，分享交流思想，一同休闲娱乐，从而使人们加深理解互信，增强社会的凝聚力，促进社会和谐发展。图书馆的这一功能，所体现的正是图书馆的价值理性[14]。

文化空间的图书馆不仅仅是一个供人们进行间接信息交流的场所，它除了把静态资源分享给广大用户利用之外，更加关注人与人之间直接的、动态的交流，为人们提供了很多面对面交流的机会。不列颠图书馆原馆长布里安·朗博士在1999年8月上海图书馆举办的第11届国际图书馆建筑研讨会上曾经说过，未来人们更需要人与人之间面对面的交流，图书馆好比是教堂，即使今后网络技术日益发达，人们可以直接从网上获得各种信息，但图书馆还将继续存在，因为它将成为人们相互交流信息和经验的知识殿堂。纽约大学图书馆在其战略规划中提出，图书馆应成为"人的连接器"能够帮助便利与同事之间的联系，并且为他们之间的正式和非正式交流创造空间。图书馆应突破学科界限，成为有共同兴趣和工作内容的研究人员之间的连接器[16]。图书馆是人与人之间、人与资源之间以及资源与资源之间的纽带，是聚集信息资源和人的资源的知识空间；图书馆创造了一种独特环境和氛围供人们交流与共享，激发阅读兴趣，启发人的智慧和灵感，开拓人的视野和胸怀；作为场所的图书馆为丰富人们的精神生活、提高社区的文化品位发挥了极为重要的作用。

8.2.1   图书馆文化空间现状

8.2.1.1   多维度支持学习

图书馆空间的特殊属性或者特质是基于载体知识的文化公共空间。这种特质的形态，即是在一定条件下的表现形式，随着内外部条件的变化不断演进，其空间功能，即满足需要的某种属性，随着用户需求的提升不断丰富。

2009 年，国际图联大会将"作为第三空间的图书馆"作为一个研究主题，受到图书馆界广泛关注。最早提出第三空间这一概念的是美国社会学家雷·奥登伯格，其在《绝好的地方》一书中定义空间，其中第一空间为家庭环境；第二空间为职场环境；第三空间则是在第一空间、第二空间之外的其他所有空间，即为人们提供便利、学习、交流的地方，并在那里可以休闲娱乐、放松心情、修身养性、消除内心压力。

美国乔治城大学教务长詹姆斯在 2011 年 IFLA 会议上提出，图书馆未来的服务出现了新的空间，即教育、指导和帮助人们"阅读"，不仅包括传统的安静、独立的阅读空间，也包括在新环境下利用新的方式进行开放、合作、展示与试验的阅读空间，使图书馆成为试验与展示的空间，使阅读变成文字、思想、生活相交互的过程[6]。《2014 年美国图书馆协会白皮书》中将"学习共享空间（LC）的建设及其相关服务"作为高校图书馆发展的重要内容。在信息技术推动下，学习方式和教育模式发生了巨大变化，学习空间多变化、学习方式多元化、教学方法科技化等教育新特点促使图书馆角色发生变化。图书馆的物理空间、电子空间、数字空间、网络空间纵横交错、虚实相生，图书馆空间的范围被无限放大，服务功能不断延伸。图书馆已经从传统的藏书、借阅空间向信息共享空间、学习支持空间、文化交流空间转变。

2013 年落成使用的美国北卡罗来纳州大学亨特图书馆，利用高新技术与舒适的空间支持技术密集型实验，鼓励跨学科学习研究与交流，为用户打造独特的学习、研究与协作环境，代表了交互、体验、知识与创新，定义了研究型图书馆的未来。优秀的建筑设计和规划使亨特图书馆获得美国建筑师学会与美国图书馆协会2013年"图书馆建筑奖"6个获奖作品之一，同时获得2014年教育设施设计优秀奖。该馆以"建筑应当启迪思想、激发行动"为理念，利用高科技与现代建筑设计为师生创造了近100个高新技术空间与协作学习空间。图书馆的阅览区分为安静阅览区和休闲阅览区，安静阅览室设有古香古色的木质阅览桌椅，每个座位上配有台灯和电源插座学生可以带着包、笔记本电脑、咖啡和食物来这里学习；休闲阅览区可以欣赏美景、浏览书刊，甚至提供了休闲聚会场所。图书馆还打造了多种形式大、中、小三种规模的小组学习间共40多间，专门设立了研究生学习区和教师研究区，在二楼安静阅览室旁还有一个开放空间叫"想法凹室"，内部提供白板墙和桌椅，可用于团队交流和协作。此外，亨特图书馆还为师生建造了教学与可视化实验室、创客空间、可用性实验室等大规模可视化工具与新技术与媒体实践平台，支持多样化、跨学科学习与研究[17]。

　　加拿大瑞尔森大学的学生学习中心（SLC）是一座没有书本的图书馆。这座建筑为学生创造了8个独一无二的楼层，拥有宽敞的空间去会面、学习、交换思想。除了创造适于人群交流的环境，亦提供安静、适于独自学习的区域。更重要的是，它鼓励学生自主创造空间。学生学习中心是一座为信息时代而建的图书馆，鼓励学生与他们所处的物理环境密切交互。从它建成之始，这座校园的新地标就成了一处热门聚点，每天早晨7点至凌晨1点都充满学生活动[18]。

　　在英国，空间开放与共享成为当前英国大学图书馆独具特色的创新发展趋势。帝国理工学院图书馆在其战略规划中将图书馆的使命定位为要提供一流的以用户为中心的专业化知识和信息空间，开放空间和信息资源共享为重点内容和发展方向之一，它将更多地使用信息化物理空间，并满足用户不断变化的教学、学习和服务要求。

　　由此可见，高校图书馆对于教学和科研的支持不再局限于信息提供和阅读，而是多维度贯穿于教学科研的全过程。信息环境和学习形态的变化，使得图书馆的服务功能不断拓展，功能服务内容也更加精细化、多元化。无论是伴随着开放获取出现的"信息共享空间"还是基于动态学习环境产生的"知识共享空间""学习共享空间"，图书馆的空间服务就是联合更多的知识组织，通过空间资源与服务的整合优化，为用户创造更为开放、便捷的知识交流与学习共享空间。图书馆的空间服务正在从信息获取、知识组织、学习、研究、创新，乃至社交、休闲、娱乐等多个维度支持读者的学习。

8.2.1.2　开启共享协作之门

　　20世纪90年代，认知主义学习理论的重要分支——建构主义学习理论在西方盛行。建构主义认为，知识不是通过教师传授得到，而是学习者在一定的情境即社会文化背景下，借助其他人（包括教师和学习伙伴）的帮助，利用必要的学习资料，通过意义建构的方式而获得。情境、协作、会话和意义建构被认为是学习环境中的四大要素。建构主义学习理论主张以学生为中心，利用各种空间创造知识建构的真实情景，提供先进科技设备、丰富资源，满足学生学习、交流、休闲、娱乐，拓宽学生的思路，为他们今后的学习、生活、工作进行知识储备。随着教学理念与教学模式的转变，图书馆的功能从传统的文献收集和获取中心，迅速向学习体验和知识创造中心演进。图书馆基于信息技术的学习环境和灵活多变的团队学习空间为情境创设和协作交流提供了有力支持。

目前，大多数高校图书馆在设立个人学习区域外都设立适合多人共同讨论或学习的空间，提供给一些需要的团队。图书馆协作学习空间能够提供灵活的家具、半围合的组装等，来让使用者按照自己的学习行为调整空间布局，给空间赋予"暂时的所有权"。图书馆应按照学习模式变化的要求配备相应的电子显示屏、接入移动电子设备等硬件设施、网络系统和电子资源。学习空间是学习者相遇、产生对话、思维碰撞、创意诞生的地方，协作型学习空间能够促进所有成员朝着共同的目标努力，相互交流和学习，为基于问题和项目而产生的持续分享、讨论、协作、创新提供系统化支持。

英国的许多高等教育机构图书馆，都设有支持不同类型的学习或交流的空间，除个人信息收集、个人安静学习外，还设立开放灵活的团队工作区域和小组学习区域。此外，还提供结构化教学和学习空间。谢菲尔德大学图书馆的信息共享空间（IC）中设置了多种形式的可供课题研究组和学习小组进行集体讨论的空间，各楼层都配有宽屏电脑的大型电脑桌，用户可以根据情况预订小组学习室或设施可以随意移动的灵活学习区[19]。

日本新潟大学是尝试学习共享空间（LC）的先行者之一。2011年底，新潟大学启动中央图书馆扩建工程，重新规划和设计了一个全新的学习空间。新学习空间整体设计为具有可视性、能动性的开放性大空间，家具以轻便、可移动式为主，有覆盖全馆的无线上网环境，室与室之间用透明玻璃做隔离，必要时可以把两间学习室合并成一大间，灵活的设计满足了学生团体学习、小组讨论等多样化学习方式的需求[20]。

韩国首尔大学图书馆建设使用录像的媒体空间，可供学生就业时练习使用。首尔大学图书馆、釜山大学图书馆建设有研修室，供研究生学习研究预约使用。釜山大学图书馆设有就业学生专区，摆放有关书籍和视频资源，建立打印装订设施等，为毕业生就业提供专门服务。

新加坡南洋理工大学图书馆将合作空间分为封闭和半开放空间两种，提供各式小空间及设备技术支持（如投影、电子黑板等），适合小组讨论、项目工作报告演练等；互动空间提供交流工具和休闲用品；团体/社区空间布设电子阅报机、多屏显示器学习电脑等，适合馆员与读者在其中进行互动[29]。

美国华盛顿大学图书馆设立了学术共享空间，提出该空间是连接学生与教员协作的空间，是开展工作小组和进行展示的空间，是发现其他研究者研究内容的空间。其建设的长远目标是通过联结人与知识进而丰富生命质量，促进知识发现，设计帮助服务台和写作咨询服务是其特色服务。服务台面向所有学生和教职人员，可以帮助用户设计图形和图表、可视化数据、生成幻灯片和海报等，还可以帮助用户撰写会议报告、准备发表论文及开展学位论文的写作。蒙大拿州立大学图书馆创设了"创新学习工作室"，空间设计采用大量可重构元素（如可折叠或可组合桌椅），确保师生能够依据学习情境重置学习空间、实验翻转课堂等以学习者为中心的混合学习模式，并方便教师在学生的学习过程中提供持续引导，培育学生的批判性思维能力[21]。

8.2.1.3　重视创客空间建设

美国高校图书馆十分重视创客空间建设。2006 年 1 月 31 日，美国总统布什在《美国竞争力计划》，提出知识经济时代教育目标之一是培养具有 STEM 素养的人才，并称其为全球竞争力的关键。2011 年，奥巴马总统指出，美国未来的经济增长和国际竞争力取决于其创新能力，将"创新教育运动"作为经济增长和繁荣的人才培养核心方向[22]。

全美高校图书馆为了增强创新服务和育人功能，提升创新与创造人才培养的力度，纷纷筹建和创办创客空间。麻省理工学院迈卡·奥特曼团队对美国研究型图书馆协会 64 家成员馆创客空间建设情况的调查结果均表明，绝大多数美国公共图书馆和高校图书馆在积极进行创客空间建设的实践探索，探寻创客环境下图书馆服务的新模式，为学生创客精神和创新能力的培养提供保障。

美国高校图书馆的创客空间非常重视现代化工具和设备配备，配置率最高的是 3D 打印、3D 扫描设备，此外还有电子类、数码类和计算机类工具、应用软件、数字化制造设备、机器类、工具类、手工材料类等多种设备。围绕这些设备所开展的服务也日渐丰富。例如，圣马特奥学院图书馆创客空间提供激光切割、雕刻、焊接、Arduino 等服务；得克萨斯州立大学阿灵顿分校图书馆创客空间提供的缝纫加工、丝网印刷服务；卡耐基梅隆大学 Hunt 图书馆创客空间提供的游戏设计、媒体设计、声音设计等服务。

美国高校图书馆为创客空间服务配备了专业的人才队伍，大多建有由专业馆员、学院或社区专家、大学生志愿者等组成的专业服务团队，既可为创客提供技术指导及专业培训服务，又可激发创客的创新思维。例如，密歇根大学图书馆创客空间的核心馆员既有高级可视化专家、硬件和运动捕捉专家，又有数字制造专家、互动影像及制作专家等[20]，同时还安排了一些擅长计算机图形编程、人机交互技术、可视化技术、体感游戏开发等方面知识的学生顾问，为创客空间的用户提供实时的帮助。美国高校图书馆创客空间为学生们提供了一起学习，共同创新的物理空间，能够突破常规的学习方式，实现在体验、交流和创造中学习，将书本内容和以成品为中心的活动整合为他们课程的一部分。其目的是通过"启智"来启发创意，再通过"实践"来实现创意，体现了在图书馆里研究和实践的紧密结合。通过创客工作坊、创客俱乐部、专业技术培训、讲座等形式开展创客教育，图书馆创客空间提供空间、技术、设备设施、材料及馆员的专业服务，支持师生深度参与基于创造的学习过程，共同探索、孵化创意成果，实现创客教育的目的。最终实现创新精神的培养，自主探究、协作分享、动手操作等能力的培养。

8.2.1.4　空间构成要素丰富

图书馆并非单纯是借阅图书或获取知识信息的地方，而是满足人们学习、娱乐、休闲、交流、沟通等多种需求的公共空间。其中，人是文化空间的活动主体和需求主体，文化活动是表现形式，空间则是文化现象、文化需求和历史记忆展示以及交流互动的具体物质载体和平台。因此，文化空间应当具备物理空间、人、文化活动、交往互动等基本要素。

高校图书馆作为学校的文化中心，要从空间建设、设施配备、资源保障、功能设置、服务能力等全方位进行规划，用文献和服务吸引读者，用活动吸引读者，用环境吸引读者，把自己打造成能够满足个人和团体在学习、信息服务、教育、休闲、娱乐、社交等多方面需求的公共文化空间，充分发挥其作为文化教育机构的职能。高校图书馆的物理空间建设不单要考虑师生的学习和科研所需，更重要的是能使用户享受到最佳体验效果的同时展现出学校的精神和文化。专业的馆员队伍是维持图书馆优质服务的有力保障，作为公共文化空间，图书馆员需要具有一定的常识和专业知识背景，具备为读者策划多形式文化活动以及与读者产生多层次互动交流的能力。例如，具备专业文化素养的学科馆员为读者提供文化知识交流、创新指导和参考咨询等服务；活动策划类馆员筹划开展读书活动、竞赛、研讨、学术交流等形式多样的阅读和文化活动；技术类馆员保障设备设施的运行维护，将物理空间与虚拟空间充分结合，为读者打造多种学习情境。

迪肯大学图书馆在进行空间设计时需要考虑的各种因素，评估结果将对图书馆的空间设计产生重要的指导性作用。项目组获得了读者满意空间的共性特征，即设计灵活、家具样式丰富、所有元素可自由移动，因此项目组得出了"以各种各样的舒适家具作为特色的非正式共享空间是高校图书馆空间设计中的最重要因素"的结论。所以，迪肯大学图书馆在之后的空间再造中，特别注重色彩、家具、灯光、艺术品的设置，并注重空间的灵动感和舒适性，利于用户创造力与潜能的激发。谢菲尔德大学 IC 的空间不仅要配置充足的计算机等硬件设备和人力资源、专家咨询等软件，也要精心设计馆舍建筑，使其美观舒适。布局体现了以用户为中心和人性化的设计原则，例如网上预约系统免去了占座的麻烦，休息区装饰有艺术画廊，学习小组区设置了安静区，避免干扰；残疾人专用座椅和操作设备等都体现了作为以服务用户为核心的图书馆要素，达到整合技术、教育、学习和研究为一体的目的。

8.2.2 文化空间对我国的启示

8.2.2.1 重视规划和读者需求

高校图书馆的转型发展和空间改造等变革，不是领导人随意拍脑门制定出来的。图书馆空间如何改造、怎样改造，均应制定比较全面长远的发展计划，要对未来整体性、长期性、基本性问题进行考量，设计未来整套的改造方案。重视规划设计，以培养创造性能力人才为目的，以读者需求为目标，科学的设计、规划和引导现代高校图书馆建设。从近几年国外高校图书馆的战略规划中发现，各高校图书馆都将学习空间作为重要发展目标或发展任务，并制定了相应的发展规划。学习空间的构建涉及布局改造、技术装备、服务项目、人力、财力等多方面的调整和改革，所以不仅需要图书馆制定长期的宏观发展规划，也要根据需要针对不同的项目调整制定短期的分布式的设计筹划，力求做到周密详尽。高校图书馆的职能就是要为学校的教学、科研服务，图书馆的空间建设要密切结合学校的办学理念和实际情况，体现出各自学校的学习特点和精神文化。

此外，图书馆文化空间在实施规划的过程中也要随时根据发展变化调整规划，强调"以人为本"的规划理念，满足师生的各种需要，使用户享受到最佳体验效果。

8.2.2.2 相关部门协同合作

这里所指的合作就是高校图书馆在空间改造运动中，与校内外其他相关部门之间为达到共同目的，彼此相互配合的一种联合行动和方式。图书馆是高校不可分割的一部分，起着传承学术精神、塑造大学品格、弘扬大学文化、促进人文积淀的作用。图书馆作为学校的公共文化空间，其服务功能和空间功能的规划与学校发展规划、人才培养、课程设计、素质教育及校园文化相衔接，贯穿于学校人才培养的全过程。

图书馆的文化空间建设应围绕课程体系整合资源，打造课程型环境，使学习内容情境化，将课程内容与空间布局紧密融合。因此，图书馆文化空间建设需要与学校各个部门协同合作，统筹规划，与学校人才培养的各个环节紧密融合，这样有利于最大化发挥图书馆服务职能和教育职能，有效提升文化空间的服务效能。例如，俄亥俄大学图书馆的共享空间，在构建期间，就以图书馆为发起人，联合学校各部门包括计算机中心、餐饮中心、协作中心等，全方位考虑图书馆公共文化空间的定位和布局。

高校图书馆除了积极开展校内各部门的合作，同时还应开发校外合作和跨界合作，为了共同的目标，统一认识和规范；相互理解、彼此信赖、互相支持、有效合作；建立具有合作赖以生存和发展的一定物质基础。美国高校吸引社会力量参与学校建设的经验值得我国高校学习，常与社会其他跨领域、跨行业的多方力量合作，为图书馆的建设和活动开展提供资金保障和人力支持，企业、个人等对图书馆的捐款和捐物是缓解图书馆经费的重要来源之一。

8.2.2.3 加大投入优化配套设施

现代信息技术不仅从根本上改变了人们获取信息的方式，同时还改变了人们的学习和研究行为。学习方式和教学模式呈现新的特征，学习空间多变化、学习方式多元化、教学方法科技化。这些新特点可以：

（1）促使图书馆转换规划理念，加大投入，改造设施，优化配置设备，依托开放的空间、灵动的设施为学习者提供更多条件满足的群组空间和学习空间，以突出空间的协作和社交支持功能；

（2）以全覆盖的无线网络环境，先进的科技设备可以支持大学生通过网络获取信息、知识，实现 MOOC、SPOC、翻转课堂、虚拟实验室等创新式的学习方式，创建学习情境；

（3）以高配置电脑终端、投影仪、互动式电子黑板等，方便用户随时进行小组讨论和报告演示；

（4）丰富的电子资源、种类丰富的学习辅助器材可以保证读者学习方式的多样性和学习过程的流畅。

以上这些特点是国外高校图书馆对公共文化空间建设的经验元素。例如，加拿大皇后大学图书馆，学校投入 480 万美元，添加了上百台计算机和其他设备；图书馆也通过争取专项经费和捐款，来弥补图书馆用来空间重塑的资金，为读者创造一个环境自由开放、布局合理的学习空间。美国高校图书馆空间设施一般均采用先进的设施，并且项目齐全，只要有需要的都要努力配置。

8.2.2.4 注重创新能力培育

美国提出的 STEAM 教育理念提倡跨学科教学，强调体验性和实践创新性。作为创客空间文化的发源地，美国图书馆创客空间建设服务处于全球前列。2012年，美国政府推出一个重点项目，计划 4 年内将在 1000 所中小学建设"创客空间"，从基础教育入手推动教育改革与创新能力的培养。高等教育阶段，学生将通过各种实践或创造来学习，逐渐由消费者转变为创造者，亲自动手的体验式学习已成为美国高等教育和人才培养的最新模式。

正式学习空间固然可以使思维、分析形成一个连续性的活动，然而创作灵感往往来源非正式学习空间，创新想法往往来自非正式的学术交流和讨论。图书馆作为学校的公共文化空间，正是为读者提供了人与人、人与技术交互的平台，在图书馆的交流很容易产生新的想法。例如，北卡罗来纳州立大学亨特图书馆全天候地将先进的技术与设备交由学生和教职员工掌握，鼓励技术密集型学习和实验，通过人与技术的最大化交互，激励下一代工程师、设计师、科学家的养成，将制造空间拓展至大学图书馆当中，能够为师生提供更多自主探索和创造性学习思考的机会，有利于培养学生的批判性思维，使大学图书馆真正成为"智慧枢纽"和"创新的孵化器"。

8.3　国内图书馆文化空间重塑

8.3.1　文化空间的形态

8.3.1.1　服务空间

图书馆作为文化空间其文化服务有着丰富的内涵，它既可作为物理层面的文化服务活动的重要场所，也具有延伸到技术层面的虚拟空间的文化服务。图书馆提供的空间服务毫无疑问是文化空间功能价值的有力彰显，亦是时代的迫切需求。例如，广州图书馆新馆设置了多元文化馆、广州人文馆和创意设计馆等主题馆，其定位是服务公众的专题文献信息需求以及与社会组织、机构交流的需要。提供展览、讲座、沙龙和真人书等多类型或层面的服务、展示与交流空间。

多元文化馆已连续举办了墨西哥、加拿大和法国文化月等活动，推动图书馆服务进入新境界。湖北省图书馆通过构建新媒体移动服务平台，不断丰富数字资源载体和传播手段，充分利用5G、WiFi等技术，建成湖北数字图书馆移动门户网站，开通了微博、微信、馆馆通、移动图书馆等服务项目。读者通过手机、平板电脑等便携式终端，登录访问移动门户网站，既可以实时接收馆方发出的各种行业新闻、服务公告、新书推荐、借书逾期通知等信息，也可以快捷地查询馆藏信息、获取电子资源，还可以通过互动等方式，得到图书馆参考咨询服务，充分享受数字资源全媒体云服务带来的便捷与实惠。因此说，图书馆文化空间即是服务空间。

8.3.1.2　学习空间

图书馆既是知识的中心，也是读者阅读学习的地方。联合国教科文组织公共图书馆宣言指出，公共图书馆是终身学习的场所，应当支持个人和自学教育及提供接触各种表演艺术文化展示的机会。公共图书馆服务转型中很重要的一步是从阅读学习场所提升为社会学习平台，引导市民、社会组织参与各类型的学习活动，提高市民文化知识素质和职业素养。公共图书馆在新空间新服务功能拓展时，一方面可以提供个性化的信息与知识，提升市民的文化知识与素养。例如深圳运动之风盛行，"百公里徒步"是城市的运动名片，深圳图书馆报告厅和南书房有针对性的安排户外运动急救、安全、健康方面的知识讲座，普及运动知识与文化，受到市民欢迎。

在高校，以学生为中心的自主学习和合作学习，将互动交流提升到很重要的位置，促使学生主动探索和发现知识，提高自我认知能力，这不仅能提高学生素质，而且是信息时代背景下应具备的技能。例如，上海交通大学图书馆学习空间主要包括小组学习室、安静学习区、休闲学习区等，共有 24 间小组学习室。小组学习室是开放、平等的空间，对学术研讨、教学培训、讨论交流、赛事支持、社团活动等提供支持。毋庸置疑，任何图书馆既是文化空间，更是学生在校园开展学术交流的重要学习空间。

8.3.1.3 教育空间

2017 年，习近平总书记在全国高校思想政治工作会议上提出了"文化育人"的教育理念，指出："要坚持把立德树人作为中心环节，把思想政治工作贯穿教育教学全过程，实现全程育人、全方位育人，要更加注重以文化人、以文育人，努力开创我国高等教育事业发展新局面[23]。"

高校图书馆利用各种空间承载着教育功能，实现全程育人、全方位育人。专业知识教育、道德素质培养、信息素养教育、自主能动学习教育、创新创业教育等，均是高校图书馆的教育职能，承担着大学生大学阶段必备的教育机构和设施。例如，东北大学图书馆建设了校训墙、东大文库、民国及地方文献馆、甯恩成展室、知行阅读社等，将学校文化、历史多角度呈现在馆舍空间中，让图书馆成为育人的重要基地；沈阳师范大学图书馆打造的信息咨询空间、语言交流空间、开放学习空间、信息素养空间、影音欣赏空间、诵读（微课录制）空间、创意工作坊、教师沙龙、启智学术研讨空间、明德讲堂、星空创意绘本馆、读者讨论空间、写作指导空间、多媒体制作空间、创客大讲堂等20余个学习空间，无不承载着教育职能，一直努力发挥各个空间的教育作用。沈阳师范大学图书馆文化空间如此，所有高校图书馆既如此，教育功能是图书馆的核心功能，教育的作用亦是图书馆的核心作用。

在经济全球化的大背景下，世界文化的传播、交流、融合更加频繁，图书馆文化空间充分发挥其教育职能作用，利用丰富的馆藏资源，借助互联网资源和全媒体技术营造一个真实、自然的民族文化环境，让读者能够身临其境的感受不同民族文化的独特魅力。图书馆文化空间的教育属性还体现在开展民族文化技能培训。通过文化讲座，流程展示等形式，对传承人进行技术技艺实训和民间工艺培训，促进他们的交流与沟通，为民族产业的发展提供人才保障。图书馆的一切文化空间、一切人文活动都是为了读者教育。

8.3.1.4 公共空间

阮纲纳赞在图书馆学第五定律中指出："图书馆是一个由藏书、读者和馆员三个生长着的有机部分组成的结合体。"读者的需求是图书馆"生长"的一个重要因素。现代社会的快节奏生活和日益激烈的竞争，让人们面临的压力越来越大，他们迫切地需要一个可以缓解压力、释放自我、放松精神的场所，而图书馆可以为读者提供一个自由、宽松、便利的公共文化空间。例如，杭州图书馆举办包括讲解、交流、竞赛、展示等各种形式的活动，读者通过参与这些形式内容多样的活动，可以在图书馆享受学习、交流、创意、展示、娱乐带来的乐趣，比如"真人图书馆"活动、"好摄之友个人影展"活动、"总有一种声音打动你"活动，读者轮番登台演唱，让音乐成为彼此交流的工具。这些活动均是大空间、多受众的公共文化活动性质。同时，数字时代，多媒体传播介质日益普及，文化产品及文化体验也日渐丰富，读者参与文化活动的途径愈加多元，无数的个体突破时间和空间的限制，使社交、工作、休闲、娱乐都可以在虚拟平台上得以实现，形成人人创造、人人享受的文化生产样态，催生了虚拟文化空间。

图书馆公共文化空间是由物质空间与虚拟空间体验相结合的模式，是数字时代出现的一种具有技术和文化的双重属性的新的文化生产样态。图书馆通过数字技术克服公共文化资源，在现实环境下由智能分工而造成的信息分散，通过跨地域、跨行业的配置和整合，以交互的形式使得数字资源进行网络化传播，完成对社会公众的文化渗透，在虚拟空间中再现或传播的文化精神，实现物质空间与虚拟空间共存互动，营造出便捷、开放、平等的公共文化网络新空间[6]。

8.3.2 文化空间的特征

8.3.2.1 人文性

公共文化环境的不断变化也是随着科技的进步而逐渐向其人文性靠拢，图书馆作为公共文化空间具有自己的人文性特色，在信息技术的变革中实现了科学精神与人文精神的不断融合，对读者的需要提供人文关怀和人性化服务是人文精神的重要体现。

例如，湖北省图书馆在馆外设置生态水池，馆内大量使用绿色植物，以减少尘埃、噪音等污染，让读者在优雅、健康的环境中学习钻研；配置自助办证、借还等设备，满足读者服务一站式、智能化的要求；设置 24 小时自助图书馆，在一楼配置 5000 平方米少儿服务功能区，阅览座位达 750 个；建设盲文图书馆，残疾人专用电梯和卫生间等设施，尽一切努力关爱特殊人群；在负一层建有 500座的餐厅，为读者、员工提供餐饮服务，大型车库也给读者和员工带来泊车的方便；在八楼设置 12 间客房，与同层的培训基地相配套，为学员提供方便的休息场所；发挥馆员创造性思维，在馆舍出入口处设置每周免费开放 80 小时的提示牌，配置电动擦鞋机、伞套机，在电梯间安装 IC 电话，在各个楼层安放直饮水设备及资源检索机，在服务台配备应急救护箱、眼镜，全方位体现人文关怀[24]。

湖北省图书馆的人文关怀较之于其他的公共文化机构更显得温馨，更能体现公共文化服务精神，更能吸引读者参与，对提升全民阅读推动更大。

8.3.2.2 开放性

图书馆的开放性主要表现为：

（1）空间的开放性。任何社会成员都可以成为图书馆的读者，可以自由地进入图书馆，没有身份的限制。

（2）资源利用的开放性。知识自由是图书馆奉行的普世价值，读者拥有自由选择文献资料、自由阅读、自由沟通与交流、自由获取知识信息的权利，这种权利不应该受到政治、宗教、意识形态的干扰。

（3）议题的开放性。在图书馆公共空间中，所有读者都是自由、自主的聚集，集中在阅览室、研讨室、报告厅、馆内书店、活动室、创客空间、咖啡馆等公共空间，学习、阅读、讲座、报告、沙龙、讨论学术与国家事务。

例如，东北大学浑南校区图书馆即采用"大开间、全开放"的理念，实施"藏、借、阅、检、学、研"一体化的开放式服务模式。作为人们日常交往的平台，在图书馆人们可以自由地交流思想，发布信息，谈论自己感兴趣的话题，包括社会问题、民生问题、文化现象等，展开各种文化思想的对话与碰撞，促进知识、文化、信息的传播和发展，开放性是图书馆作为公共文化空间的明显特征。

8.3.2.3 公共性

图书馆作为公共文化空间具有社会共享空间的职能。图书馆作为一个社会文化机构，是整个社会空间中的一个重要构成元素，是公民日常生活中不可或缺的公共服务设施，具有面向每一个社会成员开放的合法性基础。面向每个社会公民服务，为他们提供免费的知识信息是图书馆义不容辞的责任和义务。作为一个公共的空间，图书馆尽了一切可能将无序的信息世界有序化，并为人们提供了一个日常交流和文化休闲的场所。同时，图书馆是一个没有职场等级意识、没有角色束缚、可以自由地释放自我的空间。人们可以在这里开展文化娱乐，交流思想，发布信息，讨论共同关心的话题，与更多的人共享知识和经验，在休闲娱乐、陶冶身心的同时，加强彼此之间的了解，建立起人与人之间新的文化关系，图书馆是激励人们不断学习和追求的最佳场所。

在当前市场经济已经成为社会经济运作的基本模式，几乎所有服务都成为商品的情况下，图书馆使所有公众都能享受图书馆的资源与服务，真正成为广大社会公众所共享的公共文化空间。

8.3.2.4 美观性

图书馆应是读者的精神家园，应该让读者有家园感，而不是让读者感到人在旅途。阿根廷诗人、国家图书馆馆长博尔赫斯在《关于天赐的诗》中写道："我心里一直都在暗暗设想，天堂应该是图书馆的模样。"因此，图书馆空间应该光明洁净，富于美感。图书馆的文化空间不论是从外部设置还是从内部功能的布局设计，都为广大读者提供美观舒适的阅览环境，营造浓郁的文化氛围，满足用户自身的需求。图书馆建筑及其环境的艺术化可以对读者审美文化水平的提高产生潜移默化的影响，所以，图书馆作为读者的精神家园应该不仅仅是读者的知识园地，还应该是读者的艺术园地。

现实中，许多图书馆的地理选址、建筑设计、空间布局、室内装饰以及服务环境都在努力追求审美，努力将图书馆建设成"天堂"一样。例如，深圳大学城图书馆充分利用了山水环境，建筑整体依山跨水，犹如蛟龙盘桓山水之间，令读者身在其中就会心旷神怡。杭州图书馆在空间环境设计中通过大开间、软分隔、三重灯光等方式营造出了独树一帜的家居式阅览环境。云南省图书馆对地形地貌进行园林式规划，石铺小道曲径通幽，小桥流水掩映其中；广场表面铺贴云南石林特产青石板材，古朴典雅；室内装饰为读者创造审美环境，强化环境与人的关系，在环境中贯彻与所居者相适应的空间布局形态，表达出特有的意境和情调，对读者会有一种特殊的艺术亲和力。东北大学甯恩成图书馆利用绿植、塑像、家具等构造文化景观，给读者带来美的享受。

图书馆通过对外形、空间环境的设计，让到馆的读者在轻松、舒适的环境下享受阅读与交流的乐趣，作为开放的公共文化空间，在满足功能的前提下，注重形式的美观体现和文化情感的表达，更好地满足读者多元化文化的需求。

8.4 文化空间的功能与管理

8.4.1 文化空间的服务功能

8.4.1.1 藏阅功能

图书馆是公众心中的知识殿堂，需要根据时代的发展不断满足公众多元化的阅读需求。文献收藏及阅读是图书馆最基本的文化功能之一。所有图书馆都具备藏书功能，包括基本书库藏书区、辅助书库藏书区、储备书库藏书区和特藏书库藏书区。很好的收藏是为了很好的阅读，有藏才有阅，同时藏书区还具有文化保护与传承的作用。藏书区要有单独的出入口，便于运送图书。其次就是阅览区，各种形式的阅览室是读者阅读赖以依托的场所。藏书区与阅览区既要分隔又要有方便地联系，阅览区应能容易到达，并且应与基本书库有便捷的联系，空间应有较大的灵活性，适应开架阅览和功能变化的需要。

现代图书馆的阅览区是一个开敞的空间，集阅、藏、借为一体，为读者提供多种选择性。例如杭州图书馆，为满足读者新时期的阅读需求，其馆藏建设突出了以下特点。

（1）馆藏丰富。图书馆拥有 280 万册（件）各类文献资源。

（2）根据读者需求建设馆藏。在各服务台放置了读者意见本及读者荐书本，根据读者需求选购文献。

（3）开拓馆藏类型。除了文献及数字资源外，图书馆还创造性地将玩具列入可外借的馆藏范畴。该类馆藏主要是以拼图玩具为主，向未成年人及家长提供外借服务。

图书馆的馆藏建设体现了以读者为中心，围绕读者需求开展工作的服务方式[25]。藏阅一体的空间布局和家具陈设，随处都能彰显出图书馆最基本的藏阅文化。

8.4.1.2　体验功能

美国未来学家阿尔文·托夫勒（Alvin Toffler）在其著作《未来的冲击》中指出："服务经济的下一步是走向体验经济，商家将靠提供这种体验服务取胜。"体验能够使图书馆与读者之间产生情感交流，图书馆追求的是与读者之间的持久联系，使读者感觉自己是有价值的，感觉自己得到了图书馆的关心，进而使他们增强对图书馆的好感和信任程度。图书馆开展不同主题的体验活动，可以给读者带来不同的感受和情感，为读者提供独特性价值。为了给读者提供最好的实践和体验，图书馆可以包括以下几个方面。

（1）自助服务项目，比如自助借还、自助打印、数字书刊自助下载阅读。

（2）创客空间的各种新兴技术，比如激光、电子信息带、数字投影技术、LED 屏和感应装置。

（3）音乐鉴赏空间的音像制作、慕课制作、文创产品制作。

（4）假期开展的暑假游学阅读体验。例如，宁波工程学院图书馆新馆规划了数字媒体创客体验中心，内设若干个功能分区，包含创客制作区（包括创客通用设备、3D 打印设备等）、录音区、摄影区、后期编辑区（录音和摄影的后期编辑制作）、体验区（VR 技术、体感设备、足球机器人等）、展示区（创意作品展示）及休闲研讨区，为读者提供了集音视频制作及编辑、先进信息技术体验、创意设计及制作展示、团队研讨于一体的平台。现代信息技术在图书馆的应用让读者有了更多愉悦地信息服务体验，让资讯技术带给读者良好体验的同时，通过头脑风暴产生更多灵感，提高学生的创新意识和创新能力。

8.4.1.3　社交功能

美国心理学家亚伯拉罕·马斯洛提出了马斯洛需求层次理论，认为"社交"需求属于较高层次的需求。现代的图书馆已不只是一个提供知识服务的固定空间建筑，而是走入人们日常生活的网络交互空间，让交互伴随的学习与应用无时不在，无处不在。图书馆已成为社交主体的学习生活圈，图书馆呈现了"社交"的新功能。

对现代读者而言，社交是一种生活方式，社交生活、学习的体验与感受成为人们选择网络交互平台的重要选项。因此，图书馆可以通过情感交互，构建情感交流的知识互动朋友圈，构建共同志趣与知识需求的图书馆粉丝圈。社交媒体构建的朋友圈进一步构筑了更为紧密的交互关系，以图书馆为中心的图书馆朋友圈，知识交互是核心与中心内容，围绕生活、学习、工作的一切需求，都可以成为交互的需求。图书馆的社交功能，使有着共同志趣与目标的人们汇集，志同道合的人们在畅通的环境中轻松、自由沟通与顺畅交流，通过分享、讨论、交流、提升，或达成共同的认知，或取得不同收获，赢得相互的欣赏与尊重，获得情感的愉悦体验与交互沟通的快乐。

例如，上海图书馆东馆建设的愿景，就是要创造一个激励、学习、交际和创造的空间，让现代图书馆是一个让人愿意驻足停留、社交互动、充满着灵感和惊喜的空间，是从书籍到交集的转变。广州图书馆等基于微信平台、应用大数据开展的社交知识交互正成为最受读者欢迎的服务。东北大学图书馆以微信平台为核心，开展读者活动，答复读者留言，建立图书馆与读者、与学校各级各类媒体、大众化媒体之间广泛的联系，拓展图书馆与读者沟通交流的渠道。

图书馆以跨界社交服务，个性化的知识组织传播，妥善的知识产权保护，即时便捷的深度数字交互美好体验，将再构现代社会人们生活、学习、工作的社交信息生态。

8.4.1.4 休闲功能

美国《未来学家》杂志撰文写道："随着知识经济时代的来临，未来的社会将以史无前例的速度发生变化。也许 10～15 年后，发达国家将进入休闲时代，发展中国家也将紧随其后[26]。"图书馆作为非营利的社会公益机构和实体，它可以成为整个社会群体研究学术、传播思想、培养人才、奠定学派的重要基地，也可以成为普通民众休闲娱乐的舞台。不少发达国家的图书馆可以允许喝咖啡、下棋、设立会客厅、聊天室、朗读室，通过学习之外的休闲活动，退休老人不再孤独，中年人不再失落，年轻人不再徘徊，在学习中推动休闲，休闲又促进了学习，从而使人们找到生存之必需的交流平台，在人文主义的关怀中得到心灵和智慧的升华。图书馆也成了人们休闲生活之必需。

现代图书馆建筑设计应融入人文关怀的休闲思想，在建筑格局、装饰装修、功能设计、空间环境等方面彰显人文思想的精神追求，体现图书馆休闲文化与建筑文化的兼收并蓄，使人流连忘返。尤其是公共图书馆，不同于其他娱乐场所的一个显著特征是一个集公共休闲文化、高雅休闲文化和大众娱乐文化相结合的公共场所，它既要有足够的亲和力，又要以其温馨雅致让每一个读者享受身心的放松，在这里人们可以寻找精神寄托、心灵慰藉，释放压力。高校图书馆经过改造，增加了休闲功能，环廊均配置沙发，有活动室、影音鉴赏、咖啡厅等，学习之余也有休闲的去处，读者在图书馆中，不仅能感受浓郁的文化氛围，也能感受图书馆环境营造的休闲气氛，以缓解学业的压力。

8.4.1.5 会展功能

展览服务也是图书馆的基本职能，是一种独特的宣传方式。通过举办各类文化艺术展览活动，不仅能够为民众拓宽文化学习、艺术欣赏的路径，还能够树立良好的社会形象，提高图书馆教育宣传效果。近年来，国内许多公共图书馆都不同程度地规划了展厅，为各种文化艺术展览活动提供场地，高校图书馆在空间改造中都设置了展示区。作为一种新型服务形式，展览具有公开性、图文兼备性、阅览过程的亲历性和互动性等优势，因此参加展览活动已经成为居民获取信息、感受文化艺术、参加社会休闲娱乐的一种重要形式。

在现代信息技术逐渐应用与普及的背景下，数字化、图形化、多元化的展览已经受到越来越多民众的青睐。例如，沈阳师范大学图书馆的一楼展厅，先后展出了学生的时装大赛作品、文创产品、书画作品、雕塑作品等，发挥了宣传、交流、激励和促进的作用；2015 年，上海图书馆开展的"翁氏藏书"展，让广大民众了解了翁氏藏书；2017 年 11 月，内蒙古自治区图书馆与上海图书馆合作举办"书香草原大美疆——蒙古娃少儿美术作品展"，展现了草原人民的文字、服饰、饮食、民俗以及一些生活习惯，让上海民众更加深刻的了解到草原文化深厚的内涵，也促进了少数民族地区与沿海地区的文化交流。

图书馆的会展文化能够给读者带来直观的感受、交流的平台与大量的信息日益受到读者的欢迎，成为满足社会大众文化需求的重要形式。图书馆开展展览服务即是完善自身服务功能，同时也是与时俱进的一项文化服务创新工作。

8.4.2 文化空间的管理策略

8.4.2.1 构建图书馆主题文化

图书馆的主题文化是其灵魂。公共图书馆应体现城市主题文化，学校图书馆应体现学校主题文化。主题文化是一个城市（或学校）特质最集中的体现，是城市（或学校）特色文化、特色经济、特色建筑、特色景观和特色精神的总和，是一个城市（或学校）所追求的目标和价值标准，决定城市（或学校）朝着什么方向发展。

高校图书馆主题文化是根据本校的历史传统对学校文化的核心价值定位，是在学校这个特定时空里通过长期的实践所形成的体现在精神、行为、制度、物态等方面，并被全体成员所认同的共同的群体意识和群体行为规范。图书馆"主题文化"是学校文化所蕴含的中心思想，是学校文化内容的主题和核心，是图书馆文化要表达的观点。图书馆的主流文化是物质文明和精神文明发展的目标和精神动力。

打造先进的主题文化直接关乎图书馆团队的发展，使图书馆团队具有凝聚力、战斗力的根基和保证。实现图书馆辅助育人的目标，图书馆主题文化建设是关键，主题文化建设要有自己的主题文化形态，要根据学校的培养目标构建一个符合学校实际、体现传统文化底蕴、体现教育思想、富有时代特色的图书馆服务理念体系。图书馆主题文化体现原创性、特质性、系统性、宏观性、战略性、超前性、智能性、创新性的特点，主题文化精神和灵魂就会永远不衰、永远常青。根据主题文化建构阅读服务环境，设计活动文化，规范行为文化，开发和实施阅读推广主题，那么图书馆的品牌就永远存在，图书馆的服务就会不断创新。

　　以获得沈阳最美图书馆的东北大学图书馆为例，东北大学是一所具有爱国主义光荣传统的大学，在近百年的办学历程中，东北大学始终坚持与国家发展和民族复兴同向同行，形成了"自强不息、知行合一"校训精神，"实干、报国、创新、卓越"的学校文化。在东北大学浑南校区图书馆建设过程中，注重发挥学校在校区的文化地标作用，在馆内布置了校区沙盘、建设了校史竹简铜塑、中国奥运第一人刘长春壁画等，多角度展现学校爱国主义光荣传统。在东北大学甯恩成图书馆再造过程中，建设甯恩成展馆、东大文库、民国及地方文献馆，挖掘校史故事建设校训墙、知行阅读社等，使之与学校历史文化紧密相连，成为师生的精神地标和教育基地。东北大学图书馆爱国主义光荣传统主要文化景观见表8-1。

表8-1　东北大学图书馆爱国主义光荣传统主要文化景观

空间或景观名称	设置与服务功能	
靳树梁塑像	1950年后任东北工学院院长，一级教授，中国科学院学部委员；并兼任中国科学院东北分院副院长，中国金属学会副理事长；东北工学院（今东北大学）院长、教授；冶金学家、炼铁专家、冶金教育家，主编了第一本结合中国实际的《现代炼铁学》。在东北大学甯恩成图书馆内安放靳树梁塑像不仅是纪念东北工学院首任院长，更是彰显学校冶金工程学科传统优势特色。围绕塑像布置绿植、家具，使之成为馆内重要文化景观之一	
甯恩成展室	甯恩成曾任东北大学秘书长，代张学良校长主持校务，促成东北大学复校，并在建校80周年之际其子女捐资修缮东北大学图书馆，是对于学校、对于图书馆的重要人物。馆内设置了甯恩成展室，展示其生平，使师生铭记历史	

空间或景观名称	设置与服务功能	
校史铜雕竹简	东北大学 1923 年建校，是一所具有爱国主义光荣传统的大学。在近百年的办学历程中，东北大学始终坚持与国家发展和民族复兴同向同行，创造了数个"第一"。曾是"一二·九"运动的主力和先锋。在建设时期，学校先后研发出国内第一台模拟电子计算机、第一台国产 CT、第一块超级钢以及钒钛磁铁矿冶炼新技术、钢铁工业节能理论和技术、控轧控冷技术、混合智能优化控制技术等一大批高水平科研成果，兴办了第一个大学科学园……提炼校史中大事，将其刻画在铜雕竹简之上，布置在图书馆主入口处，展示学校文化、勉励学校师生	
刘长春壁画	曾就读于东北大学体育系的刘长春曾代表中国参加了在美国洛杉矶举行的第 10 届奥运会，是第一位正式参加奥运会的中国运动员。其爱国主义情怀和顽强拼搏的精神一直鼓励东大师生。在校园内建有刘长春塑像、刘长春体育馆，在馆内建设刘长春壁画与校园典型人物形象相呼应	
校训墙	东北大学第一任校长王永江曾题写"知行合一"四字校训勉励青年学子力诚虚浮侥幸心理，对学业实求是。张学良兼任东北大学第三任校长，希望学生"要坚定志向，各用自己之所学，全国学者都能如此，则中国自强矣"。因此，"自强不息、知行合一"作为校训一直以来为东北大学师生代代相传。在馆内设置校训墙、背后附校训阐释，使之更好地发挥教育作用	

8.4.2.2 合理配置空间资源

图书馆空间资源是指图书馆活动中人力、物力和财力的总和，是图书馆服务发展的基本物质条件。在图书馆工作中，相对于用户的需求而言，各种资源总是表现出相对的稀缺性，从而要求图书馆对有限的、相对稀缺的资源进行合理配置，以便用最少的资源耗费，创造出最有价值、最高效率的服务。图书馆空间资源配置合理与否，对一个图书馆发展的成败有着极其重要的影响。

图书馆资源配置在一定的范围内，对所拥有的空间资源、文献资源、设备资源、馆员资源等各种资源在其不同用途、不同范围之间进行科学分配。一般来说，各种资源如果能够得到相对合理的配置，读者满意率和服务效益就显著提高，图书馆服务就能充满活力；反之，图书馆就会丧失对读者的吸引力。当代图书馆的文献资源越来越丰富，其不仅包含纸质书籍和电子资源，也涵盖了用户及馆员的精神生活，是一种围绕学习、创造、交流和思维活动的综合型空间。图书馆的馆藏资源、空间利用和服务是三位一体，缺一不可的，图书馆空间资源的合理配置和利用对于其实现自身的价值，是极其重要。

对图书馆的空间面积、空间用途、空间座位、空间设备、文献资源、服务项目、馆员配置等资源（即人、财、物力的分配），要进行论证，合理规划，科学布局，所设资源要与实际用途相匹配；对纸质文献、电子文献、数据平台、终端服务、图书类别等资源的配置更为重要，应根据图书馆的服务目标科学合理配置，资源配置合理就能节约资源，带来巨大的服务效益。资源配置不合理，就会造成资源浪费。因此，图书馆一要注重优化配置资源，使全馆资源配置合理；二要节约使用资源，有效使用，对贵重稀缺资源加以维护利用；三要保证重点服务对资源的需要。

8.4.2.3 家具与服务人性化

现代图书馆在整体服务环境中对家具的造型设计、功能体现、材料选择、色彩运用等方面，以创意和革新为前提，符合人体工效学要求，使家具真正体现出对人的关怀，体现出人与产品的完美结合，体现为读者提供一个美观、舒适、高效的学习环境。图书馆为了给用户提供更为人性化的空间体验，选购家具时，要满足不同年龄层读者人体工程学的基本要求，也要满足使用不同阅读载体的读者的需求。书籍阅览、报刊阅览、电子阅览时的家具尺寸都应与其载体相适应。随着电子阅览座位的增多，图书馆空间荷载能力降低，因此家具应更多考虑采用组合式家具。常规的开架书架、阅览桌椅等根据实际需求变化适当减少，为其他类型的家具留有一定空间。

图书馆各种功能的家具可以打破呆板的空间分割，通过穿插组合的方式，丰富空间多样性。如果图书馆一成不变，其对用户的吸引力就会逐渐衰退。休闲阅览室、多媒体阅览室能相对活泼的空间，在选购家具时宜优先选择模块化组合式家具，可以根据活动主题对空间进行相应的调整，以提升读者对于空间的新鲜感和吸引力。在条件允许的情况下，将传统书架更换成智能书架。智能书架的图书查询定位功能，使得用户更加便利地找到所需书籍；也可通过大数据和信息技术，为用户主动的推荐他可能喜欢的书籍；智能书架清点、图书查询定位和错架统计等功能，则有利于提升员工的工作效率。图书馆不同的空间要配置不同的家具，让不同类型的家具满足不同人的需求，从而实现整个空间的人性化配备。

8.4.2.4 重视用户信息反馈

读者信息反馈是指读者在利用图书馆过程中各种反映的总称，它既包含读者对图书馆服务的评价和监督，又包含读者对图书馆建设过程的关注和参与。唯有客观、全面、精准、迅速地向图书馆管理的主体方反映读者需求，方能为公共文化资源尤其是图书馆文献资源的供给有效性和及时性提供强有力的保障。图书馆要从传统的被动式、平面化、单一型服务向主动式、立体化、个性化服务转变，必须建立面向读者多元化需求的服务反馈机制，从而为读者实现获取、开发和满足需求创造条件。因此，图书馆在服务过程中要注重收集读者反馈信息，分析、了解读者的偏好和习惯，随时调整服务功能，实时地适应读者变化着的需要。

收集读者反馈意见的渠道通常是设置实体意见箱、电子版意见信箱、调查问卷、民主沟通会、专题意见收集、面对面征求等渠道。无论是哪一种方式，最根本的目的是通过意见反馈有助于图书馆的发展，而不是打击报复用户与读者。完整的反馈信息处理系统应构筑收集、分析、处理和回访的完整回路，在各渠道获得读者需求后，图书馆负责对读者反馈信息进行筛选、分析、研究、开发利用，把有利于改善管理工作、反映读者未来需求趋势、反映图书馆管理发展趋势的信息，及时挖掘出来，并结合具体管理工作加以完善，创造条件运用到具体管理工作中，实现管理创新[27]。

8.4.2.5 提升馆员服务素质

"互联网＋"时代的到来，给图书馆的发展带来了机遇和挑战。图书馆馆员是图书馆事业的灵魂，图书馆能否在新时代下蓬勃发展，很大程度上取决于图书馆员是否具有该时代所要求的全面的素质和能力[28]。科技的发展，使各个专业和学科之间相互交叉和渗透的特点增强，对图书馆员素质要求越来越高。其原因是：

（1）图书馆员的工作性质变化，他们不再是各司其职的采购馆员、编目馆员或咨询馆员，而是优质的信息资源与用户需求间的中介者，新思想、技术以及方法的改革者和创新者；

（2）馆员需要熟练掌握图书馆学、情报学与现代信息管理学的基础知识，这些基础知识是馆员与读者进行沟通交流并为其提供优质服务的重要基础；

（3）馆员要具备快速学习和终身学习的能力，从传统的图书管理工作转向现代化网络虚拟服务，要将工作经验、基本专业知识和数字化服务能力相结合；

（4）工作方式从简单的图书借还等程序化的工作方式转变到运用现代信息技术满足读者需求的工作方式。这就要求馆员具备数据分析、挖掘和资源整合的能力。

此外，馆员还要能利用图书馆网站、微博、微信等公众平台等为读者提供公开课课程、在线学习、信息检索等信息服务内容。随着人工智能技术在图书馆的普遍应用，很大程度上释放了馆员的劳动力，但这并不代表不需要馆员维持智慧图书馆的运行，馆员只有在实际工作中具备较高的人工智能技术水平，才能从根本上实现智慧服务。

8.4.2.6 推进服务智能化

科技的快速发展对图书馆服务形态必然会产生冲击和影响。人工智能时代与完善公共文化服务体系、深入实施文化惠民工程、丰富群众性文化活动、加强文物保护利用和文化遗产保护传承形成了历史性的交汇，这就需要图书馆人积极推进运用人工智能技术创新图书馆的全域空间、融合空间和创意空间，通过图书馆智能服务进一步推动图书馆的创新发展。图书馆有效利用人工智能技术，让智慧化渗透到图书馆服务的方方面面。目前，图书馆智能服务技术正在深入引入人脸识别技术，实现自助人脸办证、刷脸入馆、刷脸借书等，在减少管理人员工作量的同时，为用户节省了排队、办卡、补办等时间，大大提高了服务效率。人工智能技术在数据分析的基础上完成各种使用流程，减少甚至消除了盗卡、替借、错借等人为纰漏，也能最大限度地提高服务质量。人工智能技术可以在馆舍空间服务中展开人工智能监控、人工智能业务管理，读者可以根据系统数据更方便地利用图书馆各功能区，减少占座、抢座等现象。"阅读助手服务"可以帮助用户合理控制阅读时间和阅读方向，也可以在阅读过程中答疑解惑，并充当翻译助手等，使用户能够方便阅读、轻松阅读并爱上阅读。图书馆在实际建设中需要RFID 设备、监控器、传感器、感知设备以及存储设备等，将人工智能技术应用到这些设备中，对数据传感器体系以及数据信息资源展开有效管理，能够对用户在阅读中的需求及深度展开全面分析和感知，对信息数据展开智能识别及实时上传，保障图书馆硬件的使用性能。人工智能技术中的自然语言处理技术及人机对话，可以为用户提供个性化的参考咨询服务。比如宁波大学图书馆的"旺宝"、上海图书馆的"图小灵"、南京大学图书馆的"图宝"、清华大学图书馆的"小图"，都是图书馆领域比较先进的智能机器人，它们不仅能完成简单的业务咨询，还能办理简单的办证等业务。用户对交互机器表达自己想要咨询的问题，交互机器对问题数据进行分析，进而给予用户相应的答案，完成用户与机器之间的对话。"机器人馆员"永远都精力充沛、礼貌谦和，可以提供热情、耐心的服务，不会因为个人情绪影响服务态度，让用户倍感舒适，且人机对话也能满足部分用户的社交愿望，提高他们在图书馆的存在感。随着人工智能技术在图书馆服务中的不断深入，开启了空间服务的新模式，图书馆必将成为人们最向往、最喜欢的文化场所。

通过对国外文化空间利用的介绍，给我们带来了诸多有益的启示。图书馆不仅是现代公共服务体系的一部分，也是广大民众最重要文化活动空间。国内图书馆文化空间在重塑中秉承立德树人的宗旨，在管理、服务方面强化了学习、交流、创意、展示、娱乐、休闲、审美、教育等功能，使图书馆的各项资源得到更为充分的利用，图书馆的作用得到更多用户的认可。图书馆文化空间实现了从以藏书为中心向以读者为中心的转变，根据读者的需求，调整图书馆的空间设计、设备设施、人员服务、技术支持、活动开展等多方面的设置，确保读者在图书馆享受到优美、舒适的环境和高科技带来的便捷、高效的服务，未来图书馆将成为读者在闲余时间最想去、最愿意去的文化空间。

参 考 文 献

［1］ 百度．文化空间［EB/OL］．2019，8，29.

［2］ 教育部关于加快建设高水平本科教育全面提高人才培养能力的意见［EB/OL］．2018，10，17.

［3］ 向云驹．论"文化空间"［A］．中央民族大学中国少数民族研究中心．民族遗产（第三辑）．中央民族大学中国少数民族研究中心，2010，12.

［4］ 陈虹．试谈文化空间的概念与内涵［J］．文物世界，2006（1）：44-46，64.

［5］ 伍乐平，张晓萍．国内外"文化空间"研究的多维视角［J］．西南民族大学学报，2016（3）：7-12.

［6］ 何盼盼，陈雅．图书馆公共文化空间建设研究［J］．图书馆建设，2019（2）：108-111.

［7］ 丁轶．公共图书馆"第三文化空间"营造途径探析［J］．图书馆学刊，2015（3）：78-80.

［8］ 肖珑．后数图时代的图书馆空间功能及其布局设计［J］．图书情报工作，2013（20）：5-10.

［9］ 郎杰斌．空间体验——图书馆的核心价值之一［J］．图书馆与图书馆事业，2013（2）：42-48.

［10］ 李玉斌．迪肯大学图书馆空间价值评估研究及启示［J］．图书馆学研究，2014（11）：93-96.

［11］ 张黎，代根兴，郭敏．国外高校图书馆学习空间现状、特点及启示［J］．图书馆论坛，2016（3）：112-120.

［12］ 吴建中，程焕文．开放包容共享：新时代图书馆空间再造的榜样［J］．图书馆杂志，2019（1）：4-12.

［13］ 史艳芬，徐咏华等．图书馆空间布局与功能维度的战略规划研究［J］．图书情报工作，2017（6）：61-66.

［14］ 肖希明．图书馆作为公共文化空间的价值［J］．图书馆论坛，2011（6）：62-67.

［15］ 王木善．论城市文化空间的特征［J］．长江论坛，1996（5）：54-57.

［16］ 张海青，张成．图书馆的危机与变革——哈佛大学图书馆重组的思考［J］．农业图书情报学刊，2013，25（6）：109-111.

［17］ 郭卫宁．大学图书馆空间革命——美国北卡罗来纳州立大学亨特图书馆见闻启示录一［J］．图书馆学研究，2016（19）：92-96，101.

［18］ 罗伯特·格林伍德，黄华青．公共空间［J］．世界建筑，2018（1）：15-19，14.

［19］ 薛敏．英国谢菲尔德大学图书馆信息共享空间的启示［J］．管理学家，2012（23）：146，392.

［20］ 罗宏．日本大学图书馆自主学习空间事例研究［J］．新世纪图书馆，2018（10）：79-82.

［21］邵阳．基于深层学习的高校图书馆学习空间设计［J］．图书馆工作与研究，2018（10）：
118-123.

［22］张亚宏．美国高校图书馆创客空间调查研究［J］．图书馆工作与研究，2019（4）：27-
33.

［23］人民网．把思想政治工作贯穿教育教学全过程［EB/OL］．2016，12，8.

［24］汤旭岩，严继东．传承与创新（一）营造超级文化空间［J］．图书情报论坛，2014
（5）：2-4.

［25］黄志宁．公共图书馆作为"第三文化空间"的实践探析［J］．包装世界，2014（2）：
82-83.

［26］党莉．公共图书馆文化休闲职能浅议［J］．漯河职业技术学院学报，2009（6）：159.

［27］庄珍珠．以读者反馈信息促进高校图书馆管理创新［J］．情报探索，2009（4）：116-
118.

［28］李亚男．浅谈"互联网＋"时代下如何提升图书馆员的素质［J］．才智，2019（5）：
220.

［29］董光芹．大学图书馆多元空间服务设计研究——以新加坡南洋理工大学图书馆为例
［J］．图书馆建设，2018（6）：74-80.

9 空间再造创新：能动型

当前的图书馆服务，不只涉及到馆借书和自习的读者，还有很多具有空间服务需求的用户。"空间需求"的提出推动了图书馆尝试对传统空间与新建筑创作手法的有效整合，成为图书馆空间再造得以进行的基础。图书馆的空间再造及服务正在发展为集展览欣赏、研讨学习、创客服务和休闲娱乐等众多空间功能为一体的服务，它不仅较好地满足了用户个性化的需求，同时也适应了信息环境中用户的多元学习和交流需要。因此，空间再造及服务正在成为高校图书馆新的研究和服务热点。

空间再造是图书馆一项长期且艰巨的任务，关键在于打造什么性质与模式的空间，如若再造的仍然是一般的阅览空间或自习室，而缺乏优质资源、交互共享、自主能动学习行为的空间算不上能动型学习空间，那么这样的空间再造意义不大。新型的空间再造，其理念、设计、设施、资源、环境、配置以及服务等，需要围绕能动性学习来建设实施。能动性学习空间是图书馆空间和服务的重塑，以实现优等配置和智慧服务集成，设置更加多样的功能支撑学习和共享，将能动性学习嵌入共享空间的结构化中，保证读者思维发散、思考独立、求新求异和创造力实现，才能保证空间资源功能的不断扩大，才能适应不断发展的高等教育的需要。

9.1 能动型学习空间概念的萌生

9.1.1 国际上能动性能力培养热潮的涌动

新世纪初，欧洲各国大多数理工大学在教学课程中开始使用"能动型学习方法"。在运用能动型学习方法论来促进教学创新的学校中，被誉为"世界上顶尖的理工大学之一""欧洲的麻省理工学院"的荷兰代尔福特理工大学名列前茅。虽然能动型学习的概念并未被准确定义，在有些场合它被用作"基于问题的学习"或者"通过行动学习"的同义语，在其他场合中，教育方法并未具体确定，能真正地激发学习者的能动性的学习均被看成是能动型学习。能动型学习的定义基本呈现一个轮廓，即认为能动型学习对工程学教育改革具有重要作用。教育者们认定了美国预言家阿尔文·托夫勒指出的"未来的文盲不再是目不识丁的人，而是没有学习能力的人"[1]，因此在教学中十分注重对学生能动性能力的培养。这些大学提倡的能动型学习方法影响和推动了图书馆服务也走向能动型学习空间再造。

基于时代的发展和信息技术的推进，传统的图书馆服务已经与能动性教学不再匹配，不再适应人才培养需要，图书馆界已经充分感知，开始向着空间整合并谋求服务形式变革创新方向发展。为了培养学生的学习能力，美国大学图书馆纷纷与各学院系科合作，为读者提供专业参考咨询、写作中心、生涯指导、技术支持等服务[2]。日本大学教育也掀起了"能动性学习"的热潮，特别是大学高年级和研究生阶段，学生参与教师形式不同的讨论课，课上基本以学生报告为主，教师只做点评[3]。这是一种以思考、写作、表述、报告、实验、研究和创造等活动的参与产生认知过程的外在表现形式，正是大学教育亟须培养的一种能动性学习能力，这种能动性能力培养教育方式正在世界各国深入发展，推动图书馆能动型学习空间再造热潮在大学图书馆里涌动。

9.1.2 中国能动型学习空间概念的萌生

国际能动型学习方式的兴起必然为中国高校图书馆带来启示。吴建中教授在他的博客中首次提出了"能动型学习"，为了实现能动型学习，提出了建设"能动型学习空间"[4]，这一概念虽然已在国际高校教学中已经实行，但在国内却让图书馆界耳目一新，为图书馆再造新空间的功能做出了最好的定位参考。吴教授认为"能动型学习空间"是研究型图书馆的课题。笔者认为，"能动型学习空间"不仅仅是研究型图书馆的课题，也是我国大学各类型图书馆共性的问题，是所有高校图书馆应该关注和为之努力的重要研究与实践方向。

我国 2018 年 6 月召开的改革开放 40 年来第一次全国本科教育大会，会议推出重要文件《教育部关于加快建设高水平本科教育 全面提高人才培养能力的意见》（以下简称"新时代高教 40 条"）和重要计划（即"六卓越一拔尖计划2.0"），提出了一系列具有战略意义的目标和规划，成为中国高等教育建设一流本科重要的历史节点[5]。"新时代高教 40 条"明确提出教育的"一个根本任务"就是培养德智体美全面发展的社会主义建设者和接班人，围绕激发学生学习兴趣和潜能深化实行教学改革，推进现代信息技术与教育教学深度融合，构建全方位全过程深融合的协同育人新机制[6]。鉴于此，高校图书馆在新时代背景下，打破以往的服务内容和服务方式，打造适应新时代的空间构造，创新能动型学习空间服务体系，是图书馆转变服务理念、提升服务质量、迎接并推动"新时代高教40 条"的新思路。高校图书馆适逢转型空间改造的时期，必须做好顶层设计，开展空间再造，进行服务机构重组。能动型学习空间要与大学教育紧密结合，要适应读者学习的需求，空间的配置与管理服务要建立规范标准化保障机制，保障学习支持服务。

9.1.3　能动型学习空间再造研究的寓意

图书馆是大学人才培养体系中的子体系，对于社会主义建设者和接班人的自主性、能动性学习能力的培养责无旁贷，其能动型与智慧型的空间再造自然地成为重要的培养途径和手段。目前，国内外对大学图书馆空间再造建设问题已有不少研究，但对空间再造的下位概念"能动型学习空间"问题研究较少，仅有易庆玲等人的《高校数字图书馆能动型知识学习共享空间建设研究》[7]、贺志玲、刘艳玲的《"双创"背景下高校图书馆能动型学习空间构建策略研究》[8]、王庆的《高校图书馆能动型学习空间的构建与服务模式研究》[9]三篇。本章是开展空间再造的类型属性和服务内涵的研究，对于空间再造和服务发展方向具有重要参考价值，其寓意深远。

这里研究的能动型学习空间是指图书馆再造的基于"互联网＋"条件基础、资源设备和服务功能的物理空间，利用再造空间的环境、资源、设备和服务开展各式各样的多元学习活动，让空间寄托、赋予、蕴含无限能动性学习生机。能动型学习空间是目前大学图书馆空间再造的选择方向，它与当前乃至未来高校人才培养目标相契合。为此，试图对空间再造的能动性服务功能与内涵进行探索，为大学图书馆空间服务创新育人提供新的视点和思路。图书馆空间再造需要与时俱进，能动型学习空间再造是当前高校图书馆发展的必然选择。再造空间不仅要为学生提供各种资源和技术服务，更需要通过动态、持续和多元的知识和服务发展多种新的服务方式，即具有能动性功能的学习共享空间（LC），与适应学生的学习方式进行匹配，打造一个更为便捷、舒适和高质量的空间，为我国培养德智体美全面发展的社会主义建设者和接班人提供支撑。

9.2　能动型学习空间的含义与特征

9.2.1　能动型学习及其必要性

9.2.1.1　能动性学习的内涵及其特点

在探讨空间再造的能动性作用话题时，首先要理解何谓能动性学习。能动性是指对外界或内部的刺激或影响做出积极的、有选择的反应或回答。人的能动性与无机物、有机生命体、高等动物的能动性有别，称为主观能动性[10]。主观能动性又称自觉能动性，是指人的主观意识和实践活动对于客观世界的反作用或能动作用。其含义有二：一是人们能动地认识客观世界的能力与活动（想），主动的、有选择的反映客观世界，反映事物外部现象的同时把握事物的本质和规律，并且能够复制当前，追溯过去，推测未来，创造一个理想的或幻想的世界；二是在认识的指导下能动地改造客观世界的活动（做），通过实践把意识中的东西变成现实的东西，是人们在认识世界和改造世界中所具有的精神状态。通过实践使"想"和"做"两者统一起来，表现出"人"区别于"物"的主观能动性，即自觉能动性[11]。因此，在自觉能动性支配下的学习类型被称作能动性学习。此种学习方式强调培育学生强烈的学习动机和浓厚的学习兴趣，主动地、自觉自愿地学习，而不是被动地或不情愿地学习。

能动性学习的特点包括以下几个方面。

（1）主观自觉。通过思维与实践的结合，对学习目标、学习任务和学习方式有着主观自觉、积极主动的态度，意识富有主观自觉性、有目的、有计划地反作用于学习世界。

（2）积极向上。学习过程中具有高昂的精神，态度向上，团结协作，积极创造，使人奋进。

（3）努力探究。基于问题导向开展学习，充分发挥学习的潜能，体现主体性，培育创造性，努力探究，是学习效率较高的一种学习模式。学习意识不能脱离物资条件和客观规律任意发挥主观的作用，物资条件和客观环境对学习行为具有引导和制约作用。

因此，图书馆在空间再造过程中，应确立将传统空间再造成灵活、开放、多元、智慧的现代能动型学习空间的理念，所有再造空间均具有塑造学生自主能动性学习习惯的功能。

9.2.1.2 能动性学习方式的必要性

大学阶段，学生的学习活动脱离了中学阶段的紧张和约束而得到相对独立的主观意志的自由支配。这时大学生树立何种学习目标、采取什么样的学习方式至关重要。作为大学图书馆来说理应责无旁贷地发挥导航的作用，不失时机地引领大学生建立积极、进取、向上的学习态度，进入能动性学习氛围，传授能动性学习方法十分必要。能动性学习方式的必要性包括以下几个方面。

（1）能动性学习可以决定学习目标的层次。学习目标的层次越高，就需要越大的学习能动性；反之，学习目标不明确或目标要求不高，学习的动力也会不足。

（2）能动性学习可以激发专业学习的兴趣。兴趣是探索知识的动力，没有刺激就没有兴趣，没有兴趣就没有记忆，学习兴趣激发出来了，智慧的潜能就会得到开发。

（3）能动性学习可以形成研究创造的压力。通过一系列的刺激的集合形成了压力源，产生认知动机和压力感知，有了创意效能进而形成创造力。

（4）能动性学习成为知识改变命运的途径。读大学不是终极目标，要建立更高更远的信念，以惊人的毅力和令人赞服的意志，努力奋斗走向成功。

（5）能动性学习是新时代人才培养的升级。经济强国呼唤教育强国，改变教育体制和模式已成为教育发展的新潮流，能动性学习模式是推进和实现教育变革升级的必然选择。

为此，大学图书馆积极开展学生能动性学习指导工作，促使大学生建立正确的人生观、价值观，树立正确学习目标，掌握科学学习方法，圆满完成大学阶段学习任务，助力培育国家有用人才不仅必要且十分重要。

9.2.2　图书馆再造空间的责任

1975 年，国际图联定位"教育职能"是图书馆主要功能和主要价值取向。2015 年的《中华人民共和国高等教育法》规定；高等学校的教学辅助人员应以教学和培养人才为中心做好工作[12]。2016 年的《普通高等学校图书馆规程》规定，教育职能是图书馆的主要职能。2018 年的"新时代高教 40 条"规定了本科教育的原则和培养人才的类型。因此，高校图书馆的空间改造是承当教育职能的手段。

9.2.2.1　教育职能是图书馆的首要职能

高校图书馆是高校人才培养体系的重要支撑，应发挥好第二课堂的作用，做好辅助教学科研工作的支柱，服务于人才培养的教育体系。为此，图书馆适应时代的发展，适应人才培养方式的变革，空间改造的目的由原来的"提供信息服务为主"走向以"培养多元素养能力"为主，打造能动型学习空间和提升内涵服务是能动性学习教育的资源保障。

9.2.2.2　培养能动性学习是图书馆的责任

图书馆要采取多种形式和手段提升大学生的学业和能力，空间改造和资源建设的目标都是为了更好地担负起教育责任。利用新空间环境来引导学生夯实知识基础，了解学科前沿，接触社会实际，接受专业训练，练就独立工作能力，成为具有创新精神和实践能力的高级专门人才。

9.2.2.3　培养科学价值观是图书馆教育的任务

学生进入大学，其学习活动已升为高级形式和更深入的阶段，具有相对较大的混沌性和不确定性。图书馆要执行"传道、授业、解惑"的教育任务，培养学生自主能动性的品质，引领价值观、培育意志力、训练能动性、传授知识技能、启发创造性，履行图书馆的领路、筑魂、护航的教育责任。

9.2.3　能动型学习空间的特征

9.2.3.1　能动型学习空间的概念

2017 年，能动型学习空间概念出现，但并没有明确给出定义，国内外业界未见实践和研究。这里基于上述能动性学习的需要与空间再造类型的结合提出自己的见解：能动型学习空间是指图书馆转型发展时期集教育理念、优质资源、先进技术和优质服务融入一体而再造的空间，用于培养学生主观、自觉、能动、创造能力的一种新型学习场域。能动型学习空间是有内涵力量、有生气、有潜力的空间，嵌入了能动性的内涵，具有培养能动性学习能力的功能和作用。其含义主要包括以下几个方面。

（1）能动型学习空间是空间再造的派生概念，给"空间"加上定语"能动型"以修饰、限定和说明空间的性质或属性，它是为培养学生能动性学习能力所再造的空间，而非其他。

（2）通过能动型学习空间的学习活动，培养学生对外界或内部的刺激或影响做出积极、有选择的反应或回答，产生主动、自觉、有目的、有计划地反作用于外部世界的能力，主动进行自己的意识调整、支配和控制学习行为。

（3）能动型学习空间建设是图书馆空间再造服务模式的核心，是一种开展与维系能动性学习教育及能力培养所必须具备的服务条件和教学场域，是图书馆空间转型服务系统的精髓。

（4）能动型学习空间再造应具备丰富的文献与数字资源、顶配的技术设备、高水平服务团队和优雅的环境氛围，需要具备系统性、完备性与超前性。能动型学习空间更多是一种理念，需要多个空间的功能组合才能实现。

9.2.3.2　能动型学习空间的特征

能动型学习空间的特征包括以下几个方面。

（1）创新性。创新性改变了传统模式，反映时代特点，是集新探索、新模式、新内容和新方法的综合空间。具备云计算、大数据、物联网、数据挖掘技术、3D打印及扫描、近距离无线通信（Near Field Communication，NFC）等新时代高校图书馆的建设中很重要的技术和工具，能动型学习空间的改造充分体现了这些技术的先进性。

（2）实用性。能动型学习新空间由场地、文献、设备、技术、人员等不同类型的构成要素共同组成，它要求空间的要素、设备的要素、服务的要素，都必须适合能动型。以学习为中心、自主开放、双向交互的学习环境，为用户提供最优秀的学习资源，空间具有多元实用特性。

（3）能动性。新空间以提供资源、技术、工具为嵌入式服务模式，空间使用是主观有目的、有计划、积极主动、有意识的活动，从而激发知识与思想的交流，激励创新与创业，从而实现空间实用性和资源完整性的高度统一。

（4）开放性。能动型学习空间面对各种专业、各种读者开放共享，承载多层面读者群体。图书馆可以通过各种媒介媒体宣传，让更多的读者加入能动型学习空间，加入能动型学习空间的用户主观能动地进行创新活动。

（5）扩展性。图书馆各类电子资源库的更新机制，让空间用户不断更新知识，同时空间还提供与学校教务管理系统、远程教育用户认证系统、MOOC 平台等的对接或整合功能，整合了的平台具备检索资源、在线课程教学、学习管理、虚拟论坛、在线社交等多重功能。空间功能可以拓展，不仅适合讲座、报告、交流、研讨、沙龙、影视等用途，还适应体验、发明、创造、宣展等多重服务。

（6）个性化。能动型学习空间服务支持专业化、个性化、定制化等学习活动，引导举办创新培训，组建创新团队，加强用户的线上线下交流，按读者自身学习要求，空间为其提供适合其需求的，同时也是用户满意的学习研讨服务。同时，可以对创新产品进行专业化的评估，使其产生积极的社会效益及经济效益。

能动型学习空间以其环境、氛围引导、影响读者学习或研究，从而引起读者知识素养的变化。能动型学习空间是图书馆再造的一种能维系能动性学习教育及能力培养过程中所必须具备的服务条件，是能动性学习教育系统产生、变化、发展的必不可少的动因。同时，能动型学习空间是在学习共享空间、信息素养空间、创客空间等再造空间个体功能基础上所具有的共同属性，各种不同的空间均以培养"能动性学习"为目标。

9.3 能动型学习空间的功能与作用

中国教育部"高教40条"第4部分指出"围绕激发学生学习兴趣和潜能深化教学改革"，其中倡导"扩大学生学习自主权、选择权，鼓励学生跨学科、跨专业学习。""积极引导学生自我管理、主动学习，激发求知欲望，提高学习效率，提升自主学习能力。""增强学生表达沟通、团队合作、组织协调、实践操作、敢闯会创的能力。"[4]总体精神是培养学生积极学习、主动学习的能力，增强团队合作、敢闯会创的能力，图书馆再造空间理应贯彻执行这种精神，赋予新空间支持能动性学习的功能，以符合"高教40条"的指导思想。

9.3.1 能动型学习空间服务功能

能动型学习空间功能是其空间内部设施环境与服务活动模式相结合发挥的效能，是一种空间内在相对稳定独立的机制。图书馆空间改造不是一种摆设，更不是追时尚图虚名。空间再造首先是一种服务创新理念、一种事业心教育，其本质是开拓技能教育，不仅是从事业心出发设计改造空间，重要的是如何开发利用空间服务功能，科学设计各种活动，为学校开拓技能教育做出贡献。能动型学习空间与能动性服务相结合，可以实现图9-1的基本功能。

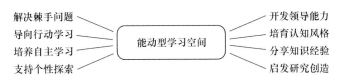

图 9 - 1 能动型学习空间的基本功能

9.3.1.1 解决棘手问题

大学生在高校学习过程中，会遇到学习方面、研究方面、升学或择业等方面的人生观、价值观和世界观问题，这些问题需要大学生具备能力来自行解决。图书馆有责任来培养学生处理所遇到的困难多、阻力大、头绪乱、情况复杂问题的本领，比如考研、写作发表论文等一系列问题，图书馆应提供相应的空间场所，有先进的技术设备、有丰富的文献资源、有馆员教师的指导，有同类的交流研讨，实现个人创新和发明等。许多棘手问题可以在这样的空间中得到解决[13]，解决问题的能力得到培养。

9.3.1.2 导向行动学习

图书馆利用新型空间不断的创意、设计各种活动，以行动导向驱动为主要形式，在空间活动过程中充分发挥学生的主体作用和教师的主导作用。比如信息素养训练、人文素养提升、创业大讲堂、创业真人秀、读书沙龙、诗词品读会、知识竞赛、检索竞赛等丰富多彩的活动，由教师创意部署，交给学生社团来策划实施，通过各种引导活动促进学生完成某一"任务"来实现培养目标[14]。

9.3.1.3 培养自主学习

图书馆的再造空间不是摆设，要加强宣传和指导，提倡广为利用并支持提供各种服务。空间活动以学生为学习主体，让学生小组自己做主，开展自己的创意活动，不受别人支配和外界干扰。例如图书馆"绘本空间"的绘本剧编排与展演活动；"诵读空间"的朗诵与话剧排练活动；"明德讲堂"的经典阅读活动等，学生可以通过自主地阅读、听讲、研究、体验、实践、创造等方法来实现自己的目标[15]，锻炼自主能力。

9.3.1.4 支持个性特质探索

图书馆再造空间的能动性也体现在支持个性特质探索，支持和引导符合要求的读者个体创意和自我研究探索，个性探索是学生完善自己学习个性，实现自我价值的最高表现。图书馆再造空间的能动型体现，一方面图书馆要引导开展活动，将专业学习活动与特色空间相融合，以空间为依托，设计开展阅读推广、经典讲座、真人图书馆等各种活动，分享创新理念，引领能动性学习方向。另一方面要支持学生的自主活动，提供创业素养培育平台、基础技能训练平台、众创路演服务平台、第二课堂服务平台等，鼓励学生开展"书法作品展""美术作品展"

"摄影作品展"以及"创品大赛"等多种活动。支持学生"探索毕业工作世界→学习如何决策→怎样付诸行动→阶段评估→觉知与承诺→自我探索→引导职业生涯规划"这个学习链的形成。服务好这个学习链，空间基本的能动性可以得到发挥。

9.3.1.5　培育认知能力

图书馆的再造空间均是真实存在的物理空间，是功能齐全且开放交流的学习室、研讨室、工作室、实验室、作品加工室和成果展示空间。图书馆依托创客空间的多种功能，首先营造创新创业教育的氛围，让创新创业思维无处不在，无时不有；让创新教学活动无人不做，无处不能，实现搭建教学科研创新创业服务的大平台。在这个平台上再造空间可以培养学生加工、储存、提取和应用信息的能力，指学习、研究、理解、概括、分析等认知能力，包括理解力、记忆力、想象力等，最终形成言语信息、智慧技能和认知策略等特殊智力能力。

9.3.1.6　分享知识经验

再造空间的多元化功能发挥在于它适合灵活多样的学习活动，根据设备和环境条件可广为利用。在空间活动中可实现为着一个共同目标聚合读者，共同阅读学习、交流研讨、写作投稿、分享知识经验，深入挖掘探究，产生灵感创新。空间活动直接激发学生的自觉能动性，促进学生知识或技能的交流分享。

9.3.1.7　启迪发明创造

图书馆的创客空间是基础技能训练平台，可推进学生走进空间，利用创客空间的条件，掌握和驾驭现代化新工具，采用教学、实践、竞赛相结合的方式提升学生的基础技能。比如：3D 打印、扫描、IOS 系统使用、小米产品等技术体验；视频编辑空间的非线性编辑系统、摄像机、打印机、扫描仪、刻录机等设备，读者可以学习实践图像处理、音频视频编辑、网页制作、统计分析、各编程语言等技能。以科学的理论指导将知识与实践相结合，通过讨论、探索、研究、创意、发现、表达、记录、信息传递交流等方式，启发指导学生获得各种文化艺术创作产品。图书馆创客展示空间既是推动师生双创活动发展的原动力，也成为图书馆创客空间辅助双创教育的中流砥柱，任何一个图书馆这样的空间不可或缺。

9.3.1.8　开发领导能力

培养大学生的领导能力也是新时期人才培养的重要内容。领导能力包括领导者的学习能力、做事的能力、亲和下属的能力、沟通的能力、协调的能力、决策能力、分析判断能力、激励能力、指挥能力等，还有领导的威信。此外还有领导者的权力艺术，学会放权集权有度；领导者的风格，领导者必须通过其领导风格把自己的战略意图以及组织价值体系向人们传播，以达到领导目标。提倡大学生创新创业，培养领导能力不容忽视。图书馆应重视这个问题，依托空间活动资源开发培养学生的领导能力、领导艺术和领导风格等。

9.3.2 能动型学习空间服务作用

能动型学习空间的"能动"作用体现为任务、对话和行动的融合，通过目标分析保证学习由浅入深和由易入难，在既定的研究目标中不断进行精确的分析，在不断地交互和共享中将信息的"固态化"转为"动态化"；是指空间与读者服务发生关系、开展活动时所产生的外部效应，是空间功能与读者互动方式相结合产生的实际效能。一般来说，完备的空间建设要素决定空间的多元功能，空间多元功能是产生正面作用的内部根据和前提基础，其中人的因素至关重要。能动型学习空间＋智慧型服务产生的作用最具实力，主要表现为以下几个方面。

（1）引导读者决定学习目标的层次。读者学习能动性越强，其学习目标的层次越高；缺乏学习的能动性，可能会使学习目标不明确或目标要求不高，学习的动力也会不足。

（2）激发读者专业学习的兴趣。兴趣是探索知识的动力，没有刺激就没有兴趣，没有兴趣就没有记忆，学习兴趣被激发出来了，智慧的潜能就会得到开发。

（3）形成研究创造的压力。通过一系列刺激的集合形成了压力源，产生认知动机和压力感知，有了创意效能进而形成创造力，创造力的形成容易助推人才走向成功。

（4）成为知识改变命运的途径。读大学不是终极目标，要建立更高远的信念，以惊人的毅力和令人赞服的意志，努力奋斗走向事业成功。

（5）实现新时代人才培养升级。"高教40条"提出培养社会主义建设者和接班人，要让他们具有团队合作、组织协调、实践操作、敢闯会创的能力。

图书馆的能动性学习模式是推进和实现教育变革升级的必然选择。学习能动性是一种特别潜能，是通过改变一般倾向性而重新塑造的一种能力，这种重新塑造工作即是图书馆能动型学习空间与智慧型服务的结合、引导、激励和历练作用的产物。

9.4 能动型学习空间服务模式

当数字成为时代的主旋律，传统图书馆受到严重的冲击，推动图书馆改变传统布局，重建有群社活力、读者期望走进的新型自主学习空间。这些新型空间中各种要素齐全，不仅要有各区位的空间要素，还要有顶端的设备要素，更重要的是服务要素，通过丰富的资源，舒适的环境和先进的设备，更多的是需要赋予馆员的智慧服务来实现读者与设备、读者与信息、读者与读者、读者与问题的交流互动，才能使用和发挥新空间的真正功能，推动空间再造走向增值。

　　图书馆的空间再造是紧密配合学校的教育目标而进行的改造，这是由于各校的学科类别不同、培养目标不同；图书馆的空间建设的情况不同，有老馆改造和新馆建设之别；图书馆的服务对象和读者需求的不同，因此空间再造的模式不可能整齐划一，各校的空间再造形式一定是千姿百态，五花八门。但无论如何再造新空间的要素要齐全，新空间的服务理念要创新，新空间的功能要培养历练能动力和创造力。

　　下面以空间再造获得"领读者·阅读空间奖"全国大奖的品牌图书馆——沈阳师范大学图书馆的再造空间为例，将该馆围绕学校培养目标而改造的新空间呈现给读者参考。沈阳师范大学图书馆能动型学习空间模式见表9-1。

表9-1　沈阳师范大学图书馆能动型学习空间模式

新空间名称	设置与服务功能	
读者研讨空间	共设有6个大小不同的研究间，分别可容纳8~20人，内设有电脑、网络接口、投影仪、电子画板、黑板等设备，方便师生开展小组式的学习讨论、学术交流、教学研讨、社团活动、班会、沙龙、竞赛等，读者可以通过网上预约使用	
语言交流空间	每周五晚上6~8点，图书馆读者协会将组织留学生或外国语学院专业学生与读者进行会话交流，提升读者学习英语、日语等外语的兴趣，同时也为外国留学生学习中文提供机会，提高口语表达与交流能力，让读者快乐轻松学外语	
写作与指导空间	该空间提供数字资源使用指导课件、专业论文写作指导图书、各类中英文参考工具书等。读者可以网上预约该空间，请专业教师为其做论文写作指导，或请图书馆老师以小组或一对一的形式进行毕业论文写作指导	
信息素养培训教室	共设立三个培训教室，每个培训室均设有交互电视、教师用机、学生用机和投影仪，用来开展包括新生入馆教育、文献信息检索课教学、数据库培训、嵌入式教学、专题培训等信息素养教育课程	

新空间名称	设置与服务功能	
明德讲堂	明德讲堂专为经典阅读而设立，旨在为喜爱读书之人开辟一方清净素雅之地。讲堂面积约120m²，内藏国学经典及文学、法律、哲学、教育学、心理学、管理学、社会学等专业经典共计两千余部。讲堂内除读书外，还可举办专业经典导读、读书沙龙和读书分享等阅读活动	
星空创意绘本馆	面积约120m²，是图书馆紧紧围绕学校支柱性与标志性专业建设，为学前与初等教育学院量身打造的集教学辅助与阅读推广于一体的创意空间。绘本馆具有阅读、教学、讨论、创作和展示等多种功能，其设计采用"星空"主题，着力打造自然、活泼、富有童趣的阅读环境	
影音播放空间	室内收藏2万余种、10万余片世界经典原著影片、科普影片、教学用视听资料、随书光盘，供师生进行多媒体教学、影视沙龙、学术研讨等使用。空间设有高清播放区，投影设备，可同时容纳50人	
音乐鉴赏空间	面积约30m²，配备4台电钢琴和4台留声机，内置KUKE音乐数字图书馆的经典音乐资源，约130万首音乐曲目、4000小时音乐视频作品、6000种乐谱、数字化电钢琴弹奏教程和练习曲谱等。数字留声机以电脑或触摸屏为载体，内置多种风格曲目和视频5000余条。云CD提供2000多个专辑可供读者在空间欣赏或下载至移动端收听	
经典诵读空间	空间按照标准的录音棚建设，经过专业的隔音处理，配备功能强大的先进录音设备、录影设备及编辑工具，为全校师生诵读研讨、朗诵训练、名篇朗读、歌唱等活动提供音频录制服务。同时可兼做微课录制，可实现同屏多素材同步录制	
休闲阅读空间	因地制宜，在一楼楼梯转角处，利用舒适的家具设施打造闲适的阅读区域，空间可用作喝咖啡、交流、研讨、阅览、休息等活动，为读者提供轻松愉快的学习环境	

新空间名称	设置与服务功能
馆院共建阅读书吧	图书馆与马克思主义学院合建的阅读书吧，图书馆为书吧提供数字阅读设备及部分马克思主义经典与通识经典读物，学院专业教师利用书吧与学生开展专业辅导、研讨、创意、读书沙龙等活动
盛文园丁书店	盛文·北方新生活师大园丁店，是辽宁出版集团与沈阳师范大学图书馆共同打造的，省内首家集图书借阅、平台社交、学术交流等功能为一体的品牌连锁校园图书店。书店定期举办阅读推广和学术交流活动，为广大师生打造一个让人悠然流连的书香之地
创客加油站	室内配备精选的最前沿的创新创业方面的纸质图书和期刊等文献资源，甄选优质电子资源，配备电子阅读器，为创新创业提供资源和资讯支持。可开展平台推介、导师辅导、创星经验分享等活动，为学生的"双创"之路提供政策、市场和人文等环境增添"燃料"
创客大讲堂	邀请社会创业精英、校友创业榜样、创业导师为有志创业的同学进行双创辅导，开展讲座、报告、发布会、真人图书馆等双创辅导活动的多功能平台。使读者开阔眼界、启迪思想
创意研讨区	鼓励大学生通过讨论创意、交流梦想、分享成功、协同互动，让思想高能碰撞，不断发现优秀创意、好"梦想"、金"点子"，通过完整的加工制作流程变成现实，并研讨如何通过完整的加工制作流程将创意变成现实，成为读者进行创意思维训练、体验和实践创造活动的场所
创意展示区	为全校师生创客读者提供教学、科研成果，展示学习收获和创意作品的宣传展示空间，比如已开展过的"大学生时装设计展览""机器人模型展览""书画展""摄影展""手工作品展"等

续表 9-1

新空间名称	设置与服务功能	
视频编辑空间	空间拥有非线性编辑系统、高清摄像机、刻录机等设备，读者可以学习并实践图像处理软件、音频视频编辑软件、网页制作软件、各种编程工具，通过学习特效、剪辑、动画、3D 技能开展视频编辑制作、多媒体课件制作、光盘制作、网站设计等	
慕课录制空间	配备先进的录音设备及音频、视频编辑工具，可实现慕课、微课等网络开放课程的录制、剪辑等工作，为教师制作慕课、微课提供便利条件，助推教育信息化建设	
新功能体验空间	空间配备 3D 打印机、苹果一体机、iPad 等设备供读者操作和体验。定期举办 iOS 系统、安卓系统的打印相关知识讲座，引导读者探究其中奥秘，培育学生的创新精神	
文化展示空间	图书馆一楼专门设置了展厅，作为文化宣传阵地和教学成果展示中心定期举办各种主题的文化展览。图书馆各楼层的环廊也可作为文化展示空间，为学院提供摄影、书法、美术、手工作品等各类课程作品的展示空间，并将校训、校歌、《沈师赋》等校园文化元素制作成文化墙镌刻于图书馆中	

  以上是沈阳师范大学图书馆空间再造的新局面。传统封闭式图书馆格局已无法满足新型服务模式的需要，为了与时俱进转型发展，图书馆首先对实体空间进行大刀阔斧的改造。从 2011 年至今进行了文献密集整合、局部拆除、空间再造、布局调整、系统重设，整体工程共用了 5 年的 10 个寒暑假期。目前实现了 5 大区域 20 个学习共享空间(LC)，经历了一个从阅览室→文献服务→信息服务→知识服务→智慧服务→能力服务的转变创新过程。原有传统空间整体实现了彻底改造，其变化空间面积 3000 余平方米。作为学生第二课堂、学习交流与知识创新的场所，充分考虑了空间的采光、照明、通风、隔声、隔热、安全等物理环境以及装饰、造型、色彩、绿化、生态等人文气息因素，给予读者好的体验和文化美的感受[16]。

其中重要的是能动型功能的设计理念。

（1）基于新时代、新媒体、新技术与高校教育息息相关的考虑，从改造理念和设计模式上采取了分期分批、彻底改造的决策，有计划、分步骤地实现了全面改造。

（2）考虑学校综合因素的影响，也考虑图书馆自身特点和发展脉络；注意各种资源的有效整合，注意学科、领域间的交叉与渗透，考虑空间需求在演进中蕴含的新趋势。

（3）以读者为中心，一切为了读者学习和能力培养的需要，以方便、快捷、互动、合作、历练为空间设计的前提；根据学科专业的交叉相近，以设备、工具、共享互通的有效控制，设计空间一室多能蓝图，打造完美的学习空间。

（4）关注多元媒介、新信息技术，资源布局注重纵深化、多样化，空间功能有动有静、有虚有实、有主有次，体现合作、体现创意，赋予空间多维度、能动型和想象力功能。

由此可见，能动型学习空间的核心是以读者为中心，为培养建设者的创造能力，既要赋予空间科技内涵、专业内涵、知识内涵、合作内涵、创造内涵以及情感内涵等，还要具备和谐、温馨、舒适和审美需要的内涵，适应个性化需求与多层次需求，进而符合服务育人的需要，推动大学生能主动进行自己的意识调整、支配和控制学习行为、符合学业和发展目标要求。为提升空间的服务功能，还需配备专职的"阅读推广部""信息素养教育中心"和"学科服务中心"的成员来策划和引导开展各种学习共享活动，赋予空间极大的能动型作用，让读者的学习活动有目的性、意识性、自觉性和创造性，这是空间再造的终极目标。

9.5　学科馆员向能动性服务拓展

9.5.1　开展读者职业生涯和学习目标价值引导

阅读的过程能使大学生潜移默化地树立正确的人生观、价值观。开展读者职业生涯和学习目标价值引导的方法包括以下几个方面。

（1）提供阅读书目。再造空间依托图书馆丰富的资源，为开展阅读指导工作提供了资源保障；学科馆员融入能动空间，充分发挥他们挖掘、总结信息的能力，筛选出适销对路的读者生涯发展的信息。向读者传递科学文化知识，感受图书的精髓。在再造空间提供能够培养学生良好思想品德、陶冶情操、拓展学问、积淀文化阅读书目。从传统文化的传播到励志书目的推荐，比如《论语》《孟子》《谁动了我的奶酪》《杜拉拉升职记》等，来帮助大学生重塑三观，为未来的生涯发展塑造良好的人格，发挥正确的导向作用。

（2）开展生涯规划讲座。学会利用针对新生的辅导讲座，让他们从宏观上了解图书馆的特色，熟悉了解第二课堂，知识的宝库。大二大三学生结合学科专业开展资源利用讲座，让他们学会利用工具来辅助教学；请进专业教师深入探讨专业知识，进行阅读引领，明确发展方向，坚定目标；开办学术论文写作的基本知识讲座，学会做学问的方法；请进考研成功学长介绍经验，掌握学习方法。大四及研究生阶段，请进就业指导老师讲解就业技巧，规避就业错误出现，提升学生自信心。请进优秀毕业生介绍就业经验，让成功案例、丰富的经验走进再造空间，引导学生正确对自己未来的思考和规划。

9.5.2　依托再造空间促进知识流通创新

传统图书馆是通过图书的流通，来促进知识的流通，从而创新发展。如今，当数据、图表已经成为人们科研不可或缺的一部分的时候，知识的流通载体也不仅仅局限于图书。依托再造空间促进知识流通，让人们处于优雅舒适便捷的环境中更加能激发学习兴趣，创新思维。例如，沈师大图书馆在写作指导空间与学院合办"新绿学术沙龙活动"，邀请专业教师和学科馆员与学生共同探讨写作知识；将生命科学学院的标本展植入空间，让更多喜欢生命科学的学生在这里一起探讨交流；学科馆员发掘学校的大咖，邀请省里专家做公文写作的系列公开课，形成一本公文写作的真人图书等。让再造空间工作者交流与互动的社交场所，让创意从这里产生，促进创新发展和社会进步。

9.5.3　注重自主能动性能力和多元素养教育

图书馆要充分发挥教育职能，利用新空间提高读者的能动学习能力，提升学生的职业素养、数字素养、创新素养等多元素养，从而培养出适应社会需求和未来发展的人才。

（1）学习保证素养提升。图书馆再造空间的温馨安静环境成为读者的向往，也为图书馆开展人性化服务创造了无限的空间。学科馆员可以充分利用实体空间和虚拟空间开展多元素养讲座，采用"请进来＋嵌进去"的模式，通过开设课程、举办讲座和咨询等学习方式保证素养提升。如耶鲁大学、华盛顿大学等图书馆开设专门的数据素养课程。图书馆还可以请专家学者开设就业讲座，掌握就业技巧和职业素养；开展创新创业培训讲座和相关问题咨询；学科馆员可以嵌入到这样的培训讲座中，向学习者提供创新创业方面信息的搜集、分析等方法，助力创新创业能力提升的同时也提高信息素养能力。当然也可以开设金融讲座、健康咨询和技术培训等通过不同的学习方式来提升学习者的多元素养。

（2）活动提升学习能力。美国大学与研究图书馆协会的调查表明，参加过图书馆开展的信息素养教育的学生在学习能力上超过未参加过的学生，这一点充分说明了信息素养能力是学生能动学习能力提升的保障。

图书馆可以充分利用学习空间开展活动，让课堂上学到的专业理论在活动中得以实践。沈师大图书馆连续三年开展的"科研与信息素养精英训练营"，是学科馆员策划的充分利用创客空间、绘本空间和信息体验空间来进行课堂翻转、游戏化学习设计等活动，是学科馆员与共享空间融合[17]，以人力调动物力开展的信息素养、科研素养、数据素养、创新素养等多元素养活动，提升学生的多元能力。

9.5.4 促进读者需求和期待与灵感衔接

信息爆炸的时代，书本已不再是唯一的载体，人的本身也是大量的信息源，需要有一个平台让个人魅力绽放，让知识的传递更加便捷。图书馆的服务重心将从纸质图书的收藏转变成真人图书的收藏，满足个体的分享和交流的需求。学科馆员与再造空间的融合，学科馆员就是一本真人图书，以学科馆员为主导，用户可以在能动空间中获取图书馆利用、信息检索和论文写作等相关知识，同时学科馆员还可以把学科专业的专家引入空间，让专业知识在这里传递分享，从而促进读者需求的产生和实现。以学科馆员为中心，以能动空间为依托，从传统图书馆到智慧图书馆，促进人与人、人与信息的交流，实现信息共享，让有着共同愿望、共同理想的用户走到一起，互相学习，弥补不足，激发灵感，实现了读者需求与期待和灵感的高度衔接。

9.5.5 加强参考咨询服务凝聚交流感情

读者需求日益多样化和个性化，对图书馆的服务也提出了更高的要求。

（1）参考咨询面临挑战。尤其是共享空间的实践中，读者可以丰富思想，活跃思维，在参加空间活动中会产生诸多的疑问和需求，为参考咨询服务提出了巨大的挑战。学科馆员作为参考咨询的主体，融入再造空间中，及时以电话、邮件、QQ、微信和面对面等咨询方式，进行深层次、全方位、个性化、一站式、及时雨式的参考咨询服务，帮助读者解决棘手问题。

（2）文献计量凝聚情感。文献计量学是知识分析的法宝，是学科发展脉络的挖掘机，是参考咨询工作强有力的工具。很多学者在科学研究之前最头疼的就是对手中文献的梳理，对目前研究状态的把握，这恰恰给具有文献计量知识储备的学科馆员展示自我的空间。以新型空间为依托，学科馆员可以开展相关学科的文献计量分析咨询工作，帮助用户掌握学科发展脉络和国内外研究现状。拉近图书馆与用户的距离，增加感情交流。

（3）可视化分析增加黏合度。可视化分析服务是参考咨询工作强有力的工具，对于提高学科服务的质量起到质的推动作用。以新型空间为基地，以学科服务为平台，以用户需求为主体，推送可视化分析工具及使用方法等信息（如引文分析、共引分析、词频分析等），可以帮助科学研究者了解学术热点，把握学术前沿方向。知识化服务能够体现图书馆核心价值，增加用户的黏合度。

（4）虚拟能动空间凝聚用户群。运用云存储技术整合散落在网络中数据，创建参考咨询服务 APP 将具有共同爱好的用户聚集起来，实现一站式检索到想要的信息，解开疑惑[18]。同时，在 APP 里植入馆藏资源、微视频讲座等供用户下载，在 APP 中设置学术交流讨论空间，形成虚拟的能动学习空间，为用户提供个性化咨询服务，并且开展在线研讨。学科馆员承担参考咨询工作，成为虚拟空间里信息共享交流的使者，将有着共同问题的用户聚集在一起解答疑惑，传递知识，提高参考咨询服务水平。

9.6　能动型学习空间建设策略

9.6.1　坚持以学生为中心的再造原则

教育部"高教40条"第5条明确指出："以促进学生全面发展为中心，激发学生学习兴趣和潜能，增强学生的社会责任感、创新精神和实践能力。"大学图书馆的空间再造必须坚持这一原则。首先，要以促进学生全面发展为中心。学生能动性学习能力教育，是经过长期的理性认识及实践所形成的思想观念、精神向往和理想追求，是图书馆服务实践形成的理性认识和主观要求，是渗透了图书馆对教育价值取向的创新教育观念。其次，建立能动性学习服务理念，是图书馆如何开展能力教育，用什么办法开展，要回答为什么、做什么、怎么做的基本问题，亦即是图书馆生存理由、生存动力和生存希望的有机构成。大学图书馆只有建立了能动性学习教育的理念，将其作为图书馆服务转型的核心与宗旨，作为长期服务战略，深入推进并形成常态，才是新时代图书馆服务的"升级版"。图书馆服务需要重构服务理念，以能力教育为主导，推进能动性学习教育的深入发展[19]。

9.6.2　提升能动性学习资源的保障度

大学图书馆的空间再造要主动对接学校发展需求，优化服务结构，完善空间体系、更新服务内容，改进引导方法，要以能动性学习教育为出发点，整合提供有利于启发学习、解决问题、传授技能等能动型教育保障条件：

（1）变革一切阻碍阅读的传统资源布局，整合精品资源，建立适合个性化自主能动阅读的流通环境；

（2）改造传统的物理空间结构布局，再造以能动性学习空间为主的共享学习空间，提供给读者进行写作、表述、报告、讨论和点评的共享空间；

（3）及时更新现有数据库资源，传授网络学习资源的开放获取以及虚拟资源的功能与使用技能；

（4）自建本馆读者学习平台，紧扣学校的专业分类，提供最符合能动教育的资源平台，实现校内资源的规范管理与个性发布，切实提高大学图书馆支持能动性学习的资源保障度。

9.6.3　实现创新人才培养目标的达成度

图书馆再造空间要坚持分类打造、特色发展和能动性教育的目标。紧密配合专业教学进程，对读者需求进行系统调研，对空间活动精细策划，开展经典指导、读书报告、研究汇报、辩论演讲等活动，并进行认真总结。活动宗旨既离不开专业知识学习，又要坚持解决学习问题与研究创造；既离不开新意和吸引力，又要贯彻能动性学习教育内涵。

策划工作由专门部门负责，有利于策划的连续、系统与创新，有利于专业性与能动性的深入联系。活动策划是实施能动性学习教育的有效行为，是为读者提供良好的能动学习平台，自愿参与、积极表现、实现自我，从而推动空间分类发展，建设优势特色专业空间，引导各类空间发挥优势、各展所长，提高创新型、复合型、应用型人才培养质量，形成全局性改革成果，实现创新型人才培养目标的达成度。

9.6.4　引领能动性研习与创造的多维度

再造空间开展的所有活动都要积极利用能动性学习的服务模式，将能动性学习目标贯穿始终：

（1）开展读者学习生涯指导，以各种榜样的现身说法传道授业，激励读者建立正确的人生观和价值观，给读者热情的鼓励和指示；

（2）坚持开展某一主题的读者研读和教学互动等形式的立体式推广活动，主张教育内容的系统性并富有成效；

（3）学科馆员服务转型拓展，积极嵌入新空间中，接受读者咨询并参与解决学习问题，引领和培养能动性学习能力；

（4）组建具有协作意识、愿意探索、自我管理、积极进取、有较强能动性学习意愿的读者协会，可实现团队出色的作用和绩效。

图书馆只有具备开发创造的空间资源，才能实现对学习方法的传授和技能的体验，激励学生发挥主观能动性，引领能动性研习与创造的多维度。

9.6.5　评价能动型学习空间建设效果的满意度

图书馆的空间活动要周密策划、明确目标、注重过程、构建体系、循环前进，适时总结并对空间活动全程产生的客观结果或后果开展评价。在征求教师、学生和组织者等评价意见基础上进行目标效果总结，关注读者个人收效与图书馆组织绩效。读者绩效要评价学生在图书馆的各种提高与收获成效，通过各种调查数据考核读者学习能力的进步，是否收获了"回归常识"、掌握专业知识、面向实际、深入实践、以知促行、以行求知、脚踏实地、苦干实干的真才实学。组织绩效是图书馆各部门或馆员个人的工作任务履行情况和活动成效，面向人才培养目标、适应需求、引领学习、理念先进、保障有力的一流服务。要把立德树人的成效作为检验图书馆改革一切工作的根本标准，坚持图书馆转型发展的正确政治方向，形成高水平图书馆人才培养服务体系[19]。

　　总之，空间再造及服务是复杂的，要求我们借鉴国外好的做法的同时，根据我国教学和科研的实际情况，坚持开放合作、务实创新，从而实现图书馆在新时代的使命。空间再造及服务的类型、内容和评价，如何与图书馆原来的服务流程融合，能不能实现图书馆的目标，这都需要进一步研究。

　　教育部部长陈宝生在"新时代全国高等学校本科教育工作会议上的讲话"中强调，高校"变轨超车要更坚定一点""创新发展要更紧迫一些"[20]，这是新时代高等教育改革的动员令，对大学图书馆转型发展具有重要指导意义。大学图书馆空间再造是应对新时代挑战并全面高扬人才培养的转型方案之一，大学生能动性学习能力的培养是图书馆空间再造服务的核心，是培养新时代创新型、复合型建设者和接班人的基础、过程与保障。图书馆通过能动空间与智慧服务相结合，给予学生学习压力和动力，激发学习探索积极性，增强学习的能动性，培养学习兴趣和处理问题的能力，构建图书馆再造空间全程、全员、全方位的育人格局。在扑面而来、汹涌澎湃的空间再造浪潮中不能因循守旧，要跟上时代的步伐，写好"奋进之笔"，建设高水平图书馆，更好地履行培养社会主义建设者和接班人的共同使命[20]。

参 考 文 献

[1] 阿尔文．托夫勒．第三次浪潮［M］．北京：三联出版社出版，1983．

[2] 王庆．高校图书馆能动型学习空间的构建与服务模式研究［J］．图书馆学刊，2018（10）：99-103．

[3] 蒋妍．日本高校推崇能动性学习［N］．北京日报，2017，4，26（15）．

[4] 图书馆员．研究型图书馆的课题：能动型学习空间［EB/OL］．2018，8，14．

[5] 中国教育和科研计算机网．在一流本科建设论坛上的讲话［EB/OL］．2018，8，14．

[6] 教育部关于加快建设高水平本科教育全面提高人才培养能力的意见［EB/OL］．2018，11，22．

[7] 易庆玲，金易，邓榕舒．高校数字图书馆能动型知识学习共享空间建设研究［J］．河南图书馆学刊，2018（8）：65-67．

［8］贺志玲，刘艳玲."双创"背景下高校图书馆能动型学习空间构建策略研究［J］．晋图学刊，2018（4）：30-34.

［9］王庆．高校图书馆能动型学习空间的构建与服务模式研究［J］．图书馆学刊，2018（10）：99-103.

［10］帕特纳，富特．史学理论手册［M］．余伟，何利民，译．上海：上海人民出版社，2017.

［11］朱长春．集团公司治理攻略［M］．北京：清华大学出版社，2015.

［12］国务院法制办公室．中华人民共和国法规汇编（上卷）［M］．北京：中国法制出版社，2016.

［13］李恩．实用领导科学研究领导思维［M］．北京：蓝天出版社，2013.

［14］李雄杰．创新教育探索［M］．北京：中国水利水电出版社，2014.

［15］万士全，马俊，方龙全，等．现代教育技术与应用［M］．合肥：中国科学技术大学出版社，2014.

［16］王宇，车宝晶．图书馆创客空间构建及其适切性探索［J］．大学图书馆学报，2018（4）：24-28.

［17］王宇．学科服务的践行与创新——沈阳师范大学图书馆学科服务发展历程［J］．图书情报工作，2013（2）：24-27.

［18］裴衣非，韩艳，卢凤，等．大数据环境下云存储技术的应用［J］．信息与电脑（理论版），2016（16）：149-150.

［19］刘偲偲，车宝晶．创客时代高校图书馆读者创客素养培育探究［J］．图书情报工作，2018，62（2）：29-34.

［20］央视网．坚持以本为本，推进四个回归，建设中国特色、世界水平的一流本科教育——新时代全国高等学校本科教育工作会议上的讲话［EB/OL］．2018，11，22.

10 空间再造的愿景：智能型

始于 20 世纪后半叶的信息革命，尤其是 20 世纪 90 年代互联网的普遍应用，使人们对空间的概念不再局限于物理空间本身。伴随人们对于空间认知的改变和图书馆办馆理念的更新，在飞速发展的科学技术驱动下，图书馆空间再造越来越受到业界的重视，虚拟阅读空间、学习共享空间、研究共享空间、创客空间、交流空间等概念均归于图书馆空间再造的内容。在空间建设百花齐放的今天，图书馆空间未来的发展趋势已经初见端倪。习近平总书记在 2018 年召开的两院院士会议上指出，我们迎来了新一轮技术革命与产业变革，面临千载难逢的历史机遇。大数据、云计算、VR 虚拟现实技术、物联网、人工智能等新技术的发展和应用无不预示着一个全新的、高度智能化的时代的到来，图书馆未来空间也必然要顺应时代潮流，高度个性化、自动化、智能化的智能空间将会应运而生，成为未来空间建设的主流模式。

10.1 新时代空间再造的运行方向

10.1.1 智能型空间的含义

图书馆智能空间（IS，Intelligent Space）为人们所认知的时间并不长，因此尚未形成比较明确和成熟的概念，不过对于智能空间的研究却早已有之。美国麻省理工学院建筑与设计系主任威廉·米切尔是最早认识到赛博空间（虚拟空间）与物质空间（实体空间）互动关系的学者之一。她在《比特之城：空间、位置和信息高速公路》提到："对设计者和规划者来说，21 世纪的任务是建设比特圈（Bit Sphere）——一个世界范围的电子中介环境，网络扩散到每一个角落，在其中的大多数造物都具有智能和电信能力[1]。"她认为，虚拟网络空间与实体空间之间的融合互动，形成的是一种新的空间状态，即智能空间。

美国国家标准和技术学会（NIST，National Institute of Standards and Technology）将智能空间定义为"一个嵌入了计算、信息设备和多模态的传感器的工作空间，其目的是使用户能非常方便地在其中访问信息和获得计算机的服务来高效地进行单独工作和与他人的协同工作"，该定义可以泛指所有的智能空间。2017 年初发布的《新地平线报告：2017 年图书馆版》将人工智能列为图书馆界的六大技术发展，图书馆的智能空间是人工智能与图书馆的有机结合，是一个"使用各种先进的智能化设备及手段，加强馆藏建设和相应服务保障，注重用户交互和延伸服务，提供便于合作、学习与体验的服务空间，具有情境感知等特征"。韩国延世大学于 2008 年引进了三星公司的 DSC（Digital Space Convergence）技术，全面打造的 U-服务图书馆，是集 U-休闲、文化和 IT 设施等为一体的复合智能空间，被认为是世界首家图书馆智能空间[2]。

国内学者余意、易建强等提出，智能空间是将信息空间与实体空间联系起来的一个重要研究领域，是一种新的人机交互，具备感知/观察、分析/推理、决策/执行三大基本特征。刘宝瑞等认为，智慧空间是利用先进的技术设备从社会中收集知识，并通过自组织、自优化、自创新将其返回给用户的智慧图书馆的空间样貌之一。卢章平等则明确指出智能空间依赖于 RFID（射频识别）、普适计算、物联网、云计算、机器人、VR/AR 等技术，智能技术的规模性应用在智慧空间的物理空间的建设中起关键性作用。国内智能空间的建设总体还处在起步阶段，智能化的措施更多的是以购进智能化设备为主，整体构建智能化服务空间的实例较少。相对建设智能图书馆或者是智能空间的国内图书馆应首推上海图书馆，2015年上海图书馆引进 iBeacon 技术打造智慧图书馆，用户在经过图书馆阅览室的时候，阅览室会主动给用户"打招呼"，并推送该阅览室详细介绍，可快速进行图书定位，并实现室内地图，进行导引，部分具备了智能空间的功能和特征。

综合国内外对于智能空间的论述，智能空间实现了实体空间与虚拟信息空间的叠加，是一个具有感知、通信和自适应能力的，能够为用户提供智能化服务的融合空间。智能空间之所以智能，不仅是因为空间能够提供便捷的服务，更是因为虚拟空间能够感知物理空间的变化，并能够根据变化，调节环境使之适应于人的活动，即在合适的时间、合适的地点为用户提供合适的服务。究其本质，智能空间与信息空间、学习空间一样，同属于图书馆第三代空间范畴，即坚持以用户为中心，改变的只是服务手段和服务方式。不过，相对于以往对于空间的认知，在智能科技手段辅助下，智能空间更好地融合了实体空间和虚拟空间的优势，真正实现了图书馆人和用户对于图书馆空间的各方面诉求和愿景。

从目前对图书馆智能空间的认知来看，图书馆智能空间的构成需具备五个要素[3]。

（1）以"读者"为中心。第三代图书馆由以藏书为中心转向以读者为中心，资源配置，空间设置，服务手段均以满足读者需求为目的。尤其是在空间再造上，信息空间、学习空间、创客空间也是如此，伴随读者需求变化而变化。而智能空间亦是围绕读者需求而动，一方面拓展收集读者需求的手段，另一方面提升满足读者需求的能力。例如，牛津大学图书馆、伦敦帝国学院图书馆和加州大学圣地亚哥分校图书馆都提出要创建符合读者需求的空间，以支持用户、馆员和馆藏不断变化的需求[4]。

（2）以"资源"为基础。智能空间并非是图书馆独有的，而图书馆智能空间最大的独特之处就在于有丰富的资源作为基础，数字资源可供虚拟空间予取予求，纸质资源可充实于实体空间，既可随时阅读使用，亦增加书香氛围。此外，图书馆员亦是可以利用的人力资源，人所提供的智能服务到目前为止仍然不可忽略。

（3）以"技术"为驱动。科技的发展既是智能空间得以诞生的动因，亦是智能空间能够不断发展、不断完善，并实现智能化功能的主要驱动力。每一项相关技术的问世，比如传感器、VR、RFID、大数据分析等，都会驱动智能空间智能化程度的不断深入，并不断衍生出新的服务内容。

（4）以"服务"为手段。无论是资源，还是技术手段，最后都要通过对读者提供的服务表现出来。服务是将读者需求和空间联系在一起的具体手段，技术和资源转化为服务效率的高低，则是图书馆智能空间发展水平的最重要的衡量标准。

（5）以"机制"为保障。机制是指智能空间得以正常运转并能够发展进化的保障措施，按照其作用方式，可以分为运行机制和发展机制。运行机制是指资源和技术具体转化为服务的方法，比如如何利用技术手段收集读者需求信息，如何对这些信息进行分析并进行满足，如何对已有数据进行再次开发，深度挖掘等。从关注对象看，运行机制更多关注细节，属于微观领域，发展机制则属于宏观层面，主要是智能空间整体发展战略，比如经费来源、发展方向和目标、空间特色以及自我更新机制等。

10.1.2 智能空间的特征

10.1.2.1 多元复合性

智能空间的多元复合性体现在功能多元性和结构复合性这两个方面。功能的多元性是智能空间的基本特征，也是未来空间发展的必然趋势。从图书馆空间建设的历程上看，从功能单一的阅读空间到信息空间、学习空间，其功能从资源检索、阅读逐步扩展，增加了小组讨论、协同创新、开放获取等诸多功能，空间的概念变得越来越宽泛，其功能变得越来越多元，按照对智能空间的预期，空间将突破环境的限制，成为用户不可或缺的助手，为其解决各种学习或科研过程中所遇到的问题。智能空间的结构复合性主要体现在实体空间和虚拟的相互融合上，目前所看到各种空间形式，虚拟空间和实体空间多以并存的形式出现，功能上有所交融，但存在形式上还是泾渭分明。从目前已经出现的智能空间的雏形来看，虚拟空间和实体空间从功能到形式上将实现完全融合，VR 技术的成熟，真实与虚拟相互融合，将使每位用户所见的空间都是自己内心所想的样子。新加坡国立大学图书馆的"网上馆舍漫游 3D TOUR"运用虚拟现实技术，将实体图书馆在网络中完全虚拟出来，成为虚拟现实技术在图书馆应用的奠基之作[5]。

10.1.2.2　全面感知性

全面感知是智能空间存在的基础，通过连接到物联网的手机、电脑、射频识别装置、红外感应器、全球定位系统、激光扫描器等感知设备，借助移动"通信网络＋大数据挖掘整合＋智能感应能力"等综合技术优势，可以全面感知用户的需求，并据此为用户制定个性化的服务方案，满足用户的需求。通过全面感知还可以对空间环境的变化、资源配置的优劣、管理上的得失进行及时调整，建立起立体的、多维度的交互，从而实现高度的智能化，服务上更加人性化[5]。

10.1.2.3　泛在移动性

现代移动技术与互联网产业的蓬勃发展赋予了智能空间的泛在特性，智能空间的虚拟资源和虚拟服务通过移动智能终端随时满足用户的各种需求，为用户提供不间断的，持续的服务。同时，智能终端的普及也使用户对于智能空间的使用打破了地域的限制，无论身处何地，均可方便地使用空间的各种功能。随时随地满足用户阅读、研究、交流甚至休闲等个体化需求，从而最大化地改变过去我们无论多么努力，大部分我们所提供的服务，还是没有被大多数人所利用的遗憾[5]。

10.1.2.4　自我优化性

全面感知性与大数据收集分析能力为智能空间带来一项全新的特性，自我优化性，这也是智能空间之所以成为未来主流空间模型的原因之一。以往各种空间建造好以后，功能和服务都是预设好的，任何功能的改变，都需要人为干预，很难做出最契合的选择。当空间功能跟不上时代的进步，失去存在价值和意义的时候，就需要进行空间再造，其难度和需要的人力物力都非常巨大。而智能空间可以根据收集到的用户的各种数据，对用户行为的变化做出精准判断，系统会自动给出优化建议，保证空间功能的与时俱进[5]。

10.1.2.5　交互便捷性

智能空间能够提供便捷的人机交互界面和接口，能够进行即时互动，提升基于系统平台各个因素之间的交互、关联与决策服务能力。交互便捷性还体现在人与人之间的交互便捷上，智能空间兼具之前学习空间和信息空间的特点，既给用户提供了开放、自由、个性化的良好的实体交互环境，也可通过虚拟智能空间实现知识情境的共用共享，消除彼此交流的时空障碍[5]。

10.1.2.6　协同互通性

智能空间为用户提供了动态交互的合作与服务平台。在这个平台上，可以实现用户之间的协同学习、研究、创新等行为，平台的交互便捷性为用户之间的协同提供了方便条件，使用户之间的无障碍交流成为可能，提升了彼此协同的效率和契合度。利用智能空间还可实现用户与馆员之间的协同，用户可以在任何有需要的时候向图书馆员或相关专家发起虚拟参考咨询，协同探讨，实时交互。互通与协同是相互关联的，智能空间的互联互通一方面是对自身图书馆的各方资源实现聚类整合，实现不同数据库、不同资源平台之间的互联互通，提升用户检索效率。同时，智能空间也可实现不同机构之间资源的互联互通，为不同机构和团体成员之间的协同提供支持。智能空间的互联互通为图书馆之间组建地区联盟、行业联盟或发展总分馆提供了实现的契机，使资金、人力、信息资源聚合，规模效应凸显[5]。

10.1.3 智能空间是未来发展目标

空间再造是图书馆目前应对用户学习方式和阅读习惯改变，适应高等教育改革趋势的主要手段。借助空间再造，一方面可以将原有图书馆运行模式从以资源为中心转换为以用户为中心；另一方面图书馆可以引入最新出现的相关技术和设施；同时，图书馆也可以通过空间再造为图书馆未来服务模式、发展目标奠定基础。空间再造并不是一个新事物，从其发展历程和图书馆事业发展规律来看，智能空间必然是图书馆未来空间建设的主趋势。

图书馆是一个生长的有机体，其发展受内外双向驱动，内在因素是图书馆自我完善，不断追求自身价值的需求。

外在因素分为两个方面，一方面是图书馆所服务用户需求的变化，尤其是高校图书馆。最新颁布的《普通高等学校图书馆规程》中规定"图书馆的主要职能是教育职能和信息服务职能。图书馆应充分发挥在学校人才培养、科学研究、社会服务和文化传承创新中的作用。"图书馆要顺利实现被赋予的职能，需要图书馆在空间建设上及时转型，同时随着高等教育培养模式的变化，素质教育越来越受到重视，图书馆作为学生活动的主要空间，其辅助教育职能异常重要，智能空间可以给学生提供契合其自身特点的资源及实体环境，同时还可以对其协作能力、创新能力都有所促进，对于用户需求给予最大程度的支持。

另一方面，人类科技的进步，必然会推动各行各业的发展，各种智能技术的出现，对于图书馆智能空间发展也起到了极大的推动作用。

10.2 当前空间再造存在的问题

空间再造虽然由来已久，然而图书馆真正大规模开展空间建设的时间却并不长，以"图书馆"和"空间"为关键词，截止到 2019 年 2 月在知网上检索可查到 7621 篇研究文献，在 2004 年之前每年文献不超过百篇，此后才逐渐增多，目前仍处于上升期，且上升幅度越来越大，2018 年年发文量超过了 1000 篇。由此可以看出，国内对于图书馆空间建设的研究真正兴起不过十几年，当前也未达到最高点。大部分图书馆对于空间建设仍处于尝试探索阶段，并无多少成熟模式可言，因此其存在的问题也比较多，比如经费问题、设计问题、技术问题、效果评价等。不过，图书馆空间建设也正是在这种不断发现问题、解决问题的过程中获得了越来越快的发展速度。

10.2.1　空间再造实践存在的问题

10.2.1.1　实施改造的比例较低

通过登录 112 所 211 大学图书馆网站进行调查发现，其中有 54 所高校图书馆为读者提供空间服务，占总数的 48.21%。由此可见，即便是在资金相对充裕的 211 大学，开展图书馆实体空间再造实践项目的比例也不是很高，未能超过半数，据此推测，全国 2663 所普通高校（独立学院 265 所）图书馆进行空间改造的院校应不超过 500 所[6]。

图书馆空间再造之所以无法得到大规模推广，其主要原因主要有：

（1）在理念上，很多图书馆仍然停留在第一代和第二代图书馆的认知上，核心工作始终围绕资源进行，没有看到图书馆发展的主流趋势，没有建立起以读者为中心的服务意识和理念；

（2）空间再造对于图书馆来说是一个巨大的工程，从建设经费到施工时间，再到空间功能的预设，图书馆都需要一个较长的周期进行筹备，目前很多图书馆还在准备的过程中，完成空间再造的高校比例不高。

10.2.1.2　资金短缺的束缚

以华南师范大学石碑校区图书馆的空间再造工程为例，其共分两期进行建设，共投入 750 万元人民币，其有国家专项经费作为支撑，尚且分两期完成。而据教育部高校图书馆事实数据库中所统计的数据显示，2017 年共有 843 所高校图书馆提交数据，图书馆总经费平均值为 650 万元，这其中 62.1% 的高校图书馆的经费尚不足 500 万元，而图书馆经费的主要支出为文献购置费，占到总经费的 86.7%，用于空间建设的经费所剩无几。另一方面，在我国，高校图书馆运营经费几乎全部来源于国家财政拨款。虽然《普通高等学校图书馆评估指标（修改稿）》要求图书馆经费是办馆条件之一，应列入学校预算，且占学校办学经费的比例 5% 及以上。但现实情况往往是高校图书馆的建设经费由于各种各样的原因无法达到国家要求的比重，在一些经济欠发达地区经费投入更加难以得到保障[6]。

此外，随着移动互联网与信息技术的发展，现阶段大学图书馆的文献资源载体形式更加倾向于印刷型与数字型相结合的方向，这就导致有限的经费需要采购更多类型的资源，图书馆很难从本就已经有限的经费中再划分出用于图书馆实体空间再造的经费。因此，资金问题成为制约高校图书馆进行实体空间再造工作的主要问题。

10.2.1.3　原有建筑格局的限制

空间再造不同于新建图书馆，其是对原有图书馆空间进行格局、功能以及装饰等方面的调整，以适应当前读者学习阅读习惯的改变，原有空间格局对于空间再造具有极大的限制。目前大部分图书馆建于 21 世纪初，当时设计理念仍然遵循以资源为中心，整体布局围绕资源展开，这种理念与现在"以读者为中心"的理念截然不同，这给图书馆空间再造带来了极大的困扰。此外，空间再造因是在原有空间基础上进行，必然受到原空间大小、形状、位置等因素的影响[6]。

10.2.1.4　运行效果评价的缺失

高校图书馆对于效果评价一直不是特别重视，绝大部分高校并没有建立评价机制。没有评价机制，就很难对已经完成的图书馆创新或改革成果进行判断，难以确定未来的发展方向，为进一步改革创新提供数据支撑和驱动力。因此，高校图书馆在空间再造之后建设评估体系十分重要[6]。其中，评估体系的建设包括：

（1）完善的评价机制可以对空间再造进行综合考量，发现建设过程中无法发现的问题，并判断其是否达到预期建设目标，从而不断完善空间的设施、服务，使智能空间不断成长，进入良性循环；

（2）图书馆空间再造不是一时的工程，是一个长期的，分成若干阶段的可持续工程，完善的评价机制，可以增强空间再造的可持续性。

10.2.2　再造空间服务存在的问题

10.2.2.1　人工智能等技术的应用成熟度低

人工智能、Web 3.0 等智能技术更新迭代速度过快，图书馆空间再造又是一个需要周密策划，稳步实施的工程，往往空间尚未建成，先期应用的技术和设备就已经成为明日黄花，失去技术的前沿性和先进性。图书馆必然面临两难的境地，如果跟随技术发展，不断进行更新，以图书馆的财力很难承担，即使承担得起，也会造成极大的浪费。而且技术的快速更新，会让技术的实际应用变得越来越困难，成熟度越来越低。如果无视技术的进步速度，空间建成后，其功能和据之提供的服务就会受到局限，智能化程度随之降低，很快就会落后于智能空间整体发展水平，这与智能空间所倡导的先进的服务理念完全相悖。因此，一方面技术发展过快，造成技术应用成熟度低；另一方面，图书馆对于技术的选择的困难同样造成了技术应用成熟度低的现状。

10.2.2.2　网络信息安全的保障不足

中国互联网从兴起到飞跃式发展，不过二十多年的时间。伴随着网络应用越来越普及，发展速度越来越快，所带来的网络安全问题也越来越突出。如今，图书馆空间信息服务更加强调个性化，对个人信息的挖掘越来越普遍，个人信息数据的保护显得尤为重要，用户在获得个性化服务的同时，也面临着个人隐私泄露的风险。同时，云概念的出现，使大部分数据资源存储在网络上，一旦网络信息安全出现问题，无论是个人数据信息，还是网络资源数据等各类数据信息都面临着泄露、损毁的危险。因此，网络信息安全相关技术也是保证图书馆虚拟空间正常运行的重要力量，信息安全的保障是今后高校图书馆空间网络信息安全建设的重点问题。

10.2.2.3 馆员素养与图书馆再造进程脱节

图书馆技术领域的进步，理念的更新都走上了快车道，但与之相应的人才培养却无法速成。大部分图书馆员的原有知识背景和学习能力，很难适应图书馆日新月异的变化；新参加工作的毕业生又对图书馆原有服务和智能技术所起到的作用不熟悉，造成了馆员素养与图书馆再造进程脱节的局面。对此业界也多有探讨，比如李朝晖等提出创客空间应注重培养智慧馆员，引进技术专家、市场顾问和志愿者以支持创业创新项目的顺利运作，但图书馆本身就是冷门单位，大部分图书馆普通人才的引进都面临着诸多困难，其提供的平台与条件很难吸引专家型人才的进驻。

虽然如今高校图书馆空间中用户的自主性增强，可以通过移动终端设备按需自行索取资源、享受信息服务，但有些需要人参与的更复杂、更真实的服务仍然是不可被人工智能替代的。要真正发挥智能空间的功用，让用户切实体会到智能空间给他们带来的便利，智慧化馆员的培养仍然很有必要。除此之外，高校图书馆空间建设不受重视、人文精神价值偏离、空间建设理论多于实践、资金投入不足等也是智慧图书馆建设过程中出现的问题，我国高校图书馆空间建设还未发展至智慧化的阶段，仍需要改进与完善。

10.2.2.4 空间服务水平未有明显提高

大部分图书馆在进行空间再造时一般都是有明确目的性的，即空间再造后要实现哪些功能，开展哪些服务都是提前计划好的。但由于空间再造本身出现的时间并不长，人们对其研究也多集中于近十年，尤其是对于空间服务的认知，多是基于原有图书馆服务模式进行升级变化而来，创新之处并不多，空间服务的水平受认知的限制，并未有明显的提高。此外，影响空间服务水平提升的因素还有馆员素养、空间引进技术先进程度等，同样由于时间短促，无法与空间再造完全匹配。

10.3 未来空间再造的发展策略

图书馆空间的开发与改造，从发展形式上看，自20世纪90年代开始空间改造，经过近30年的发展、演进与创新，呈现许多新的空间形态，比如信息共享空间（IC，Information Commons）、学习共享空间（LC，Learning Commons）、知识共享空间（KC，Knowledge Commons）、研究共享空间（RC，Re-Search Commons）、大学共享空间（UC，University Commons）、全球信息开放获取共享空间（GIC，Global Information Commons）、创客空间（MC，Maker Space）等，这些模式的诞生是图书馆与本校情况相结合的产物。从内涵拓展上看，由于空间服务目标与愿景不同，空间内涵也在不断丰富拓展。LC强调通过各种有效手段来促进协同学习；RC侧重于对教学与研究人员学术研究的支持；KC强调对知识获取、共享管理和知识创造活动的支持；UC则把整个校园视为一个开放获取空间，共同支持师生的教学活动；GIC强调基于虚拟网络环境支持人们对全球信息随时随地开放获取与共享。这些模式标志空间服务从单纯的信息共享向为综合型学习与知识创造提供支撑方向转变，具有自由、宽松、便利、积聚资源和人气的功能[7]。从空间再造的历史来看，现代图书馆空间再造均围绕所服务用户的各种需求而来，或者说用户需求的衍变引领了空间再造的进程，未来空间再造同样如此，用户需求的日益多元化，单一功能空间已无法满足用户多元化需求，因此，不断提高空间智能化程度，打造灵活多变、开放共享、具有自我生长能力的复合型智能空间是未来图书馆空间再造的发展趋势。

10.3.1 空间再造的指导理念

10.3.1.1 再造前充分开展调查研究

空间再造对任何图书馆来说，无论资金充裕的重点高校，还是经费捉襟见肘的普通高校，都是一个巨大复杂，非常重要的工程。提前做好调查研究，制定科学合理的方案，是非常必要的。开展调研首先要明确调研的目的，然后确定调研的对象，根据目的和对象，制定调研内容，再对调研结果进行分析，从而得出预设目的，为空间建设提供参照。

空间再造前的调研目的很明确，一方面是要调研清楚用户对于空间的具体需求，现在图书馆所有的工作，从资源建设到一线服务，都是围绕"以读者为中心"来进行的，空间建设同样如此，建设的首要原则就是用户需求；另一方面，图书馆要调研目前空间建设的整体情况，包括其他图书馆已经建成和正在兴建的空间情况，借鉴他人经验，为我所用。同时还要了解当前空间建设技术前沿和依托空间开展服务的情况，使本馆的空间建成后能够在有限的经费条件下，达到最优良的配置。

明确调研目的后，空间再造的调研对象也就随着确定了。首先就是调研图书馆服务的用户群体，尤其是其中利用图书馆较多、思想活跃、创新性强的优质用户，未来空间的主要使用者也是他们，他们的意见和需求也就极具参考价值。高校图书馆智能空间主要服务对象主要有三类：一是大二、大三的本科生，他们是本科生中最主要的科研力量，时间相对充裕，且已经接触专业知识的学习，具有一定的理论基础，也是大学生创业项目的主要承担者；二是在读研究生，他们自身有科研任务需要完成，且无论是从事科学研究还是专业学习，都已经进入一个较高的层面，自主时间较多，是图书馆空间的最重要的使用者；三是青年教师群体，虽然他们并不是学校科研的最重要力量，但那些学科带头人和重量级教授们都拥有自己的研究室和实验室，反而是借助图书馆最少的一批人。青年教师们身上都担负着繁重的教研任务，且很少能有自己独立的空间，他们自然就是图书馆空间服务的主要用户群体。

图书馆除了对用户进行需求调研外，还需对业内行情进行调研，调研对象同样分三类：第一类是国外高校图书馆空间建设情况，从技术发展历程及现状来看，我国目前技术发展水平距离国际尖端水平还有一定距离，空间建设理念和技术的应用往往也是起源于发达国家和地区，然后慢慢传入国内，因此在空间再造之前，需要了解国际最先进的空间理念和技术，即使暂时无法实现，也应在建设时把眼界放宽和提高，预留出未来发展的余地，将来一旦国内技术水平达到能够实现的水准，即可以直接在现有空间内予以完成，不必再大动干戈，重新来过；第二类调研对象为国内处于发展前沿的图书馆，他们因为经费充足，与国际接轨程度较高，一般会最先融合国际先进技术和理念，并做出适合我国国情、植入中华文化的调整，他们所积累的经验教训，可以为进行后续空间再造的高校图书馆指明方向，提供成熟预案，节省摸索过程中所付出的时间成本和经费成本；第三类调研对象为与自己同一类型或同一发展水平的高校图书馆，因为情况类似，其建设方法方案更具参考性。

前期针对用户的调研内容主要包括用户需求、用户行为等。用户需求也可称为用户体验，是用户对于图书馆智能空间所抱有的期待，是对空间所能承载用户活动的预设。用户需求主要分为三个组成部分，分别是交互用户体验、情感用户体验和感观体验。交互用户体验是针对使用过程的体验，主要表现为读者在与图书馆互动之中的感受。情感用户体验是心理上的体验，主要表现为用户在使用图书馆服务之后对图书馆服务的认可程度，如果用户极为认可该服务，用户很可能会有推荐该图书馆的行为。感官体验主要是视听上的体验，主要表现为读者在图书馆空间内是否觉得安全舒适等。

10.3.1.2 科学规划空间体系

空间再造对任何一个图书馆来说都不是一蹴而就的事情，需要科学的制定长远目标和阶段目标，根据实际情况逐步进行推进。制定科学的长远规划可以使图书馆空间再造不至于盲目地追随潮流，保持空间布局的合理性与整体性，契合学校长远发展目标。分期推进主要考虑两个因素，第一个因素是经费问题，如沈阳师范大学图书馆，学校对于图书馆空间改造并没有相应的经费支撑，每个空间的改造经费都需要单独和学校申请，一年最多批 1~2 个专项，加上馆领导通过其他渠道募集的资金，最多也就能同期改造 2~3 个空间，因此图书馆在做空间再造计划时，充分考量实际情况，每年只完成最急需的，在能力范围内的建设项目，该馆已经完成的 20 余个空间，共用了 8 年时间，分了 6 期。第二个因素是要考虑为时代进步对于长远规划的影响，近年来新技术的出现和图书馆理论的更新对于图书馆的发展都起到了巨大的影响，以空间建设为例，从 IC→LC→MC，新的理念到践行再到下一个理念的出现，间隔只有很短的时间，甚至会同期出现多个新的理念，面对如此频繁的更新，如果短期内完成全部的图书馆空间再造，就无法保持与时俱进，失去进一步发展的空间。尤其是智能空间的打造，无论国内外，从技术到理念，都处于摸索阶段，人工智能、大数据、互联网、VR 等智能空间关键技术都处于急速发展阶段，在空间再造时，预留足够的空间和余地，就显得尤为重要。

除了在时间和空间上做出科学规划，图书馆还需要在空间功能设置上做出充分的考虑，空间功能设置必须以读者需求为出发点，需求驱动再造，服务先于空间。读者需求是图书馆空间再造的原动力，人们启动空间再造工程，必须基于读者需求发生变化→原有空间功能无法满足→调研论证空间再造可行性→空间再造→空间使用评估的程序。不能为了政绩，打造所谓面子工程，要切实以读者为中心，以读者需求为驱动，先设计好基于这样的空间要开展的服务，再根据服务确定空间的功能，根据功能做出设计规划和硬件配置。这样就保证了空间建好后马上就可以投入使用，成为图书馆发展的推动力量，有效解决读者的需求矛盾。

紧紧围绕学校的发展目标，充分体现"以本为本"的教育理念，突显空间特色，是科学规划空间体系需要着重考量的又一要素。只有与学校发展保持一致，才能够得到学校的大力支持，才能够保证空间再造的持续性和长久性。例如，台湾国立中兴大学图书馆在建设"兴阅坊"时，充分考虑了其农林方面的历史背景，农学专业突出的办学特点，设计上以森林农场为主题，运用科技手段，营造出绿意森林的意象；沈阳航空航天大学图书馆针对学校对于党建工作的重视，连续三年打造红色阅读空间，获得学校的高度认可和资金投入，在辽宁省内也极具影响。

10.3.1.3　发起图书馆合作与众筹

图书馆在进行空间再造过程中，面临最大的问题就是经费短缺。高校图书馆的经费来源主要依靠学校经费划拨，而近年来由商业领域衍生出的经费筹集方式——众筹，逐渐应用到各个行业，图书馆采用众筹方式，解决发展过程中遇到的问题，已经有很多先例可循，例如，佛山市图书馆利用其官方网站和社交平台众筹阅读推广活动 60 余场；佛山市图书馆"慢生活俱乐部"通过网络平台筹"人"，一个月内招募园艺、美食、DIY 手工、时尚生活等方面的志愿者到馆策划与组织活动。杭州市图书馆发起"工具图书馆""环保图书馆"众筹项目，将众筹资源的内容定为图书以外的工具、种子建立特种图书馆，通过借书获得借种子资格带动图书借阅数量的提升实现双赢。

图书馆众筹相对于其他的合作方式，更加强调图书馆与各方力量的互动性和参与感，更注重参与的主动性和对众筹项目的责任感。同时，图书馆众筹对象以创意众筹和人员众筹居多，而空间再造采用众筹的方式则更接近于商业众筹，众筹对象以经费和设备为主，众筹支持者分校内校外两种。校内支持者主要为与空间功能有契合点的院系，由双方或多方筹资共建，图书馆可以获得空间再造的经费，将传统空间进行智能化升级。出资方可以获得更契合自己学科专业特色的智能空间，并拥有优先使用权。

相对于校内支持者，校外支持者一般为与本校有一定渊源的社会团体，他们更多是采用捐赠的方式来进行合作，所建空间也多为以传统文化为主题的空间。因此，图书馆众筹更多的是采用众筹的理念，从形式上来说，与商业众筹在运作上，在规范上还有很大的区别。不过，相对于经费不是很充裕的图书馆，与院系及社会力量合建智能空间，有利于加强图书馆外延服务的扩展，实现空间建设的特色化，推动空间智能化进程。

10.3.1.4 再造后及时进行空间评估

空间评估对于空间建设具有非常重要的意义。一般来说，空间评估可以分两种，一种是验收评估，即空间再造完成后，通过试运行阶段，对空间进行一次全方位评估，目的主要是为了检验空间的环境、设施、功能是否达到预期目标，以便于及时发现问题，进行整改。验收性评估为一次性评估，由图书馆和施工方共同完成，必要时可以邀请读者参与，从空间使用者的角度更容易发现问题。第二种是常规评估，定期开展，主要评估空间设施的先进性，空间功能与读者的契合性，空间在运行中所出现的问题等。

相对于验收评估，常规评估的意义更为重大，高校图书馆一般以学期为单位，每学期进行一次。对于智能空间来说，智能化程度是空间评估的最重要指标，智能技术的发展日新月异，及时将最前沿的智能技术和理念引入空间，才能保持空间生命力和吸引力。

10.3.2 空间再造的内涵发展策略

10.3.2.1 合理增置智能化设备设施

目前，图书馆可以应用到的智能化空间设备设施主要有智能机器人、PAD 等移动设备、媒体触摸标识、座位预约、射频识别设备、可穿戴智能设备、数据管理与分析系统、全球定位系统、iBeacon 室内定位系统等。由于人工智能是当前世界科技的主要研究方向，新的成果和新的设备不断问世，图书馆不可能将所有的智能化设备购置齐全。因此，合理选择智能化设备设施对于空间建设非常重要。

首先，图书馆要突显空间特色，进行合理规划。高校图书馆智能空间建设不可能也没有必要建成大而全的空间，契合学科专业发展，走特色路线才是正确的发展方向。智能空间相对于其他空间最大的优势在于可以提供契合度更高，更为精细化和专业化的智能服务。不同学科之间，尤其是社会科学和理工类之间截然相反的学科专业，对于学习科研所需要的环境和设施也是截然不同的。图书馆需要根据空间特色和图书馆实际情况，做出长远规划，如经费充足，可一次性购入空间所需基础设备，后续根据需要补充新出现的设备设施。比如经费不足，可先购入最急需的设备，并预留好其他设备的空间，陆续进行补充。

其次，图书馆在引入智能化设备设施时，要以读者为中心，充分考虑读者诉求，以读者需求为驱动，先设计好基于这样的空间要开展的服务，再根据服务确定空间的功能，根据功能做出设计规划和硬件配置。这样就保证了空间建好后马上就可以投入使用，成为图书馆发展的推动力量，有效解决读者的需求矛盾。

增置智能化设备设施，还要考虑设备的先进性，具有一定的前瞻性。智能化设备的研制可以用日新月异来形容，不具备一定的前瞻性，就无法将适合图书馆发展的最前沿的设备应用到图书馆服务中。很多服务上的瓶颈是可以利用技术的发展来突破的，设备的先进性甚至会对图书馆的整体进程产生影响。比如，计算机的出现开启了图书馆现代化、自动化的历程；智能手机的问世将移动图书馆服务迅速普及；RFID于图书馆的应用则为今天图书馆智能化萌芽的出现奠定了物质基础。因此，图书馆智能化的发展程度与智能化技术是息息相关的。

10.3.2.2 运用智能技术有机融合空间服务

智能空间就是基于智能设施和设备的智能技术与图书馆服务进行有机融合，所产生的新的空间模式。智能空间按驱动形式可以分为服务驱动技术和技术驱动服务两种融合方式。图书馆要建立虚拟地图，帮助读者快捷找到实体资源，促进了RFID技术的产生；图书馆人力资源的紧张促进了自动化设施的大量应用，比如清华大学图书馆的"小图"、上海图书馆的"图小灵"等，这都是服务驱动技术来实现服务与技术的有机融合。而一项新的技术应用到图书馆服务中以后，又会以最初的融合模式为基础，不断外延出新的服务方式。比如，图书馆最初引入VR技术主要是为了提供给用户进行新技术体验，在体验过程中，逐渐有图书馆开始为用户提供模拟空间场景，使用户远程体验图书馆实体空间。例如，首都师范大学图书馆构建出3D虚拟图书馆社区，除虚拟漫游架位路径导航等功能之外，还开发实现了数字期刊链接，设置了虚拟咨询员。

10.3.2.3 利用数据挖掘为用户推送智慧精准服务

广泛应用于空间的各类智能终端，可以为图书馆积累大量的数据，充分利用这些数据借助大数据平台进行分析，可以对用户进行深度分析和挖掘，从而为用户提供更为精准、智慧的信息服务，满足用户越加复杂和个性化的需求。比如，通过收集空间温度、湿度、亮度变化对于用户的影响数据，得出用户感觉最舒适的环境参数，从而为用户提供更好的环境；通过计算不同时段空间中的用户流量，不同设备的使用频次，为用户预先提供一个空间使用指南，让用户尽量避开使用高峰期，提高工作效率；智能空间还可以通过对用户检索行为的分析，为用户提供更为专业的检索建议，同时应用户需求，提供信息定制服务。大数据分析与挖掘是智慧空间智慧性的深度体现，是智慧服务的前提和基础。

10.3.2.4 加强网络信息安全建设

信息安全在当今时代越来越重要，用户大部分工作生活时间都依赖网络而存在。让用户安全享受全面便捷的信息服务，同时保障庞大的信息资源不受侵害，是图书馆建设智慧型空间最基本的功能之一。加强网络信息安全建设，可以从两方面着手：一方面配置网络安全系统，智能识别和过滤不良信息、垃圾信息，抵御外界攻击，防止病毒入侵破坏网络，为用户建立起一道坚实严密的防火墙；另一方面，制定全面有效的安全规章制度与应急预案，从制度层面推进网络信息安全建设。

10.3.2.5 培养高素质智慧型馆员

智慧图书馆的构建与有序运营，离不开智慧馆员的作用。在人工智能背景下，图书馆空间建设对人力资源环境也有了更高的要求。图书馆员需强化自主学习能力，全面掌握各类智能化技术，为提供智慧化服务奠定基础。如今，科技发展日新月异，图书馆发展要想紧跟时代步伐，就需要图书馆员加快知识更新速度，缩短知识学习周期，全面提高综合素质。尤其是人工智能的应用日益广泛，已经进入计算机视觉、深度学习、智能搜索等多个学科领域，也对图书馆人提出了新要求。图书馆可以引入智能设备，替代馆内有规律、繁重的工作，如文献检索、特藏管理等，缓解馆员的工作压力。同时也要对馆员提出全新的要求，督促他们深入学习新技术，研究与智慧化服务相关的各项技能，争做新时代的智慧工匠。

智慧馆员除了应有传统的、基本的素质技能要求，还应该掌握更多的技术，并且善于利用先进的技术与设备，高质量解决问题。图书馆应设立培训部门，提高空间内人员信息素养，比如加强馆员职业道德修养、优化知识结构、提高设备使用等业务能力。同时，用户培训也不可忽视，这有利于提高设备使用率和使用效率，延长设备使用寿命，使其更好服务。

10.4 构建智能型学习空间格局

智能型学习空间的打造，归根到底是要为人才培养而服务的，伴随《教育部关于加快建设高水平本科教育全面提高人才培养能力的意见》的出台和教育部部长陈宝生在 2018 年全国高等学校本科教育工作会议上所做"坚持以本为本，推进四个回归，建设中国特色、世界水平的一流本科教育"的讲话，进一步明确了我国高等教育尤其是本科教育的核心、目标和具体要求。图书馆需要在高校本科育人过程中发挥自己的作用，更好地契合到协同育人过程中，构建智能型学习空间，无疑是一个既适应图书馆发展趋势，又符合图书馆协同育人职能发挥与拓展的新选择。

10.4.1　构建全方位图书馆育人格局

10.4.1.1　跟上新时代发展的步伐

打造具有鲜明时代特征的图书馆空间是吸引当代大学生关注，保持空间生命力的不二法宝。大学时期是人的一生中求知欲望最强，接受新知识最快的阶段，也是对当前时事和社会发展最为关注的阶段。图书馆作为大学生的第二课堂，需要能够为学生提供最新的资源和体验，在空间设计中融入时代元素，把握时代主题，才能担负起人才培养的重任。

如何打造与新时代发展步伐一致的图书馆空间，可以从以下三个方面进行着手。

（1）跟上新时代观念发展的步伐，空间再造并不是对图书馆原有空间的简单装修装饰，而是依据空间将来要实现的功能进行重新规划和布局。近年来，国外比较流行的"第三空间"理论认为，图书馆是在除家庭和工作环境以外的城市第三空间范畴内，图书馆应该是一个供用户交流、学习和放松的场所。高校图书馆也是大学生除课堂和寝室以外的第三空间。当图书馆的物理空间被称为"图书馆"的时候，就已经被赋予了理念、文化和服务这些具有生命的元素，图书馆在读者心中，是知识自由、信息公平、平等服务的象征。当图书馆有了生命和灵魂，图书馆是一个"生长的有机体"才有了真正的意义，这也会让我们在进行空间再造，重新审视空间功能的过程中，思路更加开拓。

（2）跟上新时代政策发展的步伐，深刻解析国家政策走势，把握图书馆未来发展趋势。我国高等教育发展方向和人才培养模式在不同的时代是不断变化的，关注政策变化，及时调整方向，与高校发展方向保持一致，是图书馆空间再造的前提。

（3）跟上新时代科技发展的步伐，在空间建设中，把握技术的先进性是时代性的外在表现，很多时代元素都是通过先进的技术表现出来的，先进技术的融入也是实现图书馆辅助教学科研，提升用户素养的一个必要条件。美国北卡罗来纳州立大学图书馆为了给理工类院系师生提供可视化教学环境，建立了可视化技术体验中心，配备了大规模显示设备、监视设备，还有 VR 教育系统等[8]。

10.4.1.2　坚定走文化内涵式发展

《普通高等学校图书馆规程》规定，图书馆是大学校园文化和社会文化建设的重要基地。其中包含两层含义：第一层是图书馆需要营造浓郁的文化氛围，为学生发展提供良好的文化环境；第二层是图书馆需要主动担负起文化育人的职责，传承中华优秀传统文化，提升学生文化素养。

打造良好的文化环境，首先要着眼于校园文化的建设，打造书香校园。校园文化与学生的学习、生活、成长直接相关，其核心是校园精神文化建设，图书馆营造文化氛围，提升文化内涵，首先体现在图书馆自身的环境文化建设上。例如，沈阳师范大学图书馆将校训、校歌等带有强烈校园文化色彩的元素体现在环境装饰上，每层楼的立柱和墙壁上都悬挂着校训，并专门在三楼创客空间打造一面校歌墙，反映学校发展历史的《沈师赋》也悬挂于图书馆主楼梯对面的墙壁上，让校园文化无所不在，知校史，明校训，提升学生对自己母校的自豪感和归属感。优秀传统文化是中华民族历经数千年所积淀下来的文化底蕴和智慧结晶，是前人留给我们的文化宝库，近年来，随着国家对于继承和弘扬优秀中华传统文化的大力倡导，很多高校设有国学院，招收国学学生，图书馆在空间建设上也同样融入中华优秀传统文化因素，打造国学阅读空间，比如沈阳师范大学的明德讲堂、深圳市图书馆的南书房、华中农业大学的名雅书斋、东北大学的国学馆、古籍阅览室等，这些经典阅读空间的建立已经成为高校提升学生传统文化修养的重要阵地。主流文化主要是指在特定的社会和时代中，国家和社会所倡导的、起着主要影响的文化。每个时期都有当时的主流文化，我国封建社会的主流文化是儒家文化，自汉武帝"罢黜百家，独尊儒学"，直到清末，历代帝王都是崇尚儒学；在西方，中世纪以来一直是以基督教文化为主流。我国现阶段正处在社会主义建设之中，国家提倡的是有中国特色的社会主义文化，这种文化无疑是主流文化。2018 年 10 月 18 日，习近平总书记在十九大报告中指出"中国特色社会主义进入新时代"。中国特色社会主义文化在发展历程中，在继承中华优秀传统文化基础上，吸收了马克思主义文化观和历届党和国家领导集体对于文化建设的思想，批判吸收西方文化精髓，最终形成了我们当前时代的主流文化——新时代中国特色社会主义文化，中华优秀传统文化、革命文化和社会主义先进文化共同构筑了当前主流文化的内涵。例如，沈阳航空航天大学图书馆打造的一系列红色阅读空间，将主流文化与空间建设紧密联系在一起，在阅读中接受文化浸染。

图书馆在打造浓郁文化氛围，以环境感染学生心灵的同时，还要主动出击，以阅读推广为主要手段，主动承担起文化育人的重任。阅读推广如今已深入人心，各高校图书馆阅读推广工作都开展得如火如荼。阅读推广，推广的究竟是什么？是阅读方法、阅读习惯，还是经典名作？阅读推广究其实质还是一种文化的推广。图书馆在阅读推广过程中不能放弃自己得天独厚的优势，丰富的资源和空间。传统的图书馆空间只考虑读者阅读的感受，对于文化内涵的提升并不是十分重视。面对如今大学教育对于文化育人的定位，图书馆在进行智能空间再造时，首先就要在提升空间的文化内涵上下功夫，无论是环境装饰，还是功能设计上，都要体现图书馆的文化定位和品位，以浓郁的书香文化吸引读者捧起经典，静心阅读。同时也要在图书馆开展各类阅读推广活动时，提供相应文化特质的空间支撑，融多种文化内涵于一体，以现代科技对于光影的智能调控，将真实与虚拟有机结合，体现智能化空间独有的优势。

10.4.1.3 建设高水平空间服务体系

图书馆智能空间在为读者提供优美环境和良好体验的同时，更是为图书馆转型变革开创了新的思路和契机，也为下一步服务的转型和升级奠定了物质基础。如果把空间比喻成人的身体，那么基于空间的服务就是人的灵魂，只有当灵魂与身体完美融合，才会让人充满生机与活力。大学图书馆空间服务的主旨除了保护人类文化遗产、开展社会教育、传递文献信息和开发智力资源等基本职能外，要更加注重对于学生综合能力的培养和提升。首先，大学图书馆空间服务要基于空间功能的多维化，沿着每一个功能维度延展的方向，都可以开展相对应一系列特色活动，为读者提供最优质的空间体验。图书馆空间功能维度即空间作为服务载体其功能的度量表征，空间功能维度是指一种视角，而不是一个固定的数字，是一个评价和确定功能概念的多方位、多角度、多层次的概念。其次，要制定"依托优势空间资源，全面提升空间服务力度，打造深层次精准服务体系"的全新服务策略，充分发挥智能空间作用，支撑学科建设，服务教学科研；开设多元创意课程，嵌入一线人才培养；打造优美学习环境，助力能动学习；注重阅读推广，协同文化育人。

建立高水平空间服务体系，最重要的是要塑造精品服务，培育服务品牌。空间服务发展到一定体量和深度以后，打造服务精品，树立品牌意识就是将服务做深做细的必由之路了。培育精品服务首先要创新服务主题，在内涵和立意上进行了创新和精心雕琢。例如，重庆大学与企业跨界合作，打造的"松园书屋"推广模式[9]，重庆大学图书馆打破以往馆中建店的模式，从学生的实际需求出发，本着以读者需求为中心的服务宗旨，将书屋设立在学生宿舍，解决了学生因距离远而不愿到图书馆的矛盾；再加上浓浓的文艺范、优美的环境、智能的管理、贴近生活的地理位置与全年无休的开放时间，使松园书屋成了重庆大学的网红。一个好的服务品牌，除了要有好的立意和内涵外，还要尽量保持活动的连续性，比如活动举办的时间、地点、规则等，让读者形成习惯，这对于有空间依托的服务来说，相对比较容易实现。比如沈阳师范大学图书馆举办的"真人图书馆"，数年如一日，举办过百期，已经扎根于读者心中。注重服务的细节是保持活动生命力和赢得读者口碑的重要手段，例如举办一场活动，需要考虑到细致入微才会保证活动的质量，比如活动前的准备、设备的调试、活动PPT的预演、主讲人的对接、主持人的选取、现场环境的布置等，同时还要做好应对突发事件的预案；活动举办过程中，要注意对于现场通风和温度的调节，要和主持人及主讲人沟通好，预留足够的互动时间，要注意现场资料的留存；活动结束后，要注意读者的疏导，尤其是设有离场打卡的活动，要预先多设几名签到人员。诸如此类，每一个品牌活动的打造，都少不了细节上的精细打磨。

建立高水平的空间服务体系还需要建立完善的评价体系，对已经开展的服务要从服务的效果，服务中存在的问题，读者对服务的反馈等角度进行综合评价，为未来服务的优化和提高提供参考。此外，完善的评价机制会要求做服务的过程中进行数据的累积和资料的留存，评价过程会让服务过程中不被注意的细节显露出来，反过来促进服务质量的提升，同时也为其他空间再造提供可复制的服务样本。

10.4.1.4 为学生成长立业奠定立身之本

图书馆智能空间的打造，其目的不能脱离图书馆本身的存在意义，即为学生成长提供全程服务，为学生成长立业奠定立身之本。从学生自身角度看，其成长主要分为两部分：一是知识增长，将课堂学到的知识转化为自身的知识储备；二是能力增长，以应对毕业之后的就业创业需要。

满足学生知识增长的需要，首先就是空间对于教学的支撑，图书馆建设的智能空间为教学提供了理想的教学环境和教学设备，吸引越来越多的教师将课堂搬到图书馆。相对于常规的教室，图书馆提供的教学空间设备先进，大小适宜，氛围浓郁，更为教师所喜爱。同时，图书馆作为资源中心，可以充分满足教学过程中所需的各类型资源，比如丰富的影音资源可供教师开展影视教学，种类齐全的案例库可以为教师的讲授提供案例支持，教师为学生开列的课后阅读书目也可以直接通过图书馆获取纸质版和电子版。智能空间对于学生专业学习的支撑更是周到细致，不仅为学生提供个性化的安静的学习空间，还可以支持学生小组讨论，实现能动性学习能力的培养，并且还可以提供实际操作的机会，帮助学生将课堂所学知识尽快吸收，转化为自己的能力。

智能空间对于培养学生就业创业能力、开拓专业视野，有着更强大的辅助作用。在图书馆空间发展的过程中，创客空间就是专门为创新创业而产生的，而集合了诸多空间特色的智能空间，其服务能力更是迈上了一个新的台阶。一个完善的智能空间，不仅可以提供给学生功能齐全的科研创新环境和设备，还可以为学生量身打造适合其专业特点的职业规划，并通过虚拟和实践结合的手段，让学生提前体验就业后可能遇到的种种问题，消除学生的就业恐惧，增强学生自信，全面提升学生职业素养。

10.4.2 空间服务回归以人为本

10.4.2.1 坚持立德树人的标准

习近平总书记在北京大学师生座谈会上指出："党和国家事业发展对高等教

育的需要，对科学知识和优秀人才的需要，比以往任何时候都更为迫切。"教育兴则国家兴，教育强则国家强。中国特色社会主义进入了新时代，新的历史方位决定了高等教育新的历史使命。高等教育必须立足"培养什么样的人，如何培养人以及为谁培养人"这个根本问题，树立新的价值坐标，实现新的作为，坚持与新时代同向同行。立德树人是教育的根本任务，国无德不兴，人无德不立。中华民族在漫长的历史发展中，孕育了一套成熟的道德价值体系，我们党继承和发扬了中华民族崇德向善的传统。习近平总书记强调："人无德不立，育人的根本在于立德"，这是人才培养的辩证法。新时代必须把立德树人的成效作为检验学校一切工作的根本标准。要把立德树人内化到大学建设和管理各领域、各方面、各环节，做到以树人为核心，以立德为根本。

空间服务坚持立德树人的标准，首先，要正本清源，在空间文化装饰、各类资源提供上严把质量关，对不符合收藏标准的文献剔除于馆藏之外，同时对已有馆藏进行筛查，净化学生所在的空间环境。其次，要积极引导学生阅读弘扬正能量的经典图书，比如中华优秀传统文化典籍，已获得广泛认可的中外名著，各学科专业学术经典等。此外，还要开展丰富多彩的阅读推广活动，充分利用空间优势，打造良好的人文环境。例如，沈阳师范大学图书馆依托古色古香的明德讲堂开展明德读书会，邀请专业教师解读百部经典，既有书香浸润其身，又有经典洗涤心灵，内外兼修，全面提升学生的道德修养。上海交通大学图书馆打造思源阁阅读品牌，通过收集展示本校教师著作，树立良好的师德师风，引导学生尊师重道，培养学生对于学校的归属感和认同感。东北大学图书馆依托国学馆展开百部经典图书、文津奖图书，引导读者开展经典阅读；在国学馆空间建设中国风格影壁墙、屏风，营造浓厚图学氛围，使读者获得良好的沉浸体验。图书馆空间服务，要把立德树人作为首要标准与核心原则，贯穿于空间建设的始终。

10.4.2.2　提高学生的综合素养

《教育部关于加快建设高水平本科教育全面提高人才培养能力的意见》中明确指出，本科教育要以学生为中心，提升学生综合素质，发展素质教育，不仅要从德智体美劳多方面发展，还要提升学生国家安全意识和提高维护国家安全能力，增强生态文明意识，增强学生表达沟通、团队合作、组织协调、实践操作、敢闯会创的能力。高校中图书馆对于学生综合素养提升具有十分重要的作用，尤其是在高校图书馆新的空间服务理念普遍实施之后，图书馆的服务理念由被动转向主动，由文献信息中心提升为文化交流中心，未来的发展理念更是以全面提升学生综合素养为首要发展目标。首先，高校图书馆是学生课余时间最主要的活动场所，我国著名教育家蔡元培先生说过"教育不专在学校，学校之外，还有许多机关，第一是图书馆"。高校图书馆素有"第二课堂"之称，是学生进行素养提升和继续教育的重要场所。其次，高校图书馆普遍设有信息共享空间、学习共享空间、创客空间，可以提升学生各方面能力，尤其是交流协作、实践创新能力，这在其他地方很难获得，未来智能空间的应用，给学生提供一个更加多元化的提升空间。

10.4.2.3 培育学生的创新意识

"以创新人才培养机制为重点，形成招生、培养与就业联动机制"，是新时期高等教育的基本原则之一。2015 年，"创客"首次被写入政府工作报告。国家明确表示要推进"大众创业、万众创新"，培育学生的创新意识，提升创新能力被提升到国家未来发展的战略高度。图书馆空间建设一方面为学校开展双创教育提供空间支持，高度现代化和智能化的空间设施，又为学生实现自己的创新创业梦想提供实践的机会。本科阶段是学生从青少年向青年迈进的重要阶段，是从狭窄的应试教育转向开放的高等教育的重要阶段，在这段时期，他们的学习模式由被动，走向主动，他们的创新意识正在逐渐萌发，之前十余年的知识积累为他们创新意识的产生提供了肥沃的土壤，图书馆智能空间所提供的创新环境及创新服务则为学生创新意识的喷薄而出给予了最关键的契机。

图书馆智能空间不仅为创新意识的产生提供了土壤，而且，学生还可以借助空间的设备和服务，将自己的创新意识，创新的想法，通过空间实践，直接产生结果，从而验证自己的想法是否正确。这个环节在以前的教育中很难实现，或者说是缺失的。学生在创意实践的过程中，还可以不断激发新的灵感，或通过观察别人的实践，启迪自己的思路。通过创意实践又可以发现自己知识体系和结构的不足，从而激发知识学习的积极性，也为未来的创业和就业打下良好的基础。

10.4.2.4 培养社会主义的建设者和接班人

2018 年 5 月 2 日，习近平总书记考察北京大学，出席师生座谈会并发表重要讲话时提出："培养社会主义建设者和接班人，是我们党的教育方针，是我国各级各类学校的共同使命。"图书馆是文化育人的重要基地，要进一步增强师生文化自信，为落实立德树人根本任务、培养高素质人才提供文化支撑。从培养社会主义的建设者和接班人必备的各项能力来看，最为重要的是图书馆要培养学生的思想政治素养，坚定学生的共产主义信念。在这方面图书馆具有得天独厚的优势，图书馆是文献资源中心，具有海量的文献资源，能够充分满足学生对思想政治教育方面的资料需求。图书馆又是文化交流中心，先进的图书馆学习共享空间为学生提供了互相研讨和交流的机会，让学生在一种开放、自由、共享的氛围中实现思想的共同进步，同学之间的相互激励，浓郁的书香氛围，形成了一种积极向上的良好氛围，有利于消解学生在学习生活中产生的不良情绪，培养学生形成正确的人生观和价值观。

智能空间是图书馆空间建设的必然方向，从目前已经出现的智能技术在图书馆空间的应用到智能空间萌芽的出现，都说明了图书馆向智能型转化的趋势已经完全显现。尽管智能空间的建设还存在诸多的问题和阻碍，但伴随用户需求的愈发迫切，智能技术的高速发展，图书馆必将迎来一个新的时代，一个属于智能型图书馆的时代。

参 考 文 献

[1] 图书馆员. 从 Agora 到流空间 [EB/OL]. 2016, 10, 12.

[2] 卢章平，梁炜，刘桂锋，等. 信息-知识-智能转换视野下图书馆创新空间演变研究 [J]. 图书馆建设，2017 (6)：11-17.

[3] 王筱雯，王天泥. 基于人工智能的图书馆空间再造与服务 [J]. 图书与情报，2018 (3)：50-55.

[4] 周晓燕，吴媛媛. 国外高校图书馆的服务空间拓展研究——以 19 所世界一流大学图书馆的空间战略规划为例 [J]. 大学图书馆学报，2017，35 (1)：40-45.

[5] 刘丽斌. 智慧图书馆探析 [J]. 图书馆建设，2013 (3)：87-89，94.

[6] 焦新竹. 我国高校图书馆实体空间再造的问题及对策研究 [D]. 大连：辽宁师范大学，2018.

[7] 王宇，车宝晶. 图书馆创客空间构建及其适切性探索 [J]. 大学图书馆学报，2018，36 (4)：24-28.

[8] 于永丽. 中美高校图书馆空间再造的实践探索与比较研究 [J]. 图书馆学刊，2018，40 (1)：121-126.

[9] 王宇，王磊，吴瑾. "第二届全国大学生阅读推广高峰论坛" 综述 [J]. 大学图书馆学报，2017，35 (6)：18-23.